ERIC R. EATON

Wespen

Haupt
NATUR

Eric R. Eaton arbeitete als professioneller Entomologe unter anderem an der University of Massachusetts, dem Cincinnati Zoo und dem Smithonian Institute. Er ist Autor und Mitautor zahlreicher Bücher über Insekten und betreibt den Blog BugEric.

1. Auflage: 2024

ISBN 978-3-258-08342-1

Aus dem Englischen übersetzt von Coralie Wink, D-Dossenheim, Monika Niehaus, D-Düsseldorf, und Jorunn Wissmann, D-Binnen. Ein Teil der Übersetzung wurde mit Mitteln des Ministeriums für Wissenschaft, Forschung und Kunst Baden-Württemberg gefördert, vergeben durch den Freundeskreis zur Förderung literarischer und wissenschaftlicher Übersetzungen.

Satz der deutschsprachigen Ausgabe: Die Werkstatt Medien-Produktion GmbH, D-Göttingen
Umschlagabbildungen: vorne: Life on white/Alamy Stock Foto; hinten (v. o. n. u): Tom Barnes, Cindy Bingham Keiser, Jena Johnson and David Hughes
Illustrationen: Sandra Pond

Die englischsprachige Originalausgabe erschien erstmals 2021 unter dem Titel *Wasps – The Astonishing Diversity of a Misunderstood Insect* bei Princeton University Press, USA.

Gedruckt in China

MIX
Papier | Fördert gute Waldnutzung
FSC® C005748

Um lange Transportwege zu vermeiden, hätten wir dieses Buch gerne in Europa gedruckt. Bei Lizenzausgaben wie diesem Buch entscheidet jedoch der Originalverlag über den Druckort. Der Haupt Verlag kompensiert mit einem freiwilligen Beitrag zum Klimaschutz die durch den Transport verursachten CO_2-Emissionen. Dabei unterstützt der Verlag ein Projekt zur nachhaltigen Forstbewirtschaftung in der Zentralschweiz.

Diese Publikation ist in der Deutschen Nationalbibliografie verzeichnet. Mehr Informationen dazu finden Sie unter http://dnb.dnb.de.

Der Haupt Verlag wird vom Bundesamt für Kultur für die Jahre 2021–2024 unterstützt.

Wir verlegen mit Freude und großem Engagement unsere Bücher. Daher freuen wir uns immer über Anregungen zum Programm und schätzen Hinweise auf Fehler im Buch, sollten uns welche unterlaufen sein.

www.haupt.ch

ERIC R. EATON

Wespen

Unterschätzte Insekten mit erstaunlichen Fähigkeiten

Aus dem Englischen übersetzt von Coralie Wink, Monika Niehaus und Jorunn Wissmann

HAUPT VERLAG

Inhalt

Einleitung

Wer schon einmal unter den Stichen und den lästigen Angriffen von Wespen oder Hornissen gelitten hat, schätzt diese gelb-schwarz gestreiften Insekten wohl nicht besonders. Dieses Buch hat sich jedoch zur Aufgabe gemacht, Angst und Abneigung in Faszination und Bewunderung zu verwandeln. Vielleicht überrascht es Sie zu erfahren, dass die allermeisten Wespenarten solitär leben statt in „Papierpalästen" mit Königinnen und Arbeiterinnen und dass nicht alle Wespen stechen können.

Bienen und Ameisen sind enge Verwandte der Wespen. Doch während wir Bienen als wichtige Bestäuber schätzen und Ameisen als Krone der Insektenevolution betrachten, haben Wespen bei uns einen schweren Stand. Entomolog:innen sind bei ihrem Versuch, die Öffentlichkeit von den Verdiensten von Wespen zu überzeugen, nicht sehr erfolgreich gewesen, und auch die Medien waren in dieser Hinsicht nicht gerade hilfreich. Noch schwieriger wird die Situation durch invasive Arten, die, sobald sie sich einmal auf fremdem Boden etabliert haben, in ihrer neuen Heimat unverhältnismäßig viel Schaden anrichten. Verbindet man dies mit der Fertigkeit mancher Wespen, Schwächen in unserem Verhalten und unserem Immunsystem auszunutzen, darf man sich nicht wundern, dass viele Menschen Wespen nicht gerade mögen oder ihnen gar feindselig gegenüberstehen.

Die Realität sieht jedoch ganz anders aus. Nicht nur Bienen, sondern auch Wespen sind außerordentlich wichtige Pflanzenbestäuber. Winzige parasitische Wespen, die mit bloßem Auge kaum sichtbar sind, werden im Labor gezüchtet, um sie in Nutzpflanzenkulturen freizulassen, wo sie Pflanzenschädlinge gezielter bekämpfen können als jedes chemische Mittel – und das ganz ohne Nebenwirkungen. Es gibt kaum ein Insekt, das nicht mindestens *einen* Wespenfeind hat, und die spezifische Natur der meisten Parasit-Wirt-Beziehungen macht Wespen zu einem unverzichtbaren Teil unseres Arsenals zur Schädlingsbekämpfung.

Selbst Gift, das Wespenprodukt, das im Mittelpunkt unserer Abneigung gegen sie steht, ist für die Medizin und andere wissenschaftliche Disziplinen von hohem Interesse. Wir stehen jedoch noch ganz am Anfang, wenn es darum geht, diese erstaunlichen chemischen Verbindungen zu analysieren und zu nutzen. Die Möglichkeiten, die sich eröffnen, sind jedoch bereits jetzt höchst vielversprechend.

Regelmäßig wiederkehrende persönliche Erfahrungen mit Wespen mögen schmerzhaft sein, aber ohne diese Insekten würde unsere Zivilisation keine Fortschritte machen, und ohne die Vielfalt der heute lebenden Wespenarten würden natürliche Ökosysteme kollabieren. Es liegt in unserem eigenen Interesse, Wespen besser zu erforschen und ihre positiven Eigenschaften kennen und schätzen zu lernen.

Bestäuber
Eine weibliche Grabwespe *Bembix* sp. saugt Nektar aus einer Blüte, um Energie für ihren Flug zu gewinnen, und bestäubt dabei die Blüte.

Entomolog:innen definieren den Begriff „Wespe" breiter als Laien. Wir beziehen den Begriff vorwiegend auf soziale, also staatenbildende Wespen, die man im Deutschen als Soziale Faltenwespen bezeichnet; typische Vertreter sind Kurz- und Langkopfwespen, Hornissen sowie Feldwespen. Dieser Tunnelblick schließt allerdings eine erstaunliche Vielfalt von anderen Wespen aus, die bunter, größer oder kleiner und sehr viel interessanter und nützlicher sind als die wenigen Arten, die uns beim Picknick oder Grillfest im Garten belästigen.

Jedes Kapitel in diesem Buch beschäftigt sich mit Merkmalen, die Wespen von allen anderen Tieren unterscheiden. Ihre Anatomie und ihre Lebenszyklen weisen Gemeinsamkeiten mit anderen Insekten auf, doch die Vielfalt ihrer Lebens- und Verhaltensweisen wie auch ihre Leistungsfähigkeit suchen ihresgleichen. Wespen haben die Evolution der Blütenpflanzen beeinflusst, haben dazu geführt, dass nicht verwandte Insektenarten im Lauf ihrer Evolution ein mit Wespen nahezu identisches Aussehen angenommen haben, und haben Druck auf Wirts- und Beutearten ausgeübt, neue Überlebensstrategien zu entwickeln. Wespen haben ihre eierlegenden Organe in Waffen verwandelt. Einige Arten haben symbiotische Beziehungen mit Pilzen oder Viren entwickelt und diese Organismen zu ihrem Vorteil verändert. Viele Arten sind unsere Verbündeten bei der Kontrolle von Pflanzenschädlingen wie auch in der Medizin und dienen als Vorbild für Erfindungen. Wespen sind der Inbegriff von kriegerischem Geist, weiblicher Selbstbestimmung und unbedingtem Überlebenswillen. Wespen sind Opportunisten und höchst begabt darin, sich anzupassen und günstige Gelegenheiten zu nutzen. Wespen verdanken ihren Erfolg zufälligen Anpassungen im Lauf ihrer Evolution, die zu subtilen Veränderungen ihres Genoms und ihrer körperlichen Erscheinung geführt haben.

Trotz anekdotischer Belege aus Deutschland, Australien, Kanada, Puerto Rico und einigen anderen Ländern argumentieren einige Wissenschaftler:innen, es gebe nicht genügend quantitative und qualitative Daten, um die Behauptung von einer „Insektenapokalypse" zu stützen. Weitgehend Übereinstimmung herrscht jedoch darüber, dass wir genug wissen, um zu handeln und ein weiteres Schwinden der Insektenvielfalt und -fülle zu verhindern. Denn es ist offensichtlich, auf was wir nicht verzichten können. Unsere Psyche leidet, wenn uns Artenvielfalt fehlt, und unser Überleben ist bedroht, wenn Ökosystemdienste wie Bestäubung, natürliche Schädlingsbekämpfung und biologische Abbauprozesse auf dem Spiel stehen. Es gibt keine andere Alternative, als alle noch existierenden Arten zu schützen und zu erhalten, einschließlich der Wespen.

Überlebensgroß
Das Gesicht der Goldwespe *Stilbum* sp. (links) wird von ihren Komplexaugen und Antennen dominiert. Bewundernswert ist jedoch nicht nur ihr Äußeres, sondern auch ihre enorme Anpassungsfähigkeit.

Zwergwespe
Die Zwergwespe *Mymar puchellum* (rechts), eine fast mikroskopisch kleine Wespe, die in Europa, Asien und Nordamerika heimisch ist, parasitiert die Eier von Zwerg- und Spornzikaden.

1

Evolution
Die Entstehung der Wespen

Wie Wespen sich entwickelten

Evolution ist die Diversifizierung von Organismen aufgrund erblicher Merkmale. Vorangetrieben wird diese Auffächerung durch Gelegenheiten, neue ökologische Nischen zu besetzen, durch Konkurrenz um diese Nischen und durch die Notwendigkeit, Fressfeinden, Parasiten und Krankheiten zu entkommen. Die Fähigkeit, sich an veränderte abiotische Faktoren anzupassen, wie die Zusammensetzung der Atmosphäre, sowie genetische Mutationen, genetische Rekombination und ähnliche Veränderungen im Genom sind zusätzliche Triebkräfte der Evolution. Es handelt sich um einen ununterbrochen ablaufenden, oft nicht linearen Prozess, der noch immer stattfindet, wenn auch so langsam, dass er kaum wahrnehmbar ist.

Kladogramm
Dieses vereinfachte Kladogramm zeigt eine der gegenwärtig üblichen Interpretationen der Beziehungen zwischen verschiedenen Gruppen der Hymenoptera. Jeder Knoten stellt einen hypothetischen Vorfahren der von ihm abzweigenden Linien (Schwestergruppen) dar. Unser wissenschaftliches Verständnis dieser Beziehungen verändert sich ständig. *Anthophila ist eine Klade unter der Überfamilie Apoidea.

Von Insekten gibt es zahlreiche Fossilienfunde – was möglicherweise überraschen mag, da Insekten so fragil auf uns wirken. Fossilien sind jedoch nur *ein* wichtiges Werkzeug, wenn es darum geht, die Evolution von Wespen zu verstehen. Weitere Erkenntnisse können durch den Vergleich der Morphologie heute lebender und ausgestorbener Exemplare gewonnen werden, ebenso aus der Analyse von nuklearer, ribosomaler und/oder mitochondrialer DNA rezenter Arten, die zuvor unbekannte Beziehungen zwischen höheren taxonomischen Ebenen offenlegen. Die Taxonomie ist dauernd im Fluss und wird im Licht neuer Erkenntnisse ständig revidiert. Konkurrierende Hypothesen sind an der Tagesordnung, selbst wenn mehr als eine Auswertungsmethode angewandt wird.

Der „Startpunkt" für die Entwicklung von Wespen auf der geologischen Zeitskala liegt den Fossilbefunden zufolge wahrscheinlich irgendwo im Oberperm von 260 bis 270 Millionen Jahren. Sie stammen möglicherweise von den heute ausgestorbenen Parasialidae ab, den Vorfahren der heutigen Schlammfliegen.

Weitgehend Einigkeit herrscht aufgrund von fossilen Belegen, dass die ersten als solche erkennbaren Wespen Mitte der Trias im Mesozoikum auftauchten, also vor rund 235 Millionen Jahren. Es handelte sich um Pflanzenwespen aus der Überfamilie Xyeloidea. DNA-Analysen widersprechen dem jedoch und legen nahe, dass Xyelidea bereits im oberen Karbon und damit vor rund 311 Millionen Jahren entstanden sein könnten. Einer anderen Theorie zufolge sollen die Xyelidea von einem mit den Skorpionsfliegen (Mecopteroidea) verwandten Vorfahren abstammen. Tatsächlich erinnern die Larven von Pflanzenwespen und Skorpionsfliegen in ihrer fast identischen äußeren Anatomie und ihrer weitgehend pflanzlichen Ernährung stark an Schmetterlingsraupen. Die genaue verwandtschaftliche Beziehung der Xyelidea zu den anderen beiden Pflanzenwespen-Überfamilien, den Tenthredinoidea und Pamphiloidea, ist unklar. Zu Beginn des Jura vor etwas weniger als 200 Millionen Jahren begann sich die Gruppe der Taillenwespen (Apocrita) – umgangssprachlich die „typischen" Wespen – vermutlich aufzuspalten.

Wespen, Ameisen und Bienen zählen zur Ordnung der Hautflügler (Hymenoptera). Diese gilt als der erste wichtige Insektenzweig, der eine vollständige Metamorphose (Ei, Larve, Puppe, Adulttier [Imago]) durchläuft. Der wissenschaftliche Name der Ordnung stammt aus dem Altgriechischen und bedeutet so viel wie „verheiratete Flügel", was sich auf die Art und Weise bezieht, wie Vorder- und Hinterflügel miteinander verbunden sind: nämlich so, dass ein einziges funktionales Flügelpaar entsteht.

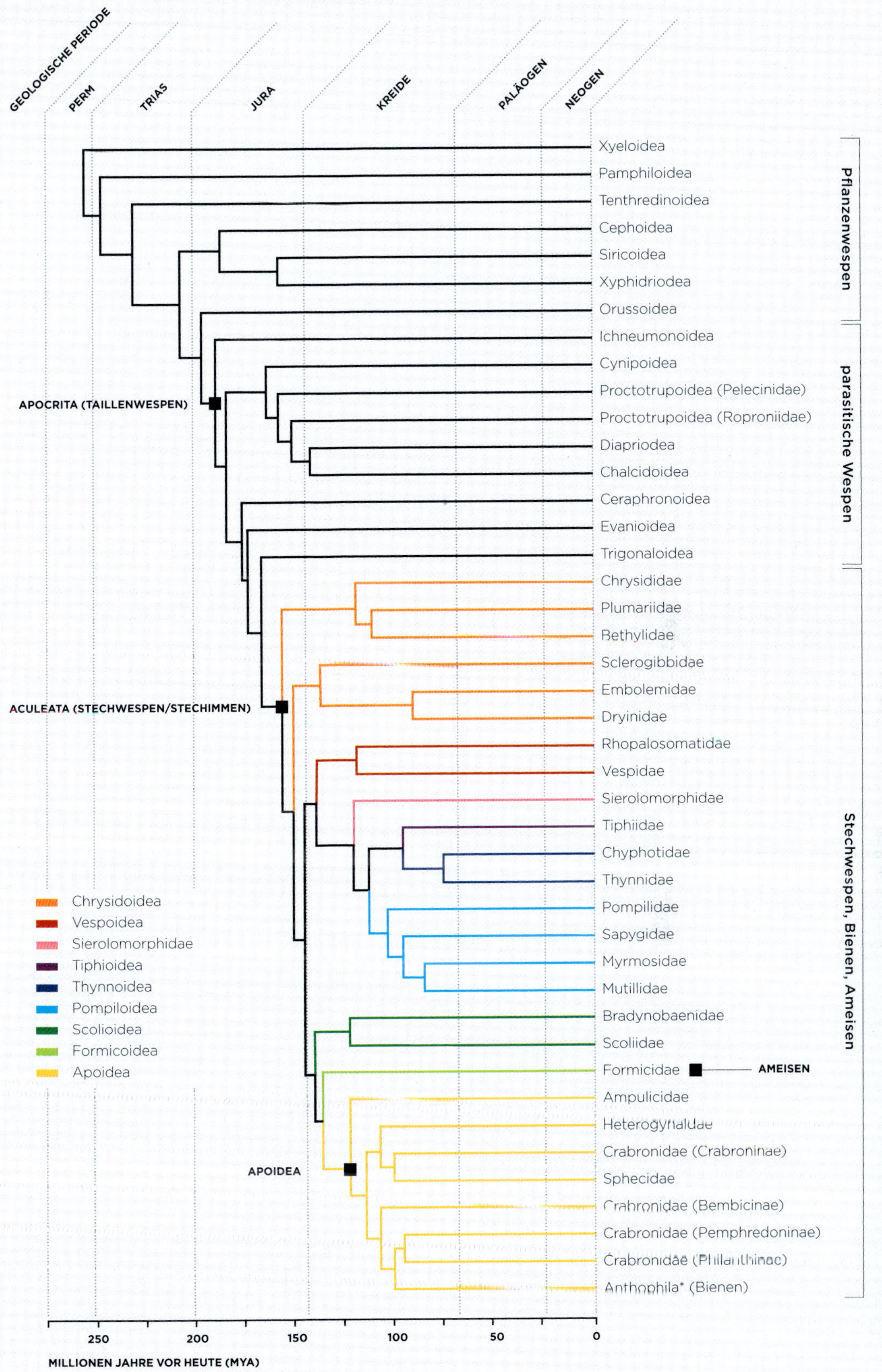

GEOLOGISCHE PERIODE
PERM
TRIAS
JURA
KREIDE
PALÄOGEN
NEOGEN
Xyeloidea
Pamphiloidea
Tenthredinoidea
Cephoidea
Siricoidea
Xyphidriodea
Orussoidea
Ichneumonoidea
Cynipoidea
Proctotrupoidea (Pelecinidae)
Proctotrupoidea (Roproniidae)
Diapriodea
Chalcidoidea
Ceraphronoidea
Evanioidea
Trigonaloidea
Chrysididae
Plumariidae
Bethylidae
Sclerogibbidae
Embolemidae
Dryinidae
Rhopalosomatidae
Vespidae
Sierolomorphidae
Tiphiidae
Chyphotidae
Thynnidae
Pompilidae
Sapygidae
Myrmosidae
Mutillidae
Bradynobaenidae
Scoliidae
Formicidae
AMEISEN
Ampulicidae
Heterogynaidae
Crabronidae (Crabroninae)
Sphecidae
Crabronidae (Bembicinae)
Crabronidae (Pemphredoninae)
Crabronidae (Philanthinae)
Anthophila* (Bienen)
Pflanzenwespen
parasitische Wespen
Stechwespen, Bienen, Ameisen
APOCRITA (TAILLENWESPEN)
ACULEATA (STECHWESPEN/STECHIMMEN)
APOIDEA
Chrysidoidea
Vespoidea
Sierolomorphidae
Tiphioidea
Thynnoidea
Pompiloidea
Scolioidea
Formicoidea
Apoidea
250
200
150
100
50
0
MILLIONEN JAHRE VOR HEUTE (MYA)

Im Bernstein gefangen

Bei Insektenfossilien denken die meisten Menschen an Insekten, die in Bernstein eingeschlossen sind. Vom Film *Jurassic Park* bis zu Zeitungsartikeln und populären Natur- und Wissenschaftszeitschriften fesseln Insekten in Bernstein die Fantasie der Öffentlichkeit. Bernstein ist fossiles Baumharz. In Bernstein gefangene Insekten werden als „Einschlüsse" oder Inklusen bezeichnet, da das Geschöpf oder Teile von ihm in Harz eingeschlossen sind. Bernsteinablagerungen reichen zeitlich vom Karbon (359 bis 299 Millionen Jahre vor heute) bis ins Holozän, unsere gegenwärtige geologische Epoche, die vor rund 11 650 Jahren begann und bis heute andauert. Die größte und bekannteste Bernsteinlagerstätte liegt an der Südküste der Ostsee (Baltikum) und hat ihren Ursprung im Harz von Nadelbäumen, wahrscheinlich Kiefern. Auch in Österreich, England, Libanon und Jordanien gibt es Bernsteinlagerstätten.

Bernsteinfossilien sind aufgrund ihrer Dreidimensionalität besonders wertvoll, denn sie erlauben es, die Exemplare aus verschiedenen Blickwinkeln zu betrachten und Details von Antennen, Borsten (Setae) und anderen feinen Strukturen der Insektenanatomie zu erkennen, die bei versteinerten Fossilien nur selten erhalten sind. Gasblasen und Bruchstücke verdecken jedoch häufig Schlüsselelemente der in Bernstein eingeschlossenen Insekten.

Eine alte Art
Eine Wespe der Familie Platygastridae (Unterfamilie Scelioninae), konserviert in Dominikanischem Bernstein. Der Detailreichtum und die Dreidimensionalität sind typisch für Bernsteinfossilien.

Eingeschlossen
Eine sehr kleine Wespe, die vermutlich zur Familie Diapriidae oder einem Vorläufer dieser Familie gehört, gefangen in Baltischem Bernstein.

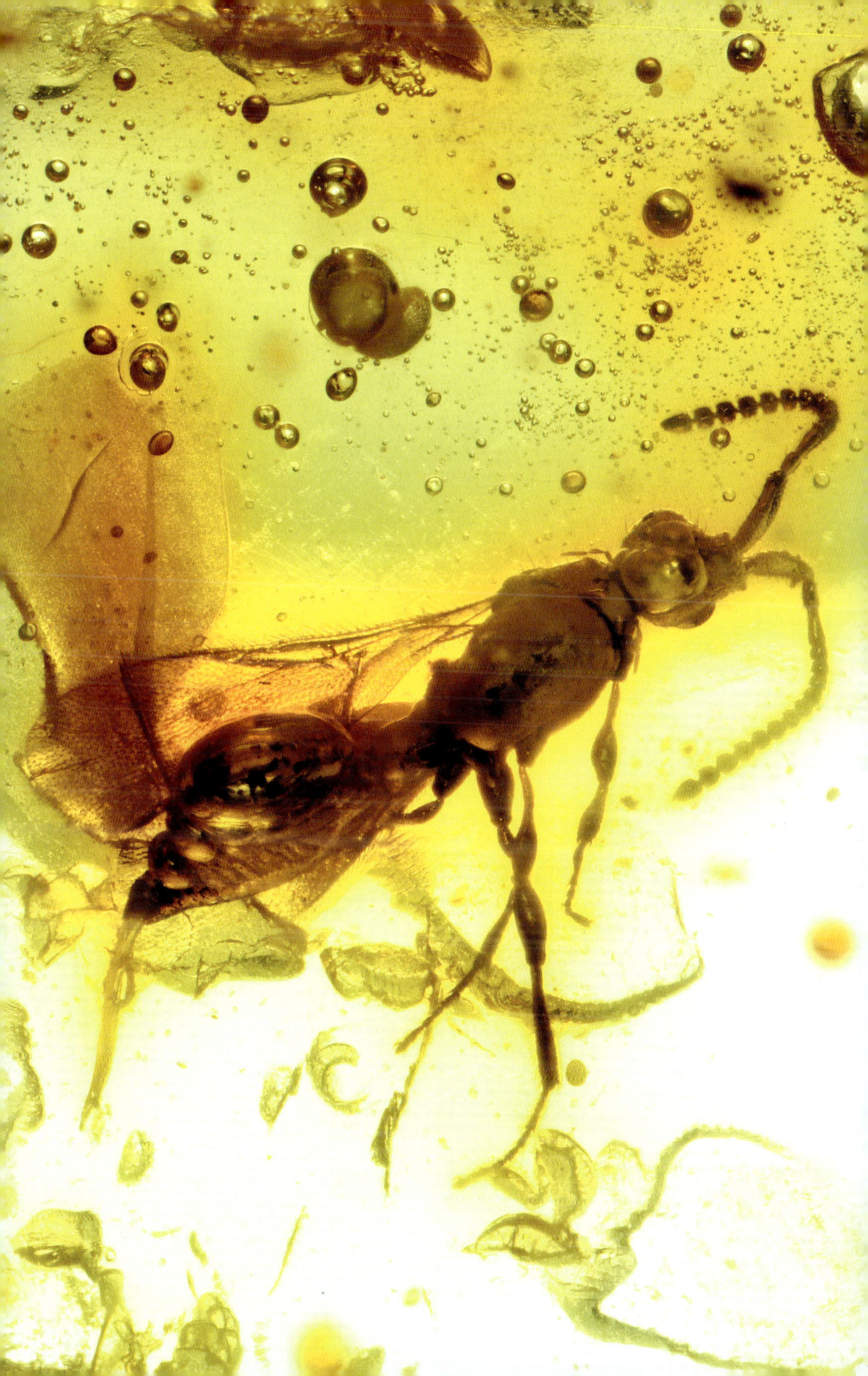

Versteinerte Fossilien

Insektenfossilien finden sich nicht nur in Bernstein, sondern auch in Gestein. Solche Gesteinsformationen finden sich auf der ganzen Welt, und sie erstrecken sich über einen Zeitraum, der vom Karbon (359 bis 299 Millionen Jahre) bis in neuere Zeit (vor weniger als 10 000 Jahren) reicht. Mineralisierte Fossilien von Insekten gibt es in zweierlei Form, als Impressionen und als Kompressionen. Beide entstehen in der Regel dadurch, dass ein Organismus rasch von Sediment zugedeckt wird, sei es durch Überflutung oder durch herabregnende Vulkanasche.

Fossile Hornisse
Dieses Exemplar von *Palaeovespa florissantia* (links), einem Vorfahren unserer heutigen Echten Wespen, wurde in Florissant, Colorado, USA, entdeckt.

Wespe im Gestein
Dieses Exemplar von *Archisphex* (oben rechts) aus Nova Olinda in Brasilien ist ein Beispiel für eine Kompression wie das Hornissenfossil links.

Geheimnis aus dem Eozän
Diese unidentifizierte fossile Wespe (unten rechts) stammt aus dem Eozän. Sie ist rund 50 Millionen Jahre alt und wurde in der Green River Formation in Wyoming, USA, entdeckt.

Zu Impressionen kommt es, wenn ein Insekt einen Abdruck auf einer Oberfläche zurücklässt; das Insekt zerfällt oder wird weggespült, hinterlässt jedoch einen Abdruck seines früheren Selbst. Stellen Sie sich vor, Ihre Hand in feuchten Beton zu drücken und dann zu verschwinden. Der Beton härtet aus, und obwohl Sie nicht mehr da sind, bleibt ein Beleg Ihrer Anwesenheit zurück.

Eine Kompression schließt das aktuelle Insekt selbst ein – das fossilisierte Exoskelett. Selbst feine Details der Kutikula sind unter Umständen noch zu sehen. Eine der spektakulärsten Fundstätten von versteinerten Insektenfossilien ist Florissant, Colorado, USA. Eines der bekanntesten Fossilien und Wahrzeichen des Florissant Fossil Beds National Monument ist niemand anderes als eine Soziale Faltenwespe, *Palaeovespa florissantia.* Dieses Fossil stammt aus dem Eozän innerhalb des Paläogens, der ältesten Periode des Känozoikums (Erdneuzeit), und ist zwischen 44 und 34 Millionen Jahre alt.

Sind Bienen nichts anderes als behaarte Wespen? Ja!

Aus Pflanzenwespen entwickelten sich parasitoide Wespen, aus diesen die Taillenwespen und schließlich die Stechwespen, die zum Teil den Parasitismus sekundär wieder aufgegeben haben. Sie entsprechen dem, was wir uns gemeinhin unter „Wespen" vorstellen. Von der Gruppe der Stechwespen stammen die Bienen ab, die etwa Mitte der Kreide auftauchten, der letzten Periode des Mesozoikums (Erdmittelalters). Das war vor ungefähr 125 Millionen Jahren.

Wespenbiene
Eine Wespenbiene (*Nomada* sp.,) sieht einer Wespe in Färbung, Form und fehlender dichter Behaarung sehr ähnlich.

Honigbiene
Honigbienen (*Apis* sp.), die aus der Alten Welt stammen, sind staatenbildende Wespen, die wir als Bestäuber von Nutzpflanzen und als Produzenten von Honig schätzen. Hier ist das „Pollenkörbchen" am Hinterbein gut zu erkennen, in dem Pollen und Nektar gesammelt werden.

Zunge raus!
Eine Hummel (*Bombus* sp.) zeigt ihre stark abgewandelten Mundwerkzeuge, die sie dazu benutzt, Nektar aus Blüten zu gewinnen. Im Gegensatz zu Bienen fehlt den meisten Wespen eine spezialisierte „Zunge".

Die Triebkraft hinter der Evolution von Bienen war die Evolution von Blütenpflanzen und umgekehrt. Die Artenvielfalt der Blütenpflanzen explodierte förmlich, als Wespen und andere Insekten begannen, den Nektar im Inneren einfacher, versteckter Blüten zu verzehren, und dadurch „im Vorübergehen" als Bestäuber agierten. Die Blütenpflanzen verstärkten dieses Verhalten der Bienen, indem sie im Lauf ihrer Evolution mehr Nektar erzeugten, farbiger wurden und stärker dufteten. Statt Beute für ihren Nachwuchs zu jagen, gingen einige Wespen dazu über, proteinreichen Blütenpollen zu sammeln.

Schaut man sich Bienen genauer an, so erkennt man, wie stark sie Wespen in Anatomie und Verhalten ähneln, wenn es auch ein paar entscheidende Unterschiede gibt. Einzelne Haare sind bei Bienen gefiedert, was für den Pollentransport von Nutzen ist, während die Haare von Wespen ungefiedert sind. Natürlich gibt es haarlose oder fast haarlose Wespen, und auch viele Bienenarten sind nur spärlich behaart. Bestimmte Teile der Mundwerkzeuge von Bienen sind zu einer „Zunge" umgewandelt, mit der sie Nektarvorräte in den Blüten erreichen können. Bei einigen Wespen findet man ähnliche Strukturen, doch besitzen Bienen in der Regel eine längere, komplexer gebaute Zunge.

Der Körper von Bienen ist gewöhnlich so abgewandelt, dass er Pollenlasten tragen kann. Solitärbienen verfügen über eine bürstenartige Haaransammlung, Scopa genannt, um trockenen Pollen zu sammeln. Die Scopa sitzt entweder an den Hinterbeinen oder an der Unterseite des Hinterleibs. Bei staatenbildenden Bienen sind Tibia und Basitarsus (erstes Tarsalglied) des Hinterbeins abgeflacht, verbreitert und von langen Haaren gesäumt, um ein „Pollenkörbchen" zu bilden, in dem eine klebrige Paste aus Pollen und Nektar gesammelt wird. Bienen und Wespen, denen pollensammelnde Haare fehlen, können Pollen fressen und wieder emporwürgen, wenn sie ihre Nachkommen im Nest füttern.

Bein hoch!
Bei Honigbienen ist am Hinterbein ein Teil des Schienbeins zu einem „Pollenkörbchen" abgewandelt, das Pollen transportieren kann, der mit klebrigem Nektar zu einer Paste vermischt wird.

Aufkommen der sozialen Lebensweise

Sozialverhalten reicht von subsozialem Verhalten, wie einer längeren Brutfürsorge, bis zu gemeinsamem Nisten, bei dem mehrere Weibchen ihren eigenen Nachwuchs in einem gemeinsamen Nest betreuen. Als Gipfel des Sozialverhaltens gilt die Eusozialität, und ihr entscheidendes Kennzeichen ist das Zusammenleben verschiedener Generationen in einem Staat. Wahrscheinlich entwickelten sich die ersten sozialen Tendenzen bei Wespen Mitte der Kreidezeit, also vor rund 115 bis 120 Millionen Jahren; dafür spricht ein fossiles Feldwespennest aus der Oberkreide. Wespen, Bienen und Ameisen haben mehr als 20-mal unabhängig voneinander ein gewisses Maß an sozialem Verhalten entwickelt, aber es blieb nicht immer dabei. Manchmal kehrten evolutionäre Nachkommen zu einer solitären Lebensweise zurück.

Feldwespen
Wespen der Gattung *Polistes* nehmen im Spektrum des Sozialverhaltens eine Mittelstellung ein; sie haben eine Rangordnung, aber keine dezidierte Königin. Die Nester sind offen und bestehen aus einer papierartigen Substanz aus zerkauten Holzfasern.

Die „Theorie der inklusiven Fitness" geht davon aus, dass die natürliche Selektion nur eng verwandte Individuen als Triebkraft bei der Evolution des Sozialverhaltens begünstigt. Durch eine Laune der Natur bei der Geschlechtsbestimmung von Wespen, Bienen und Ameisen haben Weibchen zwei Chromosomensätze, Männchen hingegen nur einen. Das führt dazu, dass Schwestern statt der erwarteten 50 Prozent deutlich mehr, nämlich 75 Prozent ihrer Gene teilen. Insektenstaaten sind dieser Theorie zufolge ein Produkt dieser engen Verwandtschaft, da die natürliche Selektion durch Verwandtenselektion *(kin selection)* wirkt.

Eine neuere Theorie, die von Martin A. Nowak, Corina E. Tarnita und Edward O. Wilson vorgeschlagen wurde, geht von fünf Stufen der Eusozialität aus. Eusozialität entwickelte sich wahrscheinlich unter Umweltbedingungen wie Nahrungsknappheit, die dazu führten, dass die Individuen einer Art innerhalb ihres Lebensraums Ansammlungen (Aggregationen) bildeten. Der zweite Schritt war dann der Bau eines gut zu verteidigenden Nestes, um die gesammelten Nahrungsvorräte zu schützen. Lebewesen mit

komplexem solitärem Verhalten, wie jagende Wespen mit komplizierter mütterlicher Brutfürsorge, weisen vermutlich eine größere Prädisposition in Richtung Sozialverhalten auf als Arten mit einfacherem Verhalten, wie Pflanzenwespen. Nach einer durch Umwelteinflüsse bedingten Gruppenbildung von Individuen, die zum Bau eines gut zu verteidigenden Nestes führt, ist der dritte Schritt zur Eusozialität vermutlich die genetische Expression des Sozialverhaltens durch ein neues Allel, das entweder solitäres Verhalten hemmt oder soziales Verhalten aktiv fördert. So etwas könnte die Folge einer Mutation oder einer Rekombination von Genen sein und nur dann aktiviert und an zukünftige Generationen weitergegeben werden, wenn ökologische und umweltbedingte Faktoren soziale Tendenzen belohnen. Der vierte Schritt ist dieser Theorie zufolge der Einfluss der natürlichen Selektion auf das Auftreten von Merkmalen, die aus sozialen Wechselbeziehungen, wie gemeinsamer Nahrungssuche, resultieren. Der letzte Schritt zur Eusozialität geschieht durch Rückkopplung: So führt eine genetisch kodierte Flexibilität für Sozialverhalten zu einer Arbeitsteilung bei staatsbildenden Insekten, die bei der Weitergabe an zukünftige Generationen verstärkt wird. Dieses System der Gruppenselektion erreicht seinen Höhepunkt bei Ameisenarten, die einen ausgeprägten Polymorphismus mit riesigen „Soldatinnen“, mittelgroßen „Nahrungssammlerinnen“ und einigen kleinen, im Nest tätigen Arbeiterinnen zeigen.

Primitives Sozialverhalten
Der Erfolg eines immer ausgereifteren Sozialverhaltens bei Wespen zeigt sich in den unterschiedlichen Niveaus an Komplexität, die wir heute in der Familie Vespidae (Faltenwespen) sehen. Die Faltenwespen, die in tropischen Regionen ihre größte Artenvielfalt aufweisen, reichen von der Unterfamilie Eumeninae (Solitäre Faltenwespen) über die primitiv sozialen Stenogastrinae bis zu den riesigen Staaten von Hornissen und Faltenwespen der Unterfamilie Vespinae (Echte Wespen). Wespen aus der Unterfamilie Stenogastrinae, wie die abgebildete *Liostenogaster* sp. aus Indonesien, sind kaum sozial. Die Weibchen bauen kleine Gruppen von Lehmzellen und zeigen eine nur gering ausgeprägte Fortpflanzungshierarchie.

maßstabsgetreu

Klassifizierung von Wespen

Die Wissenschaft der Klassifizierung wird als Systematik oder Taxonomie bezeichnet. Ein Taxon kann jede Ebene der Klassifikation bezeichnen, vom Reich bis zur Art. Die *Weise*, wie wir Lebewesen klassifizieren, wird davon beeinflusst, wie wir die Wege interpretieren, die diese Lebewesen im Lauf ihrer Evolution eingeschlagen haben. Diese Beziehungen lassen sich durch Stammbäume oder Kladogramme illustrieren. Vor dem Aufkommen von DNA-Analysen hatten alle grafischen Darstellungen die Form von Stammbäumen, wobei die Länge der Äste ohne Bedeutung war und weder etwas über die verflossene Zeit noch über das Ausmaß aussagte, in dem sich ein oder mehrere gegebene Merkmale vom Ausgangspunkt bis zum nächsten Knoten oder zum terminalen Taxon verändert hatten.

Ein Kladogramm stellt eine Anordnung von Kladen dar, wobei jede Klade ein einzelnes Vorfahren-Taxon und all seine Nachfahren-Taxa repräsentiert. *Eine* Klade ist die Untermenge einer größeren Klade, und so weiter. Während einige Wissenschaftler „Kladogramm" und „Stammbaum" als austauschbare Begriffe (Synonyme) ansehen, definieren andere Kladogramme als Darstellungen hypothetischer evolutionärer Beziehungen und Stammbäume als etablierte evolutionäre Wege.

Und warum all das Latein? Der Vater der Taxonomie, der schwedische Biologe Carl von Linné, wählte Latein, weil es unter den Naturforschern seiner Zeit bereits die Universalsprache war und sich auf diese Weise Missverständnisse vermeiden ließen. Vielleicht geschah dies auch aus Respekt für Aristoteles, der in seiner zoologischen Schrift *Historia Animalium* bereits 350 v. Chr. einige taxonomische Kategorien einführte. An der lateinischen Nomenklatur lässt sich auch ablesen, auf welcher Hierarchieebene wir uns befinden; so bedeutet die Endung -oidea › Überfamilie, die Endung -idae › Familie und die Endung -inae › Unterfamilie. Linnés Meilenstein, sein Werk *Systema Naturae*, das 1735 erschien, stand am Anfang des offiziellen Klassifikationssystems, das bis heute Standard geblieben ist. Es ist ein Hilfsmittel, das auch Veränderungen der Klassifikation ermöglicht, während sich unser Verständnis für phylogenetische Beziehungen dank neuer Fossilien und neuer Erkenntnisse aus der DNA-Analytik weiterentwickelt.

Wespen werden von den „primitivsten" bis zu den „am weitesten fortgeschrittenen" Gruppen angeordnet, aber solche Begriffe sind bestenfalls suggestiv und schlimmstenfalls irrelevant. Die Stechwespen (oder Stechimmen) stellen eine drastische Veränderung gegenüber ihren stammesgeschichtlichen Vorläufern dar, und wie das Kladogramm (Seite 13) zeigt, stammen Bienen von Stechwespen ab. Ebenso haben sich Ameisen eindeutig zu flügellosen Versionen von Echten Wespen und Feldwespen entwickelt. Die Tatsache, dass all diese Wespen heutzutage gleichzeitig existieren, zeigt, dass „primitive" Gruppen ebenso erfolgreich sein können wie „fortgeschrittene".

Regelmäßig werden neue Arten, Gattungen, Familien und selbst noch höhere Kategorien der Klassifikation entdeckt. Zudem sind viele Arten wissenschaftlich bekannt, aber noch nicht beschrieben. Das heißt, wir haben ihnen bislang weder einen Namen zugeordnet noch die Merkmale analysiert, die sie von nahen Verwandten unterscheiden und daher offiziell als neue Art bestätigen. Das Linnésche System wird derart in Ehren gehalten, dass die Internationale Kommission für Zoologische Nomenklatur feste Regeln für die Benennung von Tieren vorgibt. Dieses Gremium dient auch als Schiedsstelle, wenn es um die Lösung taxonomischer Probleme geht.

Eine umgekehrte Pyramide
Jede Ebene ist eine Unterkategorie der nächsthöheren Kategorie. Die Platzierung einer Art (Spezies) kann Veränderungen unterliegen; dies gilt genauso für Gattungen (Genera) und Familien. Bei der Klassifikation von Wespen können auch Unterfamilie und Tribus (die Unterkategorie) aufgeführt werden.

DOMÄNE
Eukarya

REICH
Tiere

STAMM
Arthropoda (Gliederfüßer)

KLASSE
Insekten

ORDNUNG
Hymeoptera (Hautflügler)

FAMILIE
Chalcididae

GATTUNG
Conura

ART
Conura amoena

2

Anatomie
Struktur und Funktion

Wie Wespen gebaut sind

Der überwiegende Großteil aller bekannten Tierarten gehört zu den sogenannten Wirbellosen. Die erfolgreichsten unter ihnen sind die Arthropoden, deren größte Untergruppe die Insekten bilden. Daneben gehören aber auch Spinnen- und Krebstiere, Sechs-, Hundert- und Tausendfüßer sowie weitere Wirbellosengruppen und die ausgestorbenen Trilobiten zum Stamm der Arthropoden.

Der Begriff „Arthropoda" bedeutet so viel wie „Gliederfüßer", und alle Arthropoden weisen gelenkig verbundene, gegliederte Körperanhänge auf. Arthropoden besitzen eine rüstungsartige Außenhülle, ein sogenanntes Exoskelett. Das gilt selbst für die weichen Larven und Puppenstadien von Insekten, die eine vollständige Metamorphose durchmachen. Arthropoden sind zudem bilateralsymmetrisch, das heißt, sie haben eine spiegelbildliche rechte und linke Hälfte.

Insekten unterscheiden sich von den meisten anderen Arthropoden dadurch, dass sie drei deutlich voneinander getrennte Körperabschnitte (Kopf, Thorax und Abdomen), drei Beinpaare sowie ein Paar Antennen oder Fühler aufweisen. Insekten sind die einzigen fliegenden Wirbellosen, wenn auch nicht alle Insekten Flügel haben; das gilt ebenso für viele Wespen. Die meisten Sinnesorgane von Insekten liegen am Kopf und dienen dem Tier dazu, sich in seiner Umwelt zurechtzufinden und mit Artgenossen zu kommunizieren. Der Thorax (Brustabschnitt) fungiert dabei als Lokomotionszentrum, an dem die drei Beinpaare und die Flügel (falls vorhanden) ansetzen. Der letzte Abschnitt, das Abdomen (Hinterleib), enthält die meisten Organe, darunter das Exkretions- und das Fortpflanzungssystem.

Was die innere Funktionsweise angeht, so unterscheiden sich Insekten radikal von Wirbeltieren. Insekten haben ein offenes Kreislaufsystem, bei dem jedes Organ im Blut (Hämolymphe) der Körperhöhle badet. Zudem transportieren die Blutzellen keinen Sauerstoff. Insekten atmen durch kleine Öffnungen, sogenannte Stigmen, die sich in der Körperdecke (Kutikula) von Thorax und Abdomen befinden. Im Körperinneren transportiert ein ausgedehntes Netzwerk von Tracheen Sauerstoff bis zu jeder einzelnen Zelle, und zwar passiv, durch Diffusion. Das schränkt die Größe von Insekten ein: Es gibt keine elefantengroßen Wespen, weil das Tracheensystem ein solches Körpervolumen nicht ausreichend mit Sauerstoff versorgen könnte.

Der Stachel ist dasjenige Merkmal, an das wir sofort denken, wenn wir „Wespe" hören. Tatsächlich aber verfügen nur die Weibchen einiger Arten über diese Waffe. Männchen haben keinen Stachel. Niemals. Darüber hinaus kann es bei den Wespen noch weitere deutlich erkennbare Unterschiede zwischen den Geschlechtern geben. Das Vorhandensein solcher Unterschiede wird auch als „Geschlechts-" oder „Sexualdimorphismus" bezeichnet.

Körperbaupläne
Wespen wie diese Echte Wespe (oben) und die Grabwespe (unten) sind robust und gleichzeitig flexibel gebaut und können Umweltsignale rasch verarbeiten. Jeder Körperabschnitt spielt dabei eine eigene Rolle, und Körperanhänge sind oft spezialisiert.

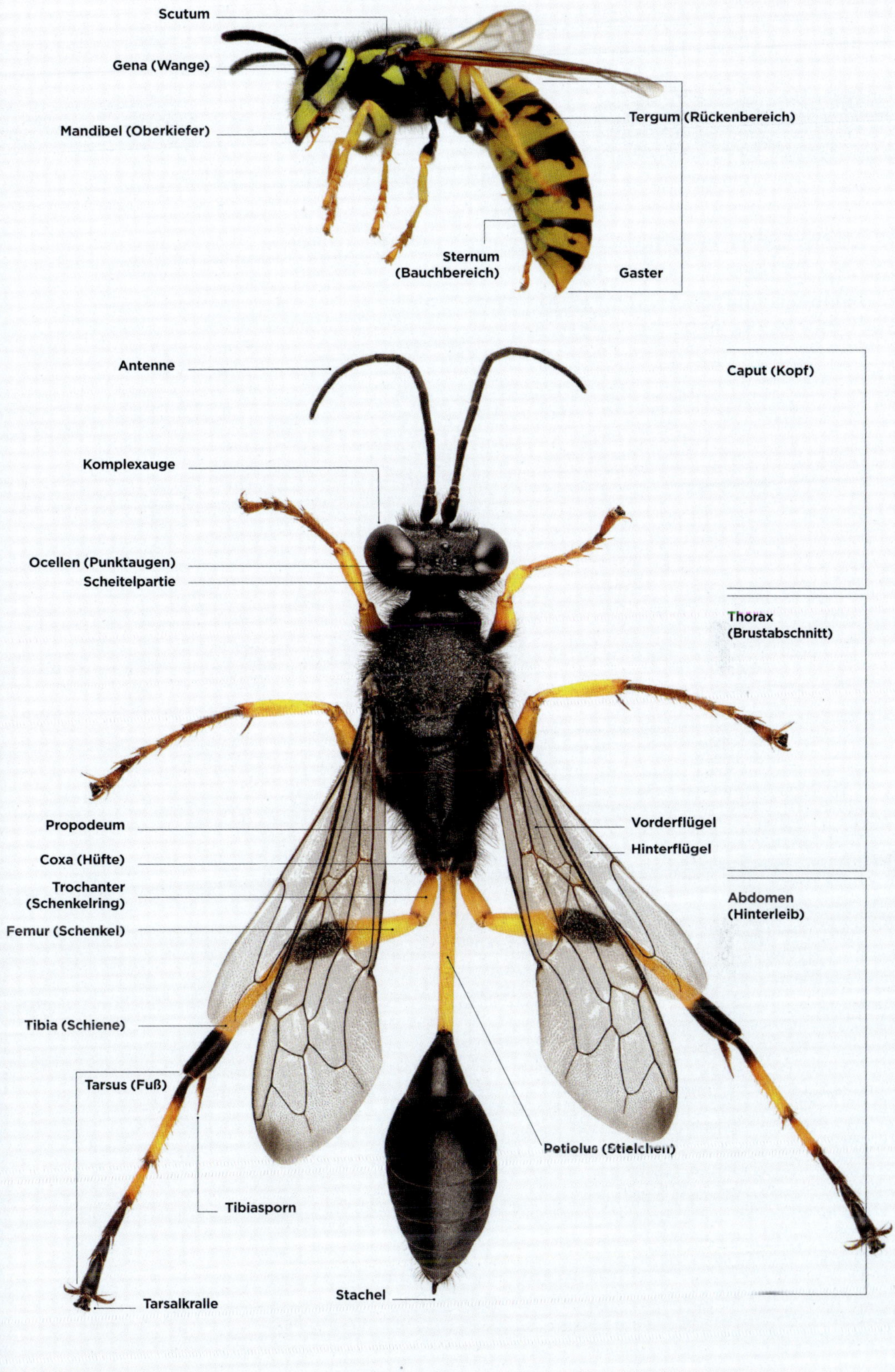
Scutum
Gena (Wange)
Mandibel (Oberkiefer)
Tergum (Rückenbereich)
Sternum
(Bauchbereich)
Gaster
Antenne
Caput (Kopf)
Komplexauge
Ocellen (Punktaugen)
Scheitelpartie
Thorax
(Brustabschnitt)
Propodeum
Coxa (Hüfte)
Trochanter
(Schenkelring)
Femur (Schenkel)
Vorderflügel
Hinterflügel
Abdomen
(Hinterleib)
Tibia (Schiene)
Tarsus (Fuß)
Petiolus (Stielchen)
Tibiasporn
Stachel
Tarsalkralle

Kopf: Sensorischer Input

Sieht man einer Wespe frontal ins Gesicht, so fallen einem sofort mehrere Merkmale auf. An beiden Seiten des Kopfes befinden sich große Komplexaugen, die der Wespe einen fast 360°-Rundumblick erlauben. Jedes Komplexauge besteht aus individuellen Sehzellen, Ommatidien genannt, die jeweils mit einer Linse ausgestattet sind und die wir außen auf dem Auge erkennen. Ein Kristallkegel unter der Linse fokussiert das einfallende Lichtsignal auf die Sehstäbchen, die Rhabdomeren. Das Rhabdomer ist ein langgestreckter Lichtleiter, der das Signal zur Basalmembran leitet, wo die Nervenfasern die Information sammeln und zum Gehirn schicken. Komplexaugen können Bewegungen viel besser als unsere Augen wahrnehmen, Bilder aber schlechter in Details auflösen. Feldwespen (*Polistes* spp.) erkennen jedoch die Gesichter von Nestgenossinnen und verhalten sich entsprechend unterwürfig oder dominant. Viele Wespen können ultraviolettes Licht wahrnehmen sowie mithilfe von polarisiertem Licht navigieren.

Kopf hoch!
Am Kopf einer Deutschen Wespe *(Vespula germanica)* erkennt man Mandibeln, Palpen (Taster), Komplexaugen und Antennen. Sinneshaare liefern zusätzliche sensorische Information.

Zwischen den Komplexaugen bilden drei einfache Einzelaugen, sogenannte Punktaugen (Ocellen), ein Dreieck. Bei einigen Wespen sind sie reduziert oder fehlen ganz. Bei der nachtaktiven Unterfamilie Ophioninae, die zur Familie der Schlupfwespen gehört, sind die Ocellen auffallend groß. Die Ocellen nehmen die Lichtstärke wahr und können Insekten helfen, sich am Horizont zu orientieren.

In der Mitte des Gesichts entspringt ein Paar Antennen. Mehr als nur „Fühler“, veranschaulichen Antennen das chemotaktile Erleben von Insekten. Feine Haare und Sinnesorgane verarbeiten ständig eingehende chemische und taktile Signale. Ist das der Geruch einer potenziellen Beute? Der Duft eines Geschlechtspartners? Wurden die Erschütterungen von einem sich nähernden Fressfeind hervorgerufen? Nicht selten kommen die Antennen den Augen zu Hilfe. Während die Augen beispielsweise einen Nagel an der Wand für eine Fliege halten und „Nahrung“ sagen, sagen die Antennen hingegen klar und deutlich „keine Nahrung!“.

Die paarigen Mandibeln – der Oberkiefer des Insekts – arbeiten gegeneinander, um Nahrung zu zerkauen, Nistmaterial zu bearbeiten und Feinde zu beißen. Über dem Oberkiefer liegt die Oberlippe (Labrum), die gewöhnlich verborgen ist, und darüber der Kopfschild (Clypeus), eine trapezförmige Platte, die unter den Antennen und zwischen den Augen liegt. Die Unterlippe (Labium) arbeitet mit der Oberlippe zusammen, um Nahrung in den Mund zu befördern. Gelenkige, fingerartige Mundteile helfen, die Nahrung richtig zu orientieren. Bei diesen sogenannten Tastern handelt es sich um die Labialpalpen, die am Labium sitzen, und die Maxillarpalpen, die an den paarigen Maxillen (Unterkiefer) sitzen. Die Maxillen, die zwischen Mandibeln und Labium liegen, unterstützen die Mandibeln auch beim Abbeißen oder Zerkleinern von Nahrung.

Das Gehirn ist nicht die einzige Schaltzentrale für Verarbeitung und Weiterleitung von Nervensignalen. Das Unterschlundganglion beispielsweise interpretiert Nervensignale und reagiert auf Reize, die mit den Mundwerkzeugen, ihrer Muskulatur und den Speicheldrüsen in Verbindung stehen. Andere Ganglien längs des Bauchmarks arbeiten ebenfalls mit einer gewissen Autonomie vom Gehirn. Derweilen versorgt die Aorta den Kopf mit Blut, und der Verdauungstrakt transportiert Nahrung in den hinteren Körperbereich.

Augen, zusammengesetzt aus Facetten
Das Auge der Goldwespe *Stilbum cyanurum* besteht aus vielen Hundert einzelnen Facetten. Solche Augen sind hervorragend geeignet, um Bewegungen wahrzunehmen, lösen Details eines Bildes aber nicht so gut auf.

FOKUS AUF

Antennen: Geruchs- und Tastsinn

Insekten benutzen ihre Antennen, um Informationen aus ihrer Umwelt aufzunehmen. Bei Wespen haben die Antennen von Männchen und Weibchen unterschiedliche Funktionen und sind häufig entsprechend abgewandelt.

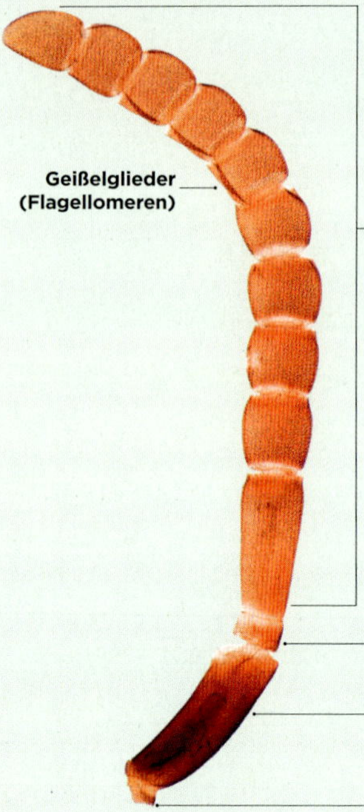

Sensorischer Zauberstab
Eine Wespenantenne besteht aus mehreren Segmenten, die mit Sinneshaaren, Sinnesgruben und anderen Rezeptoren zur Geruchs- und Berührungswahrnehmung ausgestattet sind. Gewöhnlich haben die Antennen von Männchen mehr Segmente als die von Weibchen.

Eine Wespenantenne besteht in der Regel aus drei Segmenten. Das erste ist der Scapus, gefolgt vom deutlich kleineren Pedicellus. Das letzte Segment, das Flagellum (Geißel), ist deutlich länger als die beiden anderen und in gelenkig verbundene Flagellomeren (Geißelglieder) unterteilt. Bei den uns am besten bekannten Wespen haben Männchen ein Geißelglied mehr als Weibchen. Nur Scapus und Pedicellus sind durch Muskeln beweglich. Die Geißelglieder werden hydraulisch bewegt, durch Druckveränderungen in der Hämolymphe (Blut).

Bei den meisten Wespen sind die Antennen fadenförmig, doch sie können auch geknickt, keulenförmig, gesägt, kamm-, fächer- oder flaschenbürstenförmig sein. Die Männchen einiger Solitären Faltenwespen und Feldwespen weisen einen auffälligen Haken an der Spitze beider Antennen auf. Die Antennen männlicher Schlupfwespen der Gattung *Euceros* sind schwertförmig. Einige Männchen von Grabwespen wie *Rhopalum* und *Didineis* weisen hakenartige Einkerbungen an ihren Antennen auf, vermutlich, um sich an die Antennen ihrer Partnerin zu hängen. Die Antennen vieler männlicher Sphecidae weisen plattenförmige Bereiche auf. Auf den Geißelgliedern einiger männlicher Crabronidae finden sich einige Wülste. Diese bizarren Abwandlungen spiegeln die Hauptaufgabe der männlichen Antennen wider, nämlich eine Geschlechtspartnerin zu finden, indem sie das von ihr abgegebene Sexualpheromon aufspüren und das Weibchen bei der Kopulation packen oder streicheln.

Weibchen verwenden ihre Antennen hauptsächlich dazu, Wirte für ihren Nachwuchs zu finden. So weisen Orussidae und andere Parasitoide von holzbohrenden Insektenlarven hammerartige Antennen auf. Diese Wespen „klopfen auf Holz", um Schallwellen zu erzeugen bzw. aufzufangen, die durch das Holz dringen und von den Wirtslarven oder den Wänden ihrer Gänge zurückgeworfen werden.

Bei diesen Wespen verfügen beide Geschlechter über Sinneshaare, Sinnesgruben und andere Mechanorezeptoren, die Informationen über taktile Reize, Luftströmungen, Fluggeschwindigkeit in der Luft und Schwingungen des Untergrunds liefern. Die Antennen sind so wichtig, dass die Insekten sie ständig putzen. Viele Wespen besitzen zu diesem Zweck einen „Kamm". Die sogenannte Tibiaspitze am Vorderbein besitzt einen langen, mit Bürstenhaaren ausgestatteten Sporn, und das Grundsegment des gegenüberliegenden Tarsus ist konkav. Zur Reinigung wird jede Antenne durch diesen Kamm gezogen.

Haken, Keulen, Verzweigungen
Zu den Modifikationen bei Antennen gehören Haken an der Spitze, um die Antennen eines Weibchens zu ergreifen (männliche Solitäre Faltenwespe, rechts) wie auch Keulen und Verzweigungen, die eine größere Oberfläche für Sinnesrezeptoren schaffen (oben, ganz rechts und unten).

Thorax: Zentrale der Fortbewegung

Der zweite Hauptabschnitt des Körpers, der Thorax (Brustabschnitt), ist mit dem Kopf durch ein kurzes, enges Rohr (Hals, Cervix) verbunden. Diese Verbindung ist elastisch und flexibel, weist aber mindestens eine harte ventrale Platte (Sklerit) auf, die die „Kehle" schützt. Durch den Hals laufen Speiseröhre (Ösophagus), Aorta und Nervenstränge.

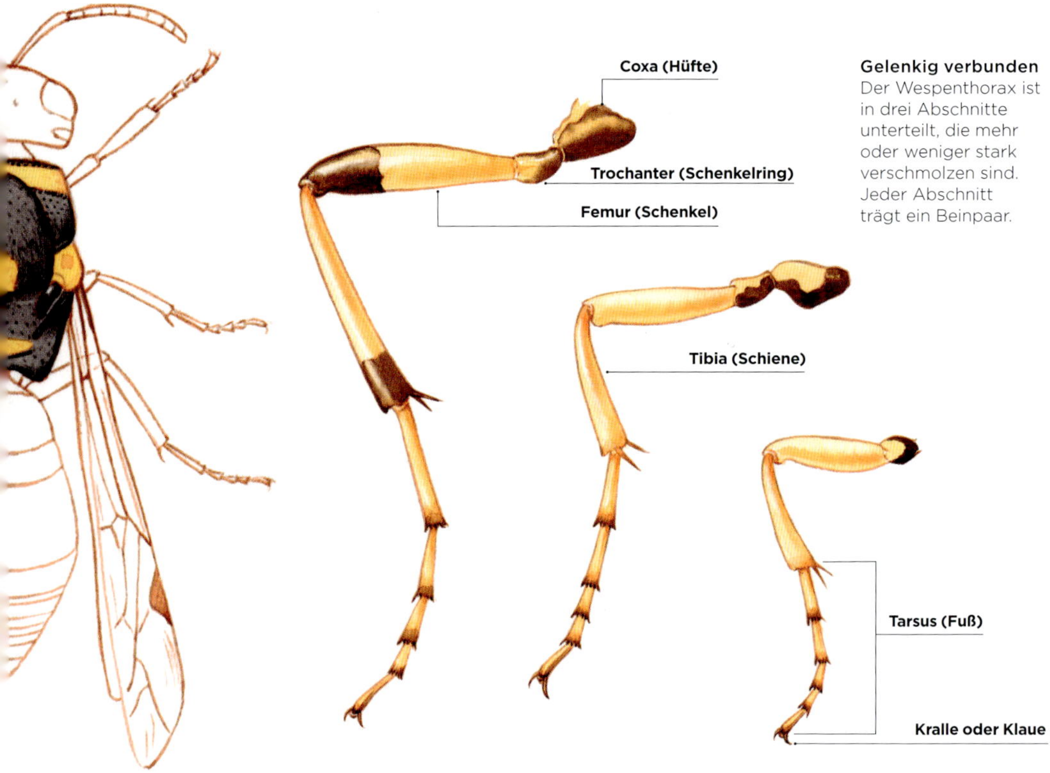

Gelenkig verbunden
Der Wespenthorax ist in drei Abschnitte unterteilt, die mehr oder weniger stark verschmolzen sind. Jeder Abschnitt trägt ein Beinpaar.

Der Thorax selbst besteht aus drei miteinander verschmolzenen Abschnitten. Der vordere Teil wird als Prothorax, der mittlere als Mesothorax und der letzte als Metathorax bezeichnet. Jeder Abschnitt trägt ein Beinpaar. Weitere Unterteilungen entstehen durch äußere Platten, die durch Nähte (Suturae), Leisten (Carinae) und Furchen (Sulci) abgegrenzt sind. Dort im Prothorax, wo das Pronotum (Halsschild, das den Rücken des ersten Thoraxsegments schützt) seitlich auf den Mesothorax trifft, liegt ein verborgenes Stigma (Atemloch). Über dieses findet auch der Gasaustausch (Sauerstoff strömt ein, Kohlendioxid aus) für den Kopf des Insekts statt. Im Metathorax gibt es ein zweites Stigma, das oft unter der Basis des Hinterflügels verborgen ist.

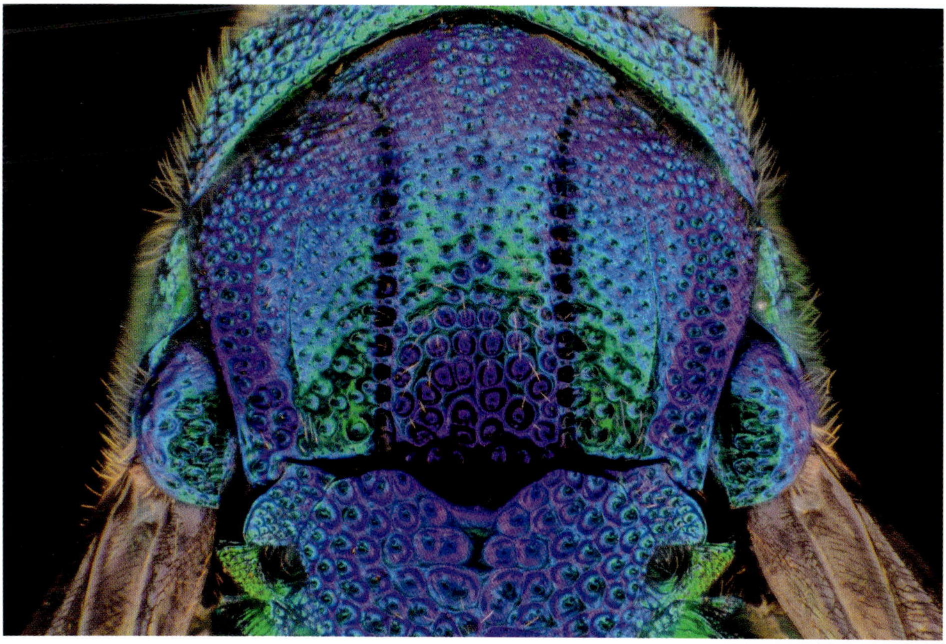

Panzerung
Der Thorax dieser Goldwespe (*Chrysis* sp.) zeigt einige der Platten, die den Brustbereich schützen. Ganz vorne ist der Halsschild (Pronotum) zu erkennen, dahinter schließt sich das Mesonotum an. Das Schulterpolster an jeder Flügelbasis wird als Tegula bezeichnet. An das Mesonotum schließt sich nach hinten das Metanotum an.

Taillenwespen wie auch Bienen und Ameisen weisen ein einzigartiges Merkmal auf, das unserer Wahrnehmung, wo der Thorax endet und das Abdomen beginnt, widerspricht. Das scheinbar letzte Thoraxsegment, das Propodeum, ist tatsächlich das erste dorsale Segment des Hinterleibs, das mit den umliegenden Thoraxplatten verschmolzen ist. Aufgrund dessen bezeichnen Entomologen den *wahrgenommenen* Thorax von Wespen, Bienen und Ameisen als „Mesosoma". Die gelenkige Verbindung des Abdomens, die „Wespentaille", stellt daher das zweite dorsale und das erste ventrale Segment des Abdomens dar. Das Propodeum trägt ebenfalls ein Paar Stigmen. Bei Blattwespen, Holzwespen und ihren Verwandten (Symphyta) setzt der echte Hinterleib breit am Thorax an – ein Propodeum ist überflüssig.

Einer der vielen Vorteile eines Exoskeletts ist, dass es mehr Ansatzfläche für die Muskulatur bietet als ein Innenskelett. Das wird nirgendwo deutlicher als im Thorax eines Insekts, wo die Muskulatur Beine wie auch Flügel bewegt. Insekten sind, auf ihre Größe bezogen, wohl die stärksten Tiere überhaupt. Sie sind jedoch so stark, *weil* – nicht obwohl – sie so klein sind. Die meisten Insekten haben eine so geringe Körpermasse, dass sie nur wenig Muskelkraft benötigen, um sich zu bewegen. Das heißt, sie können entsprechend größere Lasten tragen. So kann etwa eine Wegwespe ihr schlaffes Opfer problemlos eine Wand hochziehen. Auf den Menschen übertragen hieße das, ein Klavier mit den Zähnen eine Treppe hochzuwuchten.

Kein Hals zu sehen
Der Kopf einer Feldwespe ist vorn in den Thorax eingezogen und schützt so ein verletzliches flexibles muskulöses Rohr, durch das unter anderem Nervenstränge und die Speiseröhre (Ösophagus) verlaufen.

Abdomen: Das Stoffwechselhauptquartier

Während der Kopf einer Wespe der Dreh- und Angelpunkt ist, wenn es um sensorische Verarbeitung, Gedächtnis und Verhalten geht, und der Thorax das Transportzentrum, enthält das Abdomen lebenswichtige Organe, die für Atmung, Kreislauf, Verdauung und Exkretion, Fortpflanzung und Verteidigung gegen Feinde sowie für das Überwältigen von Beute zuständig sind. Da das erste Abdominalsegment bei Taillenwespen mit der Rückseite des Thorax verschmolzen ist, wird das, was wir als Hinterleib (Abdomen) wahrnehmen, wissenschaftlich als Metasoma bezeichnet. Daher ist das erste Dorsalsegment des Abdomens das Propodeum, und das zweite dorsale Abdominalsegment ist das erste Segment des Metasoma. Das kann selbst für Wissenschaftler:innen verwirrend sein.

Rückenplatten (Terga)
Bei der Feldwespe *Ropalidia ornatifex* sind die konzentrischen dorsalen Abdominalplatten (Terga, Einzahl Tergum) gut zu erkennen. Die entsprechenden ventralen Platten der Unterseite werden als Sterna (Einzahl Sternum) bezeichnet.

Petiolus (Stielchen)
Diese fliegende Grabwespe (*Sceliphron* sp.) zeigt den langen Stiel, der vom zweiten Abdominalsegment gebildet wird. Dieser Petiolus verstärkt die Biegsamkeit des Hinterleibs und ermöglicht der Wespe, ihren Stachel in allen Richtungen einzusetzen.

Das zweite Dorsalsegment des Metasoma kann stark verlängert sein und bei einigen Arten ein Stielchen oder Petiolus bilden; in diesem Fall wird der Rest des Metasoma oft als „Gaster" bezeichnet. Wespen mit einem gestielten Hinterleib haben mehr Bewegungsfreiheit, um ihren Stich gezielt in den entsprechenden Nervenzentren ihrer Wirte oder Beute zu platzieren.

Im Metasoma (oder Abdomen bei den Symphyta) nehmen Mitteldarm und Hinterdarm des Verdauungstrakts den größten Raum ein. Vor dem Mitteldarm liegt der „Kropf", ein Behälter zur Nahrungsspeicherung, der anatomisch den letzten Teil des Vorderdarms bildet. Vor allem bei sozialen Wespen wird Nahrung häufig wieder aus dem Kropf hochgewürgt, um Larven und adulte Nestgenossinnen zu füttern. Kurz vor Beginn des Hinterdarms befinden sich die Malpighischen Gefäße, schlauchartige Gebilde, die das Insektenäquivalent unserer Nieren sind. Sie reinigen die Hämolymphe und regulieren gemeinsam mit dem Hinterdarm den Wasser- und Salzhaushalt, während sie stickstoffhaltige Abfallprodukte ausscheiden. Insekten sind ganz allgemein gute Wassersparer, daher sind Ausscheidungen von Wespen vorwiegend fest und werden durch den Anus an der Spitze des Hinterleibs abgegeben.

Das Bauchmark und die assoziierten Ganglien verlaufen der Länge nach durch den Hinterleib unter den meisten anderen Organen hindurch. Die Aorta, genauer das Dorsalgefäß, transportiert Hämolymphe, die vom Herz nach vorn gepumpt wird und sich überall im Körper verteilt. Das Blut enthält nur wenig Sauerstoff, versorgt die Zellen aber mit Nährstoffen und Hormonen sowie anderen chemischen Botenstoffen. Das weit verzweigte Tracheennetz in Kopf, Thorax und Abdomen steht über Atemöffnungen (Stigmen) – zwei auf beiden Seiten der ersten dorsalen Abdominalsegmente (Tergite) – mit der Außenluft in Verbindung und sorgt für die nötige Sauerstoffzufuhr.

Die Fortpflanzungsorgane liegen ebenfalls im Abdomen, und die Eierstöcke (Ovarien) der Wespenweibchen können einen Gutteil der Körperhöhle einnehmen. Bei Stechwespen führen in der Nachbarschaft der Eierstöcke Gänge von den Giftdrüsen zum Stachel.

Flügel und Flug

Geflügelte Wespen tragen in der Regel zwei Flügelpaare; dabei ist das Vorderflügelpaar das längere von beiden. Das Hinterflügelpaar ist deutlich kürzer, weist jedoch unter Umständen je nach Art oder sogar Geschlecht dieselbe Flügelfläche auf. Im Flug werden Vorder- und Hinterflügel miteinander verbunden; das geschieht mithilfe winziger Häkchen an der Vorderkante des Hinterflügels, die als Hamuli bezeichnet werden. Wespen sind außerordentlich geschickte Flieger, und einige Arten gehören zu den schnellsten Fluginsekten überhaupt. Manche können auf der Stelle schweben, beispielsweise männliche Grabwespen der Familie Crabronidae, Tribus Bembicini, während die Weibchen der Zwergwespe *Caraphractus cinctus* ihre Flügel als Paddel benutzen, um sich unter Wasser fortzubewegen.

Hautflügel
Die Flügel dieser männlichen Wegwespe *Hemipepsis brunnea* zeigen die Aderung eines jeden Flügels und die von diesen Adern gebildeten Zellen. Das Flügelgeäder ist oft ein Schlüssel zur Bestimmung von Wespen – zumindest bis zum Niveau der Familie.

Überraschenderweise unterscheiden sich die Flügel von Wespen völlig von Vogel- oder Fledermausflügeln. Bei Wespen enthalten die Flügel selbst nämlich keinerlei Muskulatur, und an ihnen greifen auch keine Muskeln direkt an. Der gesamte Thorax/Mesosoma ist eine Art flexible Box und wird von zwei Muskelgruppen verformt, die sich abwechselnd kontrahieren (indirekte Flugmuskulatur). Das Zusammenspiel dieser beiden Muskelgruppen führt dazu, dass sich die Flügel auf oder nieder bewegen, wobei die Kontraktion der einen Gruppe automatisch die Kontraktion der entgegengesetzt arbeitenden, antagonistischen Gruppe nach sich zieht, sobald der Flugmotor durch Nervenimpulse einmal gestartet worden ist. Wespenflügel bewegen sich aber nicht nur auf und ab, sondern sie führen auch Drehbewegungen durch und verwinden sich, um Auf- und Vortrieb zu erzeugen. Die Steuerung wird dabei von kleineren Gruppen von Stellmuskeln übernommen, die die Gelenkverbindungen zwischen Flügel und Thorax passend einstellen.

Auftrieb
Diese weibliche Grabwespe (*Sphex* sp.) erzeugt Auf- und Vortrieb mit ihren beiden durchsichtigen Flügelpaaren. Sie kann sogar abheben, wenn sie eine gelähmte Heuschrecke trägt, die mindestens so viel wiegt wie sie selbst.

Verhakt
Diese elektronenmikroskopische Aufnahme zeigt die Reihe von Hamuli, die während des Fluges den Hinterflügel mit dem Vorderflügel verbindet.

Flügelform und -ausgestaltung variieren beträchtlich. Bei Faltenwespen werden die Vorderflügel in Längsrichtung gefaltet, wenn sie nicht zum Fliegen gebraucht werden. Die Anordnung des Flügelgeäders, das den Hautflügel strukturell stützt, unterscheidet sich von einer Wespenfamilie zur nächsten beträchtlich und in vielen Fällen auch von Gattung zu Gattung. Das Netzwerk der Adern definiert zudem „Zellen", abgegrenzte Teilbereiche des Flügels. Schlupfwespen (Familie Ichneumonidae) beispielsweise lassen sich anhand der „Pferdekopf-förmigen" Zelle in der Mitte des Vorderflügels identifizieren. Die wissenschaftliche Nomenklatur des Flügelgeäders und der Flügelzellen hat sich im Lauf der Zeit verändert und kann je nach Präferenz des beschreibenden Entomologen variieren

FOKUS AUF

Legeröhre (Ovipositor)

Die Weibchen nicht stechender Wespen besitzen ein Organ zur Eiablage, das als Legeröhre, Legebohrer oder wissenschaftlich als Ovipositor bezeichnet wird. Dieses Organ kann ganz unterschiedlich gebaut sein, je nachdem, an oder in welche Wirtspflanze oder welches Wirtstier das Weibchen sein Ei oder seine Eier legt. Eine Legeröhre kann im Abdomen verborgen sein oder in spektakulärer Weise aus dessen Spitze herausragen. Bei manchen Wespen ist die Legeröhre bis zu 12-mal so lang wie der ganze Körper.

Einführen der Legeröhre
Die in der Nordhemisphäre weit verbreitete Holzwespen-Schlupfwespe *(Rhyssa persuasoria)* (oben) führt ihre Legeröhre in einen Baum ein, wo ihr Wirt, eine holzbohrende Insektenlarve, lebt. Die Legeröhre selbst ist der dünne Faden, ihre Scheide die dickere, stützende Struktur.

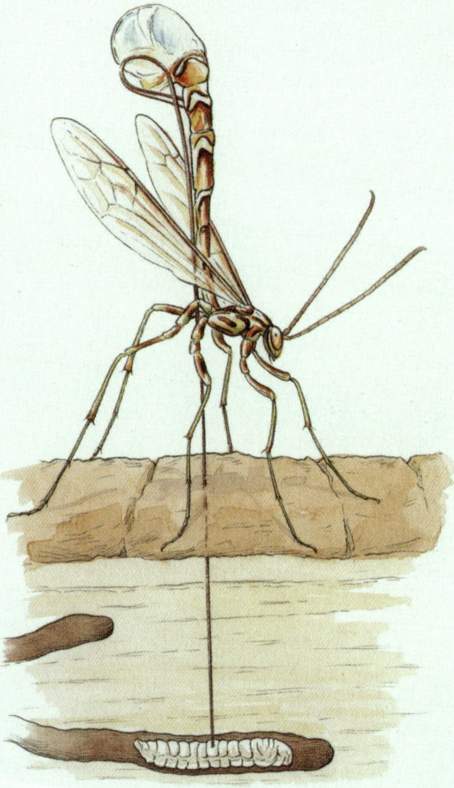

Nach einem Wirt bohren
Eine weibliche Schlupfwespe, *Megarhyssa* sp. (rechts), entdeckt mithilfe ihrer Antennen eine Holzwespenlarve (Familie Siricidae) in einem Baum. Dann verrenkt sie sich so, dass sie ihr Ziel mit ihrer Legeröhre, die sie durch das Holz bohrt, erreichen kann. Daher spricht man auch von einem „Legebohrer".

Die Legeröhre besteht aus Abdominalsegmenten, die gemeinsam eine Röhre bilden. Die erste Gonapophyse oder Valvula (Valve) ist eine geteilte, ventrale Halbröhre, die dorsal von einer zweiten Gonapophyse, einer einzelnen Valve, ergänzt wird, um den beweglichen Gang zu bilden, durch den das Ei aus dem Eierstock zur Spitze des Ovipositors wandert. Diese Anordnung erlaubt mehr Bewegungsfreiheit als ein einzelnes, starres Legerohr.

Umgeben wird die Legeröhre von einer Scheide aus zwei lateralen, konkaven Strukturen, die die empfindliche Legeröhre wie ein schützendes Futteral umgeben. Diese Scheide ist bemerkenswert robust und trägt dazu bei, die Legeröhre während der Eiablage zu stabilisieren.

Man könnte meinen, weibliche Wespen benutzten ihre Legeröhre wie eine Bohrmaschine, um ein Loch in einen Wirt oder ein Substrat zu „bohren". Mit der Legeröhre werden jedoch keinerlei Drehbewegungen vollzogen. Vielmehr sind die Spitzen einer oder mehrerer der Gonapophysen gezähnt und werden abwechselnd senkrecht aneinander vorbeigeschoben, um an Tiefe zu gewinnen. Bei Pflanzenwespen, die passenderweise auch als Sägewespen bezeichnet werden, ist der Ovipositor fast auf der gesamten Länge gezähnt, um Pflanzengewebe effizient „aufsägen" zu können.

Die Länge der Legeröhre gibt Hinweise auf den Wirt seiner Besitzerin. Besonders lange Anhänge sind gewöhnlich bei Wespen zu finden, die ein dichtes Substrat durchdringen müssen, um zu ihrem Wirt zu gelangen. Das gilt für Parasitoide, deren Wirte im Verborgenen leben, beispielsweise Holzbohrer in Bäumen und Totholz oder Bewohner von Pflanzengallen oder Feigen. Kurze oder in Körper liegende Ovipositoren findet man bei Wespen, die ihre frei zugänglichen Wirte, wie Raupen oder Blattläuse, direkt aufsuchen. Viele Schlupfwespen und Brackwespen fallen in diese Kategorie.

Lang oder kurz
Große weibliche Schlupfwespen wie *Megarhyssa* spp. sind 35–75 mm lang, doch samt Legeröhre kommen sie auf 50–110 mm. An diesem toten Exemplar erkennt man die Legeröhre (Mitte) und die beiden Hälften der Scheide (rechts und links).

Kurz und kräftig
Die Legeröhre der meisten Schlupfwespen wie dieser *Ophion obscuratus* aus Deutschland ist gerade lang genug, um die Kutikula des Wirtsinsekts oder der Wirtsspinne zu durchdringen.

Stachel und Gift

Der Stachel, auch Wehrstachel genannt, ist zweifellos die größte evolutionäre „Erfindung" der Wespen. Ein Organ, das zunächst zur Eiablage entwickelt wurde, die Legeröhre (Ovipositor), wurde zur Waffe umfunktioniert. Wir kennen den Stachel als Mittel der Selbstverteidigung und der Verteidigung des Staates bei sozialen Insekten, doch die wichtigste Aufgabe des Stachels und des damit injizierten Gifts besteht darin, sich wehrende Wirte oder Beutetiere zu immobilisieren, sei es kurzzeitig oder auf Dauer.

Ausrüstung
Bei diesem Weibchen der Blauen Fichtenholzwespe *(Sirex noctilio)* erkennt man die Legeröhre, darüber deren Scheide und den dreieckigen Cornus (Funktion unbekannt). Die Wespe injiziert bei der Eiablage einen giftigen Schleim, ein seltener Fall einer giftigen, nicht stechenden Wespe.

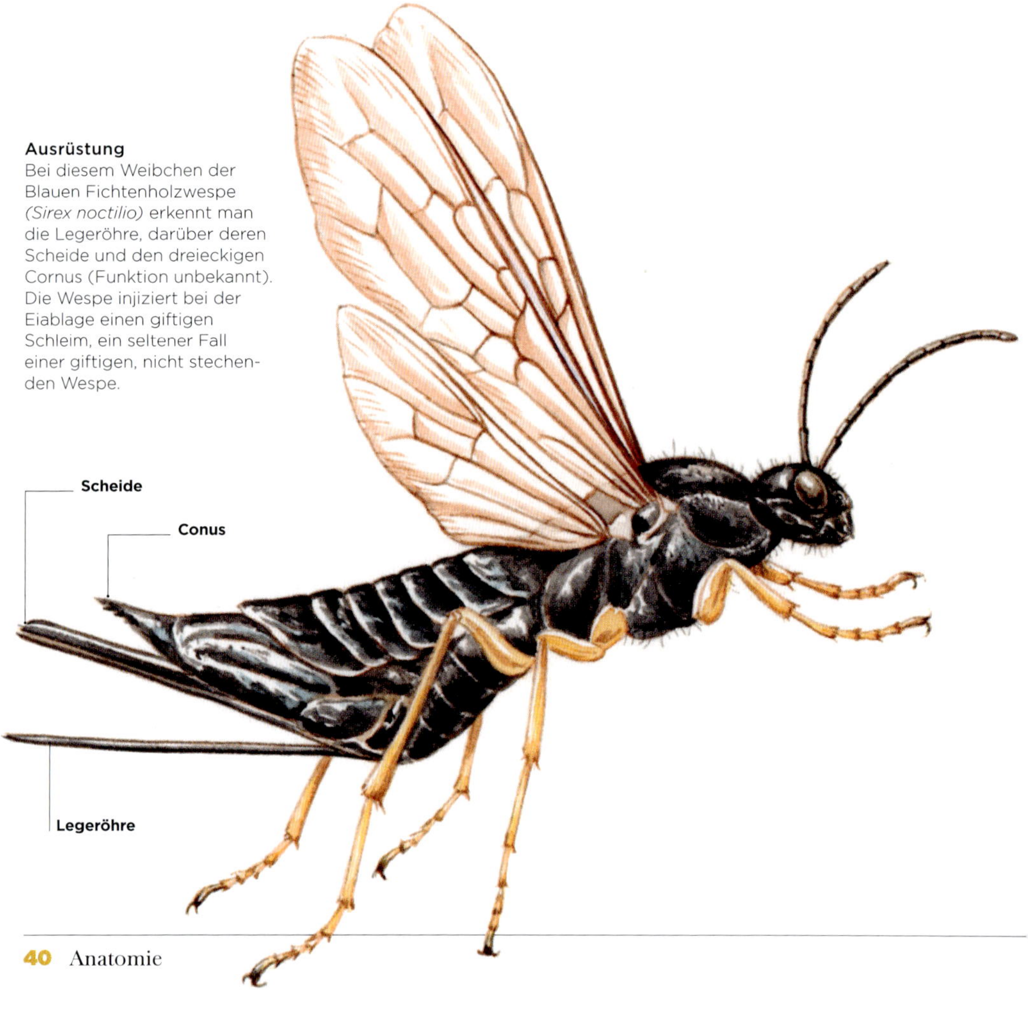

Giftstachel
Der Stachel dieser weiblichen Echten Wespe, der normalerweise verborgen im Abdomen liegt, ist hier voll ausgefahren. Über dem Stachel ist die dritte Valvula zu sehen, die der Legeröhrenscheide bei nichtstechenden Wespen entspricht.

Solange der Stachel nicht eingesetzt wird, ist er gewöhnlich im Abdomen des Weibchens verborgen. Jede sichtbare fadenförmige, speerförmige oder nadelartige Struktur an der Abdomenspitze ist entweder eine Legeröhre oder im Fall einiger männlicher Wespen ein Pseudostachel. Das gilt zumindest in der Regel. Aber nichts in der Wespenwelt ist einfach.

Da sich der Stachel von der Legeröhre ableitet, lohnt es sich, die Anatomie der beiden Strukturen zu vergleichen. Keine von beiden ist einer Hohlnadel vergleichbar. Was wie eine einteilige Struktur erscheint, besteht in Wirklichkeit aus mehreren Teilen, die Abwandlungen der Endabschnitte des Abdomens/Metasomas darstellen. Bei einem Wespen-Ovipositor bilden zwei parallele, klingenartige Anhänge einen Kanal, durch den die Eier abgelegt werden. In der Regel sind die Spitzen der beiden Anhänge gezähnt, um das Eindringen in Pflanzengewebe oder in den Wirtskörper zu erleichtern. Sie bewegen sich wie Raspeln abwechselnd vor und zurück, um den Ovipositor voranzutreiben. Der Ovipositor ist selbst von einer Scheide umgeben, die dem empfindlichen Ovipositor als Stützen dienen, wenn es darum geht, in ein dichtes Substrat wie Holz einzudringen.

Ein Stachel ist ähnlich wie ein Ovipositor gebaut, doch es fehlen ihm die Schutzhülle und gewöhnlich auch die Zähne an der Spitze der paarigen, stechenden Anhänge. Das Ergebnis ist ein Kanal, durch den Gift fließt. Anders als Honigbienen, deren Stachel mit Widerhaken versehen ist, die ihn in der Wunde verankern, können Wespen ihren Stachel zurückziehen und erneut verwenden. Das Gift wird in einer oder mehreren Drüsen im Abdomen des Weibchens gebildet. Nach heutigem Verständnis wird „Gift" grundsätzlich als chemische Verbindung oder Mischung von Verbindungen definiert, die den Wirtsorganismus bzw. die Beute schwächt oder außer Gefecht setzt. Nach dieser Definition ist auch die „ungiftige" Blaue Fichtenholzwespe *(Sirex noctilio)* giftig, denn sie vergiftet ihre Nadelbaumwirte mit einer Substanz, die die Bäume empfindlich für den Pilz macht, den das Wespenweibchen bei der Eiablage ebenfalls überträgt.

Wie ist eine Wespe ans Stechen angepasst?
Die „Wespentaille" gibt dem Hinterleib große Bewegungsfreiheit, sodass der Stich präzise gesetzt werden kann. Die Flexibilität des Abdomens/Metasomas/Gasters selbst erlaubt dem Insekt, seinen Körper zu krümmen, um seinen Stachel in die sich wehrende Beute zu senken.

Die zehn Wespen mit den schmerzhaftesten Stichen

1. **Feldwespen, *Synoeca septentrionalis***
2. **Tarantulafalken, *Pepsis* spp.**
3. **Ameisenwespen, *Dasymutilla klugii***
4. **Feldwespen, *Polistes erythrocephalus***
5. **Feldwespen, *Polistes canadensis***
6. **Feldwespen, *Megapolistes* sp.**
7. **Feldwespen, *Agelaia myrmecophila***
8. **Ameisenwespen, *Dasymutilla gloriosa***
9. **Kurzkopfwespen, *Vespula pensylvanica***
10. **Feldwespen, *Brachygastra mellifica***

Die schmerzhaftesten Stiche, adaptiert nach dem Schmidt-Stichschmerz-Index (Schmidt Sting Pain Scale)

Geschlechtsdimorphismus

Die Unterschiede zwischen männlichen und weiblichen Wespen sind in der Regel gering, aber je mehr Übung man bekommt, desto leichter fällt es, beide Geschlechter zu identifizieren. Erfahrene Entomolog:innen spielen Freunden mit weniger Ahnung manchmal einen Streich, indem sie männliche Wespen, die ja keinen Stacheln haben, ganz nonchalant in die Hand nehmen. Unter Umständen ist der Unterschied zwischen Männchen und Weibchen jedoch so groß, dass man meinen könnte, die beiden Geschlechter gehörten verschiedenen Arten an.

Offensichtlich unterscheiden sich die Genitalien von männlichen und weiblichen Wespen. Im Körperinneren liegen bei Männchen Hoden, bei Weibchen Eierstöcke. Die äußeren männlichen Genitalien werden kollektiv als Aedeagus bezeichnet und bestehen aus zwei Penisvalven, eingerahmt von einem Paar Gonostylen, die gewöhnlich im Abdomen verborgen sind. Der korrespondierende weibliche Teil ist die Vulva, die Öffnung der Vagina. Das Weibchen kann in einer Innentasche, Spermatheka genannt, Spermien speichern. Daraus setzt es Spermien in seinen Eileiter (Oviduct) frei.

Gleich, aber doch anders
Die in Europa heimische *Nemka viduata* (Familie Ameisenwespen oder Spinnenameisen) zeigt einen extremen Sexualdimorphismus. Das Männchen (links) ist geflügelt, das Weibchen (rechts) ungeflügelt. Auch in der Färbung unterscheiden sich beide Geschlechter.

Ein falscher Stachel
Die Männchen einiger Wespen, hier *Myzinum* sp. (Familie Thynnidae), tragen einen bedrohlich aussehenden, aber harmlosen „Pseudostachel". Bei anderen Wespen kann dieser Stachel zwei- oder dreizackig sein statt einzackig und gebogen.

Männchen haben mehr Abdominalsegmente als Weibchen und die Spitze ihres Abdomens oder Metasomas ist stumpf, abgerundet oder gezähnt. Ein Dreizack oder ein einzelner, bedrohlich aussehender Haken am Abdomen einer männlichen Wespe wird als Pseudostachel bezeichnet; er ragt aus dem letzten sichtbaren ventralen Segment hervor. Das Abdomen oder Metasoma einer weiblichen Wespe läuft in der Regel spitz zu. Es gibt Arten, von denen wir keine Männchen kennen, entweder weil sich die Weibchen ohne Männchen fortpflanzen können oder weil wir noch nicht wissen, welches Männchen zu welchem Weibchen gehört.

Eines der verblüffendsten Beispiele für Geschlechtsdimorphismus findet sich bei Vertretern der Ameisenwespen oder Spinnenameisen (Familie Mutillidae). Die Männchen sind in der Regel voll geflügelt, die Weibchen flügellos. Oft gibt es zudem einen Größenunterschied, in einigen Fällen sind die Männchen größer. Noch stärker ausgeprägt ist dies bei einigen Vertretern der Rollwespen (Tiphiidae), wo ungeflügelte Weibchen um ein Vielfaches kleiner als die Männchen sind und ein Männchen seine Partnerin im Flug tragen kann. In der Familie Feigenwespen (Agaonidae) sind hingegen die Männchen ungeflügelt und die Weibchen geflügelt. Bei wieder anderen Arten gibt es männliche bzw. weibliche Individuen mit intakten Flügeln, ohne Flügel oder mit verkümmerten Flügeln, beispielsweise in der Gattung *Trimorus* (Familie Platygastridae).

In der Regel haben die Antennen männlicher Wespen mehr Glieder als die der Weibchen. Die Antennen des Männchens können überdies auf verschiedene Weisen abgewandelt sein, um die Sexualpheromone wahrzunehmen, die die Weibchen abgeben, um Männchen anzulocken. Männliche Feldwespen (Unterfamilie Polistinae) besitzen hakenförmige Antennen und oft ein bleiches Gesicht, was sie leicht erkennbar macht.

Bizarre Variationen

Wespen können wirklich seltsam aussehen, und nicht immer verstehen wir, aus welchem Grund. Sie können Hörner, Stacheln, Dornen oder andere Modifikationen aufweisen, über die man nur staunend den Kopf schütteln kann. So können ihre Antennen gezähnt sein wie kleine Kämme oder ihre Beine aufgebläht wie der Bizeps eines Bodybuilders. Gerade ihr bisweilen bizarres Aussehen macht sie für entomologisch Interessierte besonders interessant.

Häufig ist der Wespenkörper modifiziert, um Aufgaben besser erfüllen zu können, die mit der Lebensweise ebendieser Art verknüpft sind. Die Weibchen der meisten Arten, die Erdlöcher zum Nisten ausheben, weisen an den Vorderbeinen eine Reihe kräftiger Dornen auf, sogenannte „Grabborsten“. Beobachtet man eine Grabwespe dabei, wie sie beim Graben große Mengen an Sand um sich wirft, so ahnt man, wie nützlich diese köpereigenen Werkzeuge sind.

Den Männchen einiger Arten helfen die Modifikationen ihrer Beine dabei, das Weibchen bei Werbung und Paarung zu packen und/oder seine Partnerin besser gegen Konkurrenten zu verteidigen. Bei Männchen der Gattung *Crabro* (Grabwespen) sind die Schienen (Tibien) der Vorderbeine zu einem opaken Schild erweitert, der das Licht in arttypischer Weise filtert, wenn er über die Augen des Weibchens gelegt wird.

Ein seltsames Wesen
Diese kleine Wespe aus der Familie Eucharitidae trägt kammartige Antennen, um den Geruch des anderen Geschlechts oder von Ameisennestern besser wahrzunehmen. Die Funktion der langen Stacheln am Hinterrand des Thorax ist unbekannt.

Grabborsten
Der weibliche Bienenwolf *(Philanthus triangulum)* (links) weist an seinen Vorderbeinen lange Dornen auf, die ihm helfen, leicht und schnell Gänge zu graben. Viele Arten in den Familien Crabronidae, Sphecidae und Pompilidae verfügen über diese Anpassung.

Stoßzähne
Wespenmännchen der afrikanischen Gattung *Synagris* (Mitte links) tragen bizarre Hörner am Oberkiefer. Sie setzen diese Waffen gegen rivalisierende Männchen ein, während sie Nester bewachen, aus denen wahrscheinlich Weibchen schlüpfen werden.

Die Gesichter von Wespen können mit einer ganzen Reihe von Strukturen geschmückt sein. Die Männchen einiger mit „Stoßzähnen" bewehrter Wespen der afrikanischen Gattung *Synagris* tragen bedrohlich wirkende Hörner auf ihrem Kiefer. Sie setzen diese Waffen vorwiegend dazu ein, sich Zugang zu jungfräulichen Weibchen zu erkämpfen, die aus Lehmnestern schlüpfen. Unter Umständen bewachen sie auch einzelne Nester von Weibchen, mit denen sie sich gepaart haben, oder schieben Wache vor mehreren solchen Nestern, um Rivalen abzuschrecken. Das Männchen der erst kürzlich auf der indonesischen Insel Sulawesi entdeckten sehr großen Grabwespenart *Megalara garuda* weist ebenfalls riesige Mandibeln auf – Funktion (noch) unbekannt. Weibliche „Warzenschwein"-Wespen der in Afrika heimischen Schlupfwespenart *Genaemirum phacochoerus* tragen seltsame Fortsätze auf ihren Wangen, die ihnen vielleicht helfen, sich wie Bulldozer durch die Tunnel ihrer Wirte – Puppen von Schmetterlingen der Familie Cossidae (Holzbohrer) – zu bewegen. Die riesigen Komplexaugen von männlichen Wespen der Unterfamilie Astatinae, Familie Crabonidae, treffen sich oben auf dem Kopf – so entgeht ihnen kein vorbeikommendes Weibchen.

Selbst das Abdomen von Wespen kann bizarr ausgestaltet sein. Ein Beispiel ist der „Handgriff" vorn am Abdomen der winzigen Wespenweibchen der Gattung *Inostemma*, Familie Platygastridae. Die Ausstülpung dient dazu, den langen, zurückziehbaren Ovipositor unterzubringen, mit dessen Hilfe das Weibchen Eier in Gallen von Gallmücken legt.

Bauchhaken
Männchen der Grabwespenart *Trypoxylon politum* (unten) tragen am Bauch einen bedrohlich aussehenden Haken, mit dessen Hilfe sie sich in Nestern verankern, die sie bewachen und vor Fressfeinden, Parasitoiden und rivalisierenden Männchen schützen.

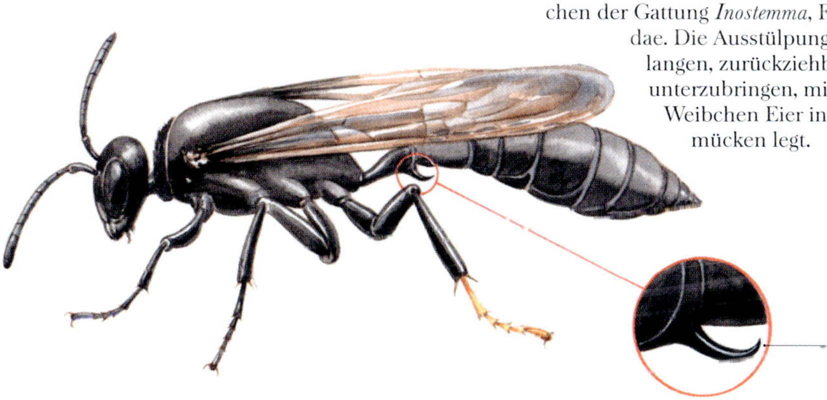

IM PORTRÄT

Zikadenwespen

Familie Dryinidae

Die Familie der Dryinidae heißt bei uns Zikadenwespen, doch sie als „Scherenhandwespen“ zu bezeichnen, wäre sicherlich passender, denn die Weibchen der meisten Arten weisen bizarre Anpassungen ihrer Vorderfüße auf. Zikadenwespen sind weltweit verbreitet und umfassen rund 1100 Arten in 58 Gattungen und 11 Unterfamilien.

Familie Dryinidae

ARTEN	ca. 1100
VERBREITUNG	weltweit mit Ausnahme der Antarktis
GRÖSSE	2–11 mm
ERSTAUNLICH	Weibchen mehrerer Arten haben scherenartige Vorderfüße.

Lebensgröße

Klein, aber oho
Adulte Zikadenwespen sind durchschnittlich 5 mm groß und überschreiten nur selten eine Länge von 11 mm. Was den Weibchen an Größe fehlt, machen sie durch Kühnheit wett.

Unzertrennlich
Die Larve einer Zikadenwespe hat eine ausgehärtete Hülle gebildet, die sie schützt, damit sie ihren Wirt, die in Tasmanien heimische Art *Siphanta acuta*, ungestört aussaugen kann.

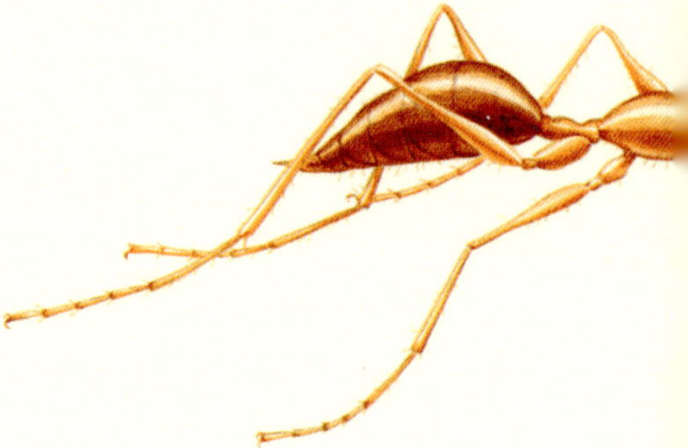

Die Weibchen einiger Zikadenwespen-Arten sind voll geflügelt, andere sind flügellos oder haben Flügel, die zu funktionslosen Stummeln zurückgebildet sind. Die Männchen der meisten Arten sind geflügelt, es gibt aber auch solche mit zurückgebildeten Flügeln. Gemeinsam ist allen Männchen, dass ihnen die scherenähnlichen Vorderfüße der Weibchen fehlen. Warum dieser Geschlechtsdimorphismus? Nun, Männchen müssen Wirtsinsekten nicht in einem Ringkampf niederringen.

Die scherenartigen Vorderfüße (Tarsen) des Weibchens sind ein Meisterwerk der Evolution. Das Weibchen hat zwar keinen lähmenden Giftstachel, kann einen Wirt aber mithilfe dieses genialen „Werkzeugs“ sicher packen, um ein Ei zwischen dessen Abdominalsegmente zu legen. Nymphen und Imagines von Zwergzikaden der Familie Cicadellidae oder Spornzikaden der Familien Delphacidae, Flatidae und verwandten Familien dienen verschiedenen Zwergzikadenarten als Wirte. Gelegentlich tötet die adulte weibliche Wespe auch potenzielle Wirte, um sie aufzufressen – eine der wenigen adulten solitären parasitoiden Wespen, die ein solch räuberisches Verhalten zeigen.

Grazile Jägerin
Eine weibliche Zikadenwespe hat vorstehende Augen, um die Bewegungen ihres angepeilten Opfers zu verfolgen. Bei vielen Arten sind die Tarsen der Vorderfüße zu Kneifzangen umgebildet, um einen Wirt zu packen.

Eingebaute Kneifzangen
Bei vielen Weibchen von Zikadenwespenarten sind die Tarsen der Vorderbeine sehr stark umgestaltet. Es handelt sich um eine eindrucksvolle kneifzangenartige Anordnung des letzten Tarsalsegments und einer verlängerten Tarsalklaue.

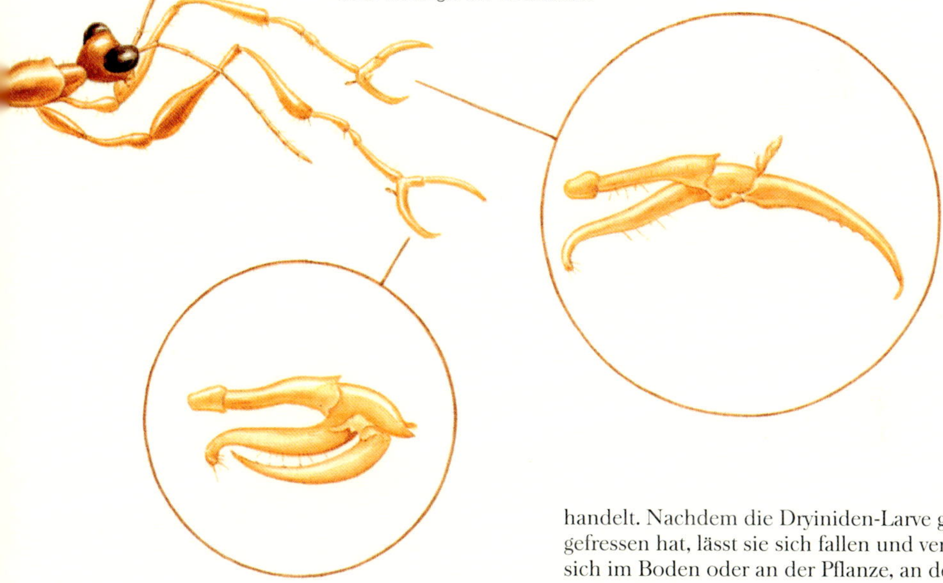

Die Dryinidenlarve, die aus dem Ei schlüpft, entwickelt sich anfangs als Endoparasit, doch wenn sie weiter heranwächst, bringt sie irgendwann die Nähte des Wirts zum Platzen, und ihr Hinterteil quillt zwischen dessen Körpersegmenten hervor. Der weiche Körper der Larve wird durch einen sogenannten Dryiniden-Sack geschützt, bei dem es sich um die ausgehärtete Hülle ihrer ersten abgestreiften Larvenhaut handelt. Nachdem die Dryiniden-Larve genug gefressen hat, lässt sie sich fallen und verpuppt sich im Boden oder an der Pflanze, an der ihr Wirt gefressen hat. Bemerkenswerterweise kann der Wirt überleben, auch wenn die Schädigung seiner Geschlechtsorgane ihn gewöhnlich fortpflanzungsunfähig macht.

In seltenen Fällen kann sich ein einzelnes, von der Mutterwespe gelegtes Ei in zahlreiche, lebensfähige Embryonen aufspalten (Polyembryonie, Seite 52). In diesem Fall bleiben die Larven bis zur Verpuppung Endoparasiten.

3

Metamorphose
Zweckhaftigkeit in der Verwandlung

Lebenszyklus der Wespen

Alle Wespen sind holometabole Insekten. Das klingt schwer verständlich, heißt aber nur, dass sie von der Larve bis zum adulten Insekt (Imago) eine vollständige Verwandlung durchmachen. Die Metamorphose ist ein komplizierter Lebenszyklus höherer Insekten, den man bei Ameisen, Bienen, Käfern, Fliegen, Schmetterlingen, Skorpionsfliegen, Köcherfliegen, Florfliegen und ihren Verwandten sowie Flöhen findet. Heuschrecken, Schaben, Gottesanbeterinnen, Wanzen und andere Insektenordnungen machen eine allmähliche oder einfache Metamorphose durch, bei der die Jugendstadien sich fortlaufend weiterentwickeln und mit der letzten Häutung zum geschlechtsreifen Insekt Geschlechtsorgane – und je nachdem auch Flügel – ausbilden.

Die Entwicklung von Wespen durch die Stadien Ei, Larve, Puppe und Imago hat gegenüber einer einfachen Metamorphose eine Reihe von Vorteilen. So kann sich zum Beispiel die Larve von der einen Ressource ernähren, während die Imago eine andere Nahrungsquelle nutzt, was die Konkurrenz zwischen den Generationen verringert oder gar eliminiert. Wenn es darum geht, extremen Umweltbedingungen zu widerstehen, seien es kalte Winter oder heiße Sommer, kann ein Stadium dem anderen überlegen sein. Eine vollständige Metamorphose führt im Allgemeinen zu einem rascheren Wachstum als eine einfache Metamorphose. Dennoch verläuft die vollständige Metamorphose fließender, als die vier Stadien suggerieren. Die finale Imago spiegelt sich zum Beispiel auch bei der vollständigen Metamorphose bereits in den Juvenilphasen wider. Bei all dem spielen Hormone eine entscheidende Rolle.

Beim Thema Metamorphose gibt es anscheinend unendlich viele Variationen. Einige Wespenarten, die Pflanzengallen erzeugen, wechseln zwischen einer sich sexuell reproduzierenden Generation und einer Generation ohne Männchen. Parasitoide Wespenweibchen einiger Arten können Eier legen, die sich in Dutzende, Hunderte oder gar Tausende zusätzlicher Embryonen teilen. Einige wenige Wespenarten, die Parasiten von Parasiten sind, machen im Larvenstadium eine radikale Transformation durch; dieses Phänomen, das man als Hypermetamorphose bezeichnet, ist eine Strategie, um schwer auffindbare Wirte aufzustöbern. Gewöhnlich sieht man Wespeneier, -larven oder -puppen nicht, weil sie unter der Erde, in Pflanzengewebe, in einem anderen Insekt, in einem Papier- oder Lehmnest oder in einem Kokon verborgen sind. Vielleicht erstaunt es Sie, dass Wespen unter Umständen einen Großteil ihres Lebens in diesen unreifen Stadien verbringen statt als Imago.

Arten, die es nur auf eine Generation im Jahr bringen, werden als „univoltin" (einbrütig) bezeichnet. Andere Arten können bivoltin (zweibrütig) oder multivoltin (vielbrütig) sein, also zwei oder mehr Generationen pro Jahr aufziehen. Für ein bestimmtes Individuum kann die Dauer eines Lebenszyklus noch stärker schwanken. Wespen, die als Larven im Inneren von Pflanzensamen leben, können ihre Entwicklung ein bis zwei Jahre verzögern (Dormanz), wenn die Bedingungen für ihren Schlupf als Imago ungünstig sind.

Ein wirklich einzigartiges Merkmal der Ordnung Hymenoptera ist die Art und Weise, wie bei der Eiablage das Geschlecht bestimmt wird. Aus befruchteten Eiern schlüpfen Weibchen, aus unbefruchteten Männchen. Daher haben Weibchen zwei Chromosomensätze (sie sind diploid), Männchen nur einen (haploid). Das nennt man Haplodiploidie, ein rätselhaftes Merkmal, das Entomolog:innen noch immer verblüfft.

Ei
Ein Feldwespenweibchen, *Ropalidia* sp., in Thailand (oben) hat ein Ei in eine Zelle seines Papiernestes gelegt. Der Dotter im Ei dient zur Ernährung des sich zu einer Larve entwickelnden Embryos.

Puppe
Die Puppe einer Wespe der Familie Bethylidae (rechts) liegt innerhalb eines Getreidekorns, das vom Wirt der Wespe, einem Käfer (Getreidekapuziner, *Rhyzopertha dominica*), zerfressen worden ist. Die Wespe trägt so dazu bei, diesen Getreideschädling unter Kontrolle zu halten.

Das Ei: Embryogenese

Das Ei (Ovum) ist das Inkubationsstadium einer Wespen-Imago, deren Geschlecht von ihrer Mutter bereits festgelegt wurde. Wespenweibchen können in einer Samentasche (Spermatheka) Sperma speichern und so die männlichen Geschlechtszellen nach Belieben freisetzen. Die Eier wandern durch den Eileiter und entwickeln sich, wenn sie befruchtet werden, zu Weibchen. Aus unbefruchteten Eiern schlüpfen Männchen.

Wabennest
Eine staatsgründende weibliche Papierwespe, *Polistes metricus*, bewacht die Eier im Inneren der Zellen ihres jungen Nestes.

Das Überleben dieses empfindlichsten Stadiums im Lebenszyklus einer Wespe hängt gewöhnlich davon ab, dass die Mutterwespe ihre Eier an der optimalen Stelle oder unter optimalen Bedingungen für das nächste Stadium ablegt, nämlich die Larve, die aus dem Ei schlüpft. Pflanzenwespen (Symphyta) und Gallwespen müssen ihre Eier in der richtigen Wirtspflanze platzieren. Parasitoide Wespen müssen Identität sowie Aufenthaltsort eines Wirts ausfindig machen, der sich manchmal tief in einem Baumstamm verbirgt. Solitäre Stechwespen legen ein einziges Ei an gelähmten oder toten Wirten ab, die sie in einer Höhlung, einem Bau oder einem Lehmnest verbergen; manchmal legen sie ein Ei auch in eine leere Zelle, bevor sie Wirtsorganismen erbeuten. Soziale Wespen platzieren ein Ei in jeder Zelle ihres Papier- oder Lehmnests.

Falls nötig, werden die Eier mit Sekreten der Dufourschen Drüse (sie liegt im Abdomen des Weibchens) an Ort und Stelle festgeklebt.

Von diesen einfachen Szenarien gibt es zahlreiche Abweichungen. Einige Wespenweibchen verteilen sehr viele Eier breitflächig an Orten, wo der Wirtsorganismus wahrscheinlich mit ihnen in Kontakt kommt, statt gezielt nach einem Opfer zu suchen. In solchen Fällen frisst der Wirt in der Regel die ledrigen oder hartschaligen Eier, aus denen dann in seinem Körperinneren die Larven schlüpfen. Allerdings finden nur wenige Nachkommen auf diese Weise zum richtigen Wirt. Die entgegengesetzte Strategie besteht darin, weniger Eier zu legen, diese aber zu schützen. Einige Pflanzenwespenarten betreiben Brutfürsorge: Die Mutterwespe verteidigt ihre Gelege und die jungen Larven gegen Fressfeinde und winzige parasitische Wespen.

Eine weitere außergewöhnliche Strategie ist die Polyembryonie. Sie kommt bei einigen Arten in vier Hymenopterenfamilien vor: Die Weibchen injizieren ein einzelnes Ei in einen Wirt, und der sich entwickelnde Embryo teilt sich anschließend in viele weitere Embryonen – in manchen Fällen kommen auf diese Weise bis zu 2000 Embryonen zustande. Wenn Ihnen das irgendwie bekannt vorkommt, haben Sie recht: Es ist dasselbe Phänomen, durch das bei einer einzigen menschlichen Empfängnis Mehrlinge, also Zwillinge etc., entstehen.

Eiablage
Eine weibliche Bürstenhornblattwespe, *Sericoceros krugii*, legt ihre Eier auf einem Blatt der Meertraube, *Coccoloba uvifera*, in Puerto Rico ab.

Gelege
Die Eier von *S. krugii* sind durchscheinend rot, was anzeigt, dass sie schlecht schmecken oder giftig sind. Die Mutterwespe muss ihre Eier auf die richtige Wirtspflanze legen, damit ihre Larven nicht verhungern.

Einen anderen Organismus, selbst ein anderes Insekt oder eine Spinne, unter Kontrolle zu bringen, ist ziemlich gefährlich. Daher haben viele Wespen einen Giftstachel entwickelt, um den Wirt, nun, sagen wir, „kooperativer“ zu machen. Das heißt in der Regel, dass der Wirt vollständig gelähmt wird, sei es zeitweilig oder auf Dauer, sodass es leichter wird, ein Ei anzuheften oder zu injizieren.

FOKUS AUF

Rosenbürstenhornwespen

Die Rosenbürstenhornwespe *(Arge ochropus)* ist eine von mehreren Pflanzenwespen, die Rosenschädlinge sind, denn die Larven entwickeln einen beträchtlichen Appetit auf diese bei Gärtnern so beliebten Zierpflanzen. Diese Art ist ein gutes Beispiel für den Lebenszyklus von Pflanzen- oder Sägewespen im Allgemeinen.

Das Weibchen der Rosenbürstenhornwespe legt 15 bis 18 Eier in die Wirtspflanze, wobei es mit seiner gezähnten, klingenartigen Legeröhre eine Vertiefung in den Stamm oder einen Trieb der Rose sägt und seine Eier hineinlegt. Unter Laborbedingungen kann das Weibchen im Lauf seines Lebens etwa 35 bis 50 Eier legen. Die ersten Larvenstadien fressen gemeinsam auf der Blattunterseite und schaben die untere Epidermis vom Blatt und/oder von Blütenknospen ab. Spätere Larvenstadien verteilen sich, um einzeln zu fressen, und arbeiten sich vom Rand her durchs Blatt. Die Larvalentwicklung, die fünf Larvenstadien umfasst, nimmt rund 24 Tage in Anspruch. Ausgewachsene Larven messen 25 mm und lassen sich zu Boden fallen, um sich im Boden in braune, doppelwandige Kokons zu verpuppen. Unter Laborbedingungen dauert das Puppenstadium rund 14 Tage.

Das dritte und vierte Larvenstadium ist durch Giftstoffe wohlgeschützt, und die Larven tun dies auch durch ihre auffällige Warnfärbung kund: Sie haben einen leuchtend gelben Kopf und breite gelbe Längsstreifen mit kontrastierenden schwarzen Punkten auf dem Rücken. Jedes Abdominalsegment weist 226 einzelne Borsten auf, die als Mechanorezeptoren fungieren und auf die leiseste Berührung reagieren. Sollten eine Ameise oder ein anderer kleiner Prädator mit den Borsten in Kontakt kommen, hebt die Larve ruckartig ihren Hinterleib und enthüllt sieben Bauchdrüsen, eine pro Segment, die ein flüchtiges Wehrsekret freisetzen. Das allein kann einen Angreifer bereits in die Flucht schlagen. Bleibt dieser stur, kann die Larve noch gefährlichere Toxine freisetzen, die eine lähmende Wirkung haben, sodass der Angreifer nur noch stolpernd den Rückzug antreten kann.

Die Rosenbürstenhornwespe, die in Europa bis Asien, einschließlich des Nahen Ostens und Westsibirien, heimisch ist, bringt es im Allgemeinen auf eine Generation pro Jahr. Die Imagines der ersten Generation treten gewöhnlich gegen Ende April/Anfang Mai auf, die Imagines der zweiten Generation im Juli und August. Ein adultes Weibchen ist 7 bis 10 mm lang, und beide Geschlechter ernähren sich von Pollen, vor allem vom Pollen von Umbelliferen (Doldenblütlern).

Farbenprächtig
Die adulte Rosenbürstenhornwespe *(Arge ochropus)* ist ein bildschönes Insekt. Ihre Antennen haben jeweils nur drei Glieder, wobei das letzte lang und ungeteilt ist. Das gilt für alle Wespen der Familie Argidae.

Gefräßig
Diese gefräßige Larve einer Rosenbürstenhornwespe futtert sich durch ein Rosenblatt. Hier nimmt sie eine Verteidigungshaltung ein, die Fressfeinde warnt, dass sie ein Wehrsekret absondern kann, wenn sie weiter belästigt wird.

Stachellose Vegetarier
Rosenbürstenhornwespen können in Färbung und Form Wespen nachahmen, die stechen können.

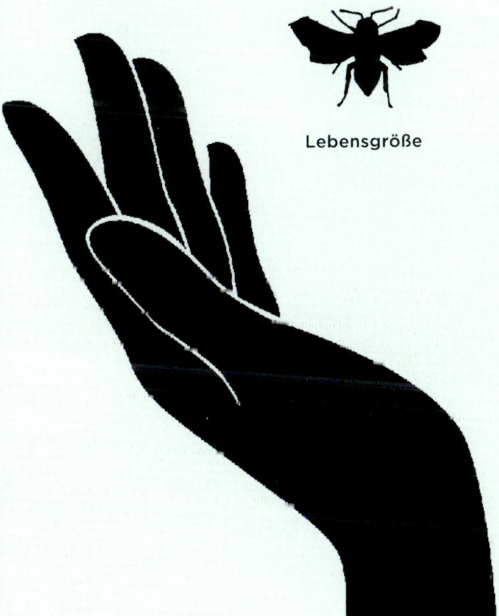

Lebensgröße

Paarung
Männchen und Weibchen der nahe verwandten *Arge pagana* kopulieren Abdomenspitze zu Abdomenspitze. Unterschiedliche Wespenarten nehmen unterschiedliche Paarungsstellungen ein, was zum Teil am Bau ihrer Genitalien liegt.

Die Larve: eine Fressmaschine

Das Larvenstadium macht im Allgemeinen zeitlich den größten Anteil am Gesamtlebenszyklus einer Wespe aus; häufig umfasst es auch ein Vorpuppenstadium, das über Winter eine Diapause durchläuft. Währenddessen wird der Stoffwechsel drastisch reduziert und die Entwicklung zeitweilig unterbrochen. Da es Wespenlarven vor allem um Fressen und Wachsen geht, verzichten sie im Allgemeinen auf die Mobilität und Bewaffnung, die für Adulttiere typisch ist.

Larve und Futter
Hier ist der Nestinhalt eines Stahlblauen Grillenjägers *(Isodontia mexicana)* auf einem Tisch ausgebreitet; inmitten einer „Speisekammer" voller gelähmter Laubheuschrecken liegt die Wespenlarve, die sie verzehrt. Schwarze Krümel sind der Kot der Larve. Der Stahlblaue Grillenjäger legt seine Nester in Schilfhalmen und anderen Gräsern an.

Verletzlich
Ein Staat der Feldwespe *Ropalidia fasciata* mit Larven; sie werden von einem erwachsenen Weibchen beschützt. Jede Larve wohnt in einer Papierzelle, wo sie nur die Aufgabe hat, zu fressen und zu wachsen.

Trotz des weichen, flexiblen Körpers gerät die Flexibilität des Exoskeletts von Larven irgendwann an ihre Grenze. Die Larve muss sich von Zeit zu Zeit häuten, das alte Exoskelett abstreifen und sich ausdehnen, bevor das neue Exoskelett aushärtet. Die Phasen zwischen den Häutungen werden als Larvenstadien bezeichnet. Im Durchschnitt durchläuft eine Wespe 3 bis 5 Larvenstadien, doch Anzahl und Dauer variieren je nach Geschlecht, verfügbarer Nahrung, Umweltbedingungen und Art. Häutung und Wachstum werden von Hormonen gesteuert, wobei das wichtigste das Juvenilhormon (JH) ist. Dieses hält die Expression juveniler Merkmale aufrecht, doch im Inneren ist die Blaupause für ein adultes Insekt schon vorbereitet, während andere Hormone die Imaginalscheiben aktivieren, die dazu bestimmt sind, sich zu Flügeln, Beinen, Komplexaugen und Antennen zu entwickeln.

Proteinreiche Nahrung fördert das Wachstum. Pflanzenwespen sowie Gallwespen ernähren sich als Larven jedoch von Zellulose. Um genug Nährstoffe aus Pflanzen zu gewinnen, müssen die Larven große Mengen an Pflanzenmaterial verzehren und es mithilfe symbiotischer Mikroorganismen im Darm aufschließen und verdauen. Die meisten Wespenlarven ernähren sich von anderen Wirbellosen. Ob die Nahrungsquelle (Wirt) lebt, gelähmt oder tot ist, hängt von der jeweiligen Wespenart ab.

Die meisten parasitoiden Wespen leben auf oder in Insektenlarven, Insekteneiern oder Spinnen. Einige wenige Arten sind Hyperparasiten: Parasiten anderer Parasiten, die einen Wirt in einem Wirt finden müssen; der Hyperparasit parasitiert beispielsweise eine Brackwespenlarve, die wiederum eine Schmetterlingsraupe parasitiert. Hyperparasiten durchlaufen eine Hypermetamorphose, in deren Verlauf sich die Larve drastisch verändert. Solche Beispiele findet man in der Familie Perilampidae. Das erste Larvenstadium einer Perilampiden wird als Planidium bezeichnet und ist auf der Suche nach einem Wirt höchst aktiv und mobil. Sobald die Larve einen Wirt gefunden hat, heftet sie sich an ihn. Die folgenden Larvenstadien sind im Vergleich dazu plumpe Couch-Potatoes.

Bei stechenden parasitoiden Wespen sorgen die Mütter für ihren Nachwuchs vor. Sie erbeuten mindestens einen Wirt, gewöhnlich ein Insekt oder eine Spinne, lähmen ihn und schleppen ihn in die Nesthöhle. Das Weibchen legt ein einzelnes Ei, versiegelt das Nest und macht sich davon. Die Larve, die aus dem Ei schlüpft, verzehrt den Wirt, der sich nicht zersetzt, weil er noch lebt. Soziale Faltenwespen töten ihre Beute an Ort und Stelle, zerkauen sie und bringen sie zum Nest zurück, wo die Beute an die Larven verteilt wird, die in den Wabenzellen leben.

IM PORTRÄT

Feldwespen

Polistes spp.

Wenn Sie mutig sind, dann bieten Ihnen Feldwespen der Gattung *Polistes* eine einzigartige Gelegenheit, den Lebenszyklus einer Wespe zu beobachten. Die offenen Wabenzellen dieser staatenbildenden Insekten sind wie ein Fenster, durch das man die Metamorphose direkt verfolgen kann. Die Feldwespen wie auch die Echten Wespen werden umgangssprachlich auch als Papierwespen bezeichnet, da sie ihr Nest aus papierähnlichem Material bauen. Weltweit gibt es mehr als 200 *Polistes*-Arten.

Gattung *Polistes*

ARTEN	> 200
VERBREITUNG	weltweit mit Ausnahme der Antarktis
GRÖSSE	8–38 mm
ERSTAUNLICH	Inspirierte die moderne Papierherstellung.

Lebensgröße

Staatenbildende Architektin
Alle Feldwespenweibchen sind in der Lage, sich fortzupflanzen, doch nur das dominante Weibchen (Königin) eines Volkes tut dies. Es drangsaliert seine Nestgenossinnen derart, dass sie seinen Nachwuchs aufziehen und das Nest erweitern.

Zusätzlich zur Metamorphose des Einzeltiers durchläuft auch der *Polistes*-Staat einen Lebenszyklus. *Polistes* bedeutet auf Altgriechisch „Stadtgründer"; tatsächlich legen eine oder mehrere Gründerinnen ein einzelnes Nest an. Sie sind Königinnen, also Weibchen, die sich fortpflanzen, sich in Größe oder Form aber nicht von anderen Weibchen unterscheiden. Schließlich erlangt ein Weibchen Dominanz und unterdrückt die Entwicklung der Eierstöcke (Ovarien) bei seinen Töchtern, die dadurch *de facto* zu Arbeiterinnen werden. Nester werden aus zerkauten Holz- oder anderen Pflanzenfasern errichtet, die, mit Speichel vermischt, zu einer papierartigen Masse geformt werden. Ein Stiel trägt das Nest, das von einem Ast, einem Palmwedel oder einer anderen Oberfläche herabhängt. Eine kleine Zahl sechseckiger Zellen (Waben) wird angelegt und in jede Zelle ein einzelnes Ei gelegt.

Schwerarbeiterin
Eine weibliche Haus-Feldwespe *(Polistes dominula)* übernimmt in ihrem Staat viele Aufgaben: Sie geht auf Jagd, füttert Nestgenossinnen und Larvengeschwister, hilft bei der Nesterweiterung und verteidigt das Nest gegen Prädatoren und Parasitoide.

Heranwachsen
Die Feldwespenlarve wächst so lange, bis sie die sechseckige Wabe völlig ausfüllt. Bald wird sie ihre Zelle mit einer seidenen Kuppel verschließen und sich verpuppen.

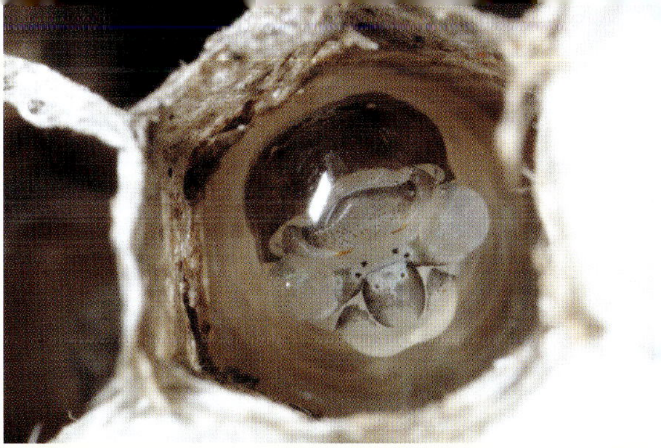

Verwandlung
Die Puppe der Feldwespe mag von außen unbeweglich und träge erscheinen, doch in ihrem Inneren kommt es zu dramatischen Veränderungen. Je näher der Schlupftermin rückt, desto dunkler wird die Puppe.

Frisch geschlüpft
Das neueste Produkt aus der Feldwespenfabrik ist eine Imago, die ihren Weg durch die Seidenkappe frisst, die sie während ihres Puppenstadiums geschützt hat.

Bei *Polistes*-Arten in gemäßigten Zonen zeugt die Gründerin im Spätsommer oder im Herbst zusammen mit Männchen neue Königinnen. Bei tropischen Arten geschieht dies zu anderen Zeiten und wird durch das saisonal variierende Nahrungsangebot in der Regen- bzw. Trockenzeit wie auch durch andere Faktoren bestimmt. Bei der Berg-Feldwespe *(Polistes biglumis)*, einer europäischen Gebirgsart, deren Nistgelegenheit zeitlich eng begrenzt ist, verdrängen Weibchen, die ihr eigenes Nest verloren haben, gelegentlich die Gründerin eines anderen Nests. *Polistes metricus*, die im Osten der USA heimisch ist, benutzt häufig erneut alte Nester, unterhält zahlreiche aktive Nester und teilt unter Umständen Nester mit anderen Feldwespenarten.

Wie eine Studie an *Polistes cinerascens* in Brasilien zeigte, lag die Zyklusdauer in einem *Polistes*-Staat von der Gründung bis zur Produktion von fortpflanzungsfähigem Nachwuchs im Mittel bei 200 Tagen; dabei schlüpften 94 Imagines. Es gab bis zu vier Generationen pro Jahr, mit einem Eistadium von 13 Tagen Dauer. Alle Feldwespenlarven durchlaufen fünf Larvenstadien, bevor sie sich verpuppen; bei *P. cinerascens* dauert die Larvenphase rund 24 Tage. Nach 22 Tagen schlüpft aus der Puppe ein Adulttier. Das Puppenstadium der Haus-Feldwespe *(P. dominula)* dauert 10 bis 14 Tage. Adulte *Polistes* werden rund 38 Tage alt.

Die Puppe: dramatische Neuorganisation

Von außen wirkt eine Puppe reglos und träge, daher wird das Puppenstadium oft als Ruhephase zwischen Larven- und Adultstadium bezeichnet. Nichts könnte falscher sein. Man sollte das Puppenstadium besser „Stadium der Reorganisation“ nennen, denn genau das geschieht im Inneren der Puppe. Wie das Larvenstadium ist die Puppe meist nicht zu sehen und liegt versteckt in einem Nest, einer Galle, einem Pflanzenstängel, einem Kokon oder einem Kokon und einem Nest. Die Puppe, die das Adulttier schon ahnen lässt, ist anfangs hell und wird allmählich dunkler, während das adulte Insekt Form annimmt.

Vogelkot?
Die Puppe der Schlupfwespe *Charops annulipes* ist in einem schwarz-weißen Seidenkokon verborgen, der optisch an Vogelkot erinnert. Diese Verkleidung schützt die verletzliche Puppe vor Parasitoiden.

Die Umwandlung von einer „pummeligen“ Larve in eine schnittige, aktive Imago ist keine geringe Leistung. Viel kann dabei schiefgehen. Der Zeitpunkt der Hormonausschüttung und die richtigen zellulären Reaktionen sind extrem wichtig. Es wird kein Juvenilhormon mehr produziert, was das Ende der juvenilen Programmierung und damit der larvalen Anatomie ankündigt; gleichzeitig wird der Aufbau des adulten Zentralnervensystems eingeläutet und den Imaginalscheiben wird signalisiert, sich in die geeigneten adulten Körperteile zu differenzieren.

Die Larven vieler Wespenarten überdauern unwirtliche Umweltbedingungen als Vorpuppe und schützen sich dabei oft durch Einspinnen in einen Kokon. Die Labialdrüsen im Mund der Larve scheiden Seide ab, in die das Insekt sich einspinnt, um sich vor exzessiver Kälte zu schützen und Parasiten fernzuhalten. In dieser gemütlichen Kapsel kann die Larve auch eine Diapause durchmachen, eine Art Torporzustand, bei dem der Stoffwechsel drastisch heruntergefahren wird und Wachstum und Entwicklung eingestellt werden. Zu diesem Zeitpunkt verfügt die Larve über genügend Fettreserven, um ihre Entwicklung nach der Diapause wiederaufzunehmen. Bei den meisten Sozialen Faltenwespen spinnt jede Larve einfach eine Seidenkuppel über der Öffnung ihrer

Geisterhaft
Das blasse Wesen in dieser Lehmzelle ist die Puppe einer Solitären Faltenwespe der Gattung *Ancistrocerus*. Bei dieser Puppe sind die Körperanhänge frei und nicht am Körper angeheftet.

Papierzelle. Einige gesellig lebende Endoparasitoide brechen gemeinsam durch die Kutikula ihres Wirts und spinnen sich in kleine Kokons ein, die man leicht für Eier halten kann. Das ist ein Phänomen, das man häufig bei Schmetterlingsraupen beobachten kann.

Wenn die Stoffwechselmaschinerie wieder angeworfen wird, wird ein Teil des Larvengewebes abgebaut, um das adulte Insekt zu bilden. Sobald der Prozess abgeschlossen ist, schlüpft eine erwachsene Wespe aus der Puppe. Unter Umständen muss sie sich den Weg nach draußen freibeißen: durch einen Kokon und/oder einen Lehmpfropf, durch eine Schicht Pflanzenmaterial oder ein anderes Hindernis. Nicht jeder Wespe gelingt dieser Ausbruch.

Flauschig
Was wie ein Wattebausch auf einer Kiefernnadel aussieht, ist der gemeinsame Kokon von Brackwespenlarven der Unterfamilie Microgastrinae. Unter dem Wattebausch findet man gelegentlich die Überreste ihres Raupenwirts.

Zahlreiche Kokons
Die länglichen weißen Gebilde am Körper dieser Raupe eines Tabaksschwärmers (*Manduca sexta*) sind die Kokons einer Brackwespe (*Cotesia* sp.). Dutzende Wespenlarven haben sich im Inneren der Raupe vollgefressen und sind dann durch die Kutikula gebrochen, um sich zu verpuppen.

Die Imago: Paarung und Wirtsfindung

Das Leben einer adulten Wespe dreht sich darum, eine Geschlechtspartnerin zu finden (Männchen), sich fortzupflanzen (beide Geschlechter) und für die nächste Generation vorzusorgen (Weibchen). Es bleibt auch den Weibchen überlassen, sich auszubreiten und neue oder bessere Lebensräume zu finden. Es gibt viel zu erledigen, doch zunächst einmal muss Energie getankt werden.

Lecker!
Echte Wespen und eine Schmeißfliege fressen an einer faulenden Birne. Reife Früchte liefern Kohlenhydrate, die die adulten Insekten für ihren aktiven Lebensstil brauchen. Angegoren? Umso besser!

Während das Larvenstadium Proteine zum Wachsen benötigte, brauchen adulte Wespen vor allem Kohlenhydrate, um ihren Stoffwechselofen zu unterhalten. Da für Wespen Blütennektar das ist, was für uns Energy Drinks sind, findet man sie oft auf blühenden Pflanzen. Wenn Nektar knapp ist, schauen sich Wespen nach Alternativen um. Dazu gehört „Süßes" aus extrafloralen Nektarien (spezialisierten Strukturen, die außerhalb von Blüten Nektar bilden). Solche Strukturen finden sich beispielsweise bei Sonnenblumen (*Helianthus* spp.), und auch Pflanzengallen können Nektar abscheiden. Saft, der aus Baumwunden sickert – umso besser, wenn er vergoren ist –, wird ebenfalls gerne genommen. Überreife Früchte sind eine weitere Ressource, die einige Wespen nutzen. Eine besonders begehrte Leckerei ist Honigtau, das flüssige Ausscheidungsprodukt von Blattläusen, Schildläusen, Buckelzikaden und verwandten Schnabelkerfen, die in Gruppen leben.

In gemäßigten Klimaregionen können die adulten Weibchen mancher Arten überwintern und bereits zeitig im Frühjahr umherfliegen. Dazu gehören Schlupfwespen, Feldwespen, die Königinnen von Echten Wespen, z. B. Hornissen, ferner solitäre Kurzstiel-Sandwespen (*Podalonia* spp.) und manche Grabwespen der Familie Sphecidae. Die Weibchen, die sich im Sommer zuvor gepaart haben, können nun unbehelligt von übereifrigen Männchen jagen und nisten.

Bei Solitärwespen sind Männchen gewöhnlich die ersten, die aus den Nestern auftauchen und sofort nach noch unverpaarten Weibchen suchen. Die Strategien variieren, doch eine der häufigsten Methoden ist, sich dem anderen Geschlecht einfach mit Gewalt aufzudrängen. Eine Horde männlicher Wespen, die sich um ein Weibchen irgendwo in ihrer Mitte streiten, kann auf beiden Seiten zu Verletzungen führen. Weniger chaotische Paarungsversuche bestehen darin, von einer Warte aus ein sich näherndes Weibchen auszumachen und rivalisierende Männchen zu verscheuchen. Die Männchen einiger Arten besetzen Reviere, die sie manchmal mit Geruchsstoffen markieren. Bei einigen wenigen Arten unterstützen Männchen die Weibchen *nach* der Paarung und bewachen das Nest, während das Weibchen Baumaterial sucht und auf Jagd geht.

Männchen hierher!
Dieses flügellose Weibchen der Familie Thynnidae in Australien hat ein Pheromon freigesetzt und wartet nun auf ein viel größeres, geflügeltes Männchen, das es von seiner Warte holt. Nur so kann das Weibchen sich fortpflanzen, eine Nektarquelle erreichen und in einen weiter entfernten, günstigen Lebensraum gelangen.

Süchtig nach Honigtau
Viele Wespen wie diese kleine Wespe *Pseudomalus auratus* (Familie Goldwespen) lieben Honigtau, das zuckerhaltige Ausscheidungsprodukt, das von Blattläusen, Schildläusen, Buckelzikaden und anderen pflanzensaugenden Insekten und sogar von Pflanzengallen erzeugt wird.

IM PORTRÄT

Juwelwespe

Ampulex compressa

Die Juwelwespe *(Ampulex compressa)* macht ihrem Namen alle Ehre, ist aber gefährlicher, als sie aussieht, denn sie manipuliert Schaben der Gattung *Periplaneta* auf besonders makabre Weise. Das Wespenweibchen sticht in den Thorax der Schabe, um diese zu lähmen, und packt ihr Opfer dann mit dem Oberkiefer an dessen kapuzenartigem Pronotum. Anschließend sticht sie in ein Nervenzentrum unter dem Kopf der Schabe. Das Gift verhindert jede willentliche Bewegung des Opfers. Daraufhin amputiert die Wespe die Fühler der Schabe, trinkt die austretende Hämolymphe und benutzt die verkürzten Fühler, um die Schabe wie mit einer Leine zu führen. So dirigiert sie die Schabe zu einem geeigneten natürlichen Hohlraum, der als Bruthöhle und „Grabstätte" des Opfers dienen soll. Im Inneren legt die Wespe ihre Eier an die Schabe und verschließt den Eingang der Höhle mit Substrat und Blättern.

Familie Ampulicidae (Schabenwespen)

ARTEN	ca. 170
VERBREITUNG	weltweit, vorwiegend in den Tropen
GRÖSSE	5–33 mm
ERSTAUNLICH	Alle Arten benutzen Schaben als Wirte.

Lebensgröße

Schabenbezwingerin
Die Juwelwespe ist die größte Art der Familie, aber sie ist kleiner als ihr Schabenwirt; sie misst 18–25 mm, während die Schabe im Durchschnitt 40 mm lang ist.

Im Zangengriff
Der Kopfschild (Clypeus) unter den Augen und die Kiefer der Juwelwespe arbeiten wie eine Zange, mit der die Wespe die Schabe so packt, dass sie in deren Unterseite stechen kann.

Lebenszyklus
Ein Wespenweibchen hat eine Schabe durch einen Stich gefügig gemacht, sodass sie kooperiert, und zieht sie an ihren Fühlern zum Nest. Ein weiterer Stich am Nest lähmt das Opfer auf Dauer. Aus dem Ei der Wespe ist die Larve geschlüpft, die die Schabe erst von außen, dann von innen auffrisst. Schließlich schlüpft eine neue Wespe aus der Hülle des toten Tiers.

Im Nest schlüpft aus dem Ei nach drei Tagen eine Larve, durchsticht die Kutikula ihres noch lebenden Wirts und beginnt, sein Blut zu saugen. Als Schutz gegen pathogene Bakterien im Schabenkörper sondert die Larve vor dem Saugen große Mengen eines antimikrobiellen Cocktails ab.

Nach den ersten beiden Larvenstadien als Ektoparasit kann die Larve nach der nächsten Häutung (etwa sieben Tage nach dem Schlüpfen) mithilfe ihrer jetzt kräftigeren Kiefer ins Innere der Schabe vordringen. Sie frisst als Endoparasit weiter, was schließlich zum Tod des Wirts führt, denn die gesamte Muskulatur und alle inneren Organe, mit Ausnahme des Verdauungstrakts und der Malpighischen Gefäße, werden verzehrt. Anschließend spinnt sich die reife Wespenlarve, noch immer in der leeren Hülle der Schabe, in einen Kokon ein. Die Entwicklung vom Ei bis zur Imago nimmt rund sechs Wochen in Anspruch. Adulte Juwelwespen-Weibchen können mehrere Monate alt werden.

Das Weibchen der Juwelwespe wird im Durchschnitt 22 mm lang und gehört zu den größten Vertretern der Familie Ampulicidae (galt früher als Unterfamilie der Sphecidae). Sie umfasst rund 200 Arten in sechs Gattungen. Die hier vorgestellte Juwelwespe kommt in Afrika, Asien, Australien und auf vielen tropischen Pazifikinseln vor, deutlich kleinere und weniger bunte Arten auch in Nordamerika. Die Ampulicidae im Allgemeinen sind jedoch zum größten Teil tropisch. Alle bekannten Arten haben Schabenwirte.

Generationswechsel

Interessanterweise praktizieren einige Gallwespen (Familie Cynipidae) Heterogonie. Das heißt, sie haben einen Lebenszyklus alternierender Generationen, bei dem eine traditionelle heterosexuelle, also zweigeschlechtliche Generation aus Männchen und Weibchen, mit einer eingeschlechtlichen Generation aus Weibchen abwechselt, die sich ohne Männchen via Jungfernzeugung, also ohne Paarung mit einem Männchen (Parthenogenese), vermehren. Soweit bisher bekannt, ist dieses Muster auf Gallwespen der Unterfamilie Cynipinae beschränkt, die auf Eichen oder Ahorn leben. Die Gattungen *Andricus, Cynips* und *Neuroterus* zeigen die typische Form der Heterogonie.

Jahreszyklus
Die Gallwespe *Acraspis erinacei* erzeugt „Igel-Gallen“ auf Eichenblättern. Die flügellosen parthenogenetischen Weibchen schlüpfen im Spätherbst und legen ihre Eier in Eichenknospen. Im folgenden Frühjahr schlüpfen männliche und weibliche Wespen aus den unauffälligen Knospengallen.

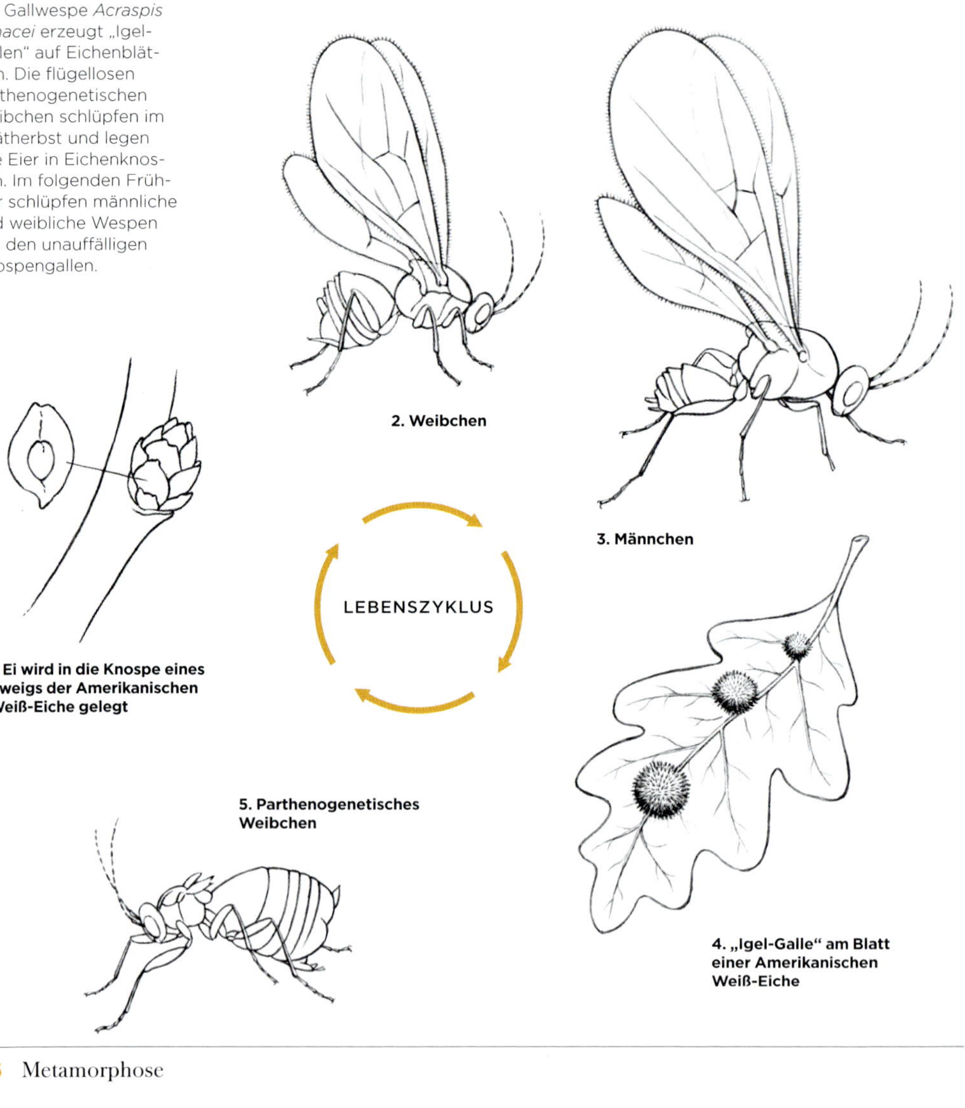

1. Ei wird in die Knospe eines Zweigs der Amerikanischen Weiß-Eiche gelegt

2. Weibchen

3. Männchen

4. „Igel-Galle“ am Blatt einer Amerikanischen Weiß-Eiche

5. Parthenogenetisches Weibchen

Wie ist das möglich? Wir wissen, dass alle Wespen Haplodiploidie zeigen: Männchen stammen aus unbefruchteten Eiern, Weibchen aus befruchteten Eiern. Wie lassen sich *sowohl* Männchen *als auch* fruchtbare Weibchen ohne Paarung erzeugen? Offensichtlich geht es, wenn man zwei Typen parthenogenetischer Weibchen hat: Androphore Weibchen erzeugen durch Meiose haploide Eier. Aus diesen Eiern schlüpfen Larven, die zu Männchen werden. Gynephore Weibchen erzeugen diploide Eier, aus denen sich Weibchen entwickeln, die sich bisexuell fortpflanzen.

Ein bestimmtes Weibchen kann jedoch nur Männchen oder Weibchen hervorbringen, denn im Gegensatz zu allen anderen Wespen können diese speziellen Gallwespen in der bisexuellen Generation keine Männchen aus unbefruchteten Eiern erzeugen. Durch die Paarung mit Männchen kommen ausschließlich Weibchen zustande, die entweder nur Männchen oder nur Weibchen erzeugen. Das führt dazu, dass es in jeder Generation zwei Weibchentypen gibt. Männchen werden nur von einigen Weibchen in der eingeschlechtlichen Generation produziert.

Die für uns offensichtlichsten Gallen sind Wucherungen auf den Blättern, Zweigen oder Ästen von Eichen. In ihrem Inneren befindet sich ausschließlich die Generation der eingeschlechtlichen Weibchen. Diese Weibchen sind häufig flügellos, schlüpfen im Allgemeinen im Spätherbst und legen ihre Eier in die Zweigknospen des Wirtsbaums. Auf den Knospenschuppen bildet sich eine winzige Galle. Gegen Frühlingsende/Sommeranfang des Folgejahres schlüpft die bisexuelle Generation aus diesen Knospengallen. Diese Wespen sind geflügelt, breiten sich aus und starten den Zyklus von Neuem.

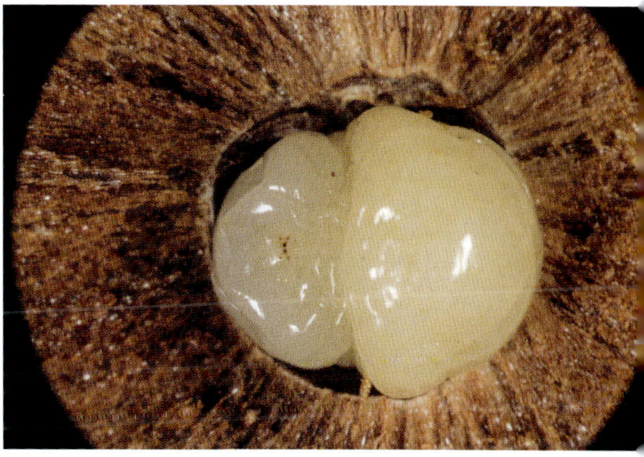

Ziemlich eng
Dieser Querschnitt durch einen Gallapfel (rechts) zeigt die reife Larve der Gallwespe *Andricus kollari* in der zentralen Kammer, zusammengekrümmt und bereit zur Verpuppung.

Je nach Art und Umweltbedingungen unterscheidet sich die Länge der einzelnen Generationen erheblich; unter Umständen kann allein eine Generation ein ganzes Jahr beanspruchen.

Von dem oben geschilderten Ablauf kann es weitere Abweichungen geben, vor allem bei der „Ahorn-Gallwespe" *(Pediaspis aceris)* und bei einigen Eichen-Gallwespen wie der Schwammgallwespe *(Biorhiza pallida)* und einigen *Andricus*-Arten. Einzelne Schlammgallwespenweibchen der eingeschlechtlichen (parthenogenetischen) Generation können beispielweise *sowohl* Männchen *als auch* Weibchen erzeugen.

Gallapfel
Anders als die dichten holzartigen Gallen an Stängeln sind Galläpfel an Blättern im Inneren schwammartig (unten). Die Larven leben in einer zentralen Kammer dieser sogenannten Schwammgallen.

4

Schönheit
Beeindruckendes Zusammenspiel von Form und Funktion

Schillern, Tarnen, Warnen

Nur wenige Menschen würden Wespen als Schönheiten bezeichnen, bis sie diese Insekten in ihrer ganzen Mannigfaltigkeit kennenlernen. Die schier unendliche Vielfalt von Formen, Größen, Farben und Mustern ist ein Ausdruck der immensen Vielfalt ihrer Lebensstile. Was uns wie reine Schönheit erscheint, ist für den Besitzer eines solchen Exoskeletts überlebenswichtig.

Kaum zu übersehen
Die kontrastreiche Farbgebung von *Dasymutilla occidentalis*, einer nordamerikanischen Ameisenwespe, warnt vor ihrem Stich. Die Männchen sind geflügelt und stechen nicht, sind jedoch seltener zu sehen als die auffälligen Weibchen.

Das Exoskelett – der „Panzer“ – dient ganz unabhängig von seiner Färbung mehreren Funktionen. Am wichtigsten ist vielleicht, dass es wasserdicht ist. Das hat weniger mit dem Ertrinken landlebender Insekten zu tun als damit, dass Insekten Wasser durch Verdunstung und Transpiration (Schwitzen) verlieren. Die Stigmen – die Atemlöcher der Insekten – lassen sich im Notfall verschließen, sind jedoch gewöhnlich geöffnet. Das Exoskelett gewährleistet zudem eine gewisse Widerstandsfähigkeit gegenüber Umwelteinflüssen. Chitin, das wichtigste Baumaterial eines Insektenpanzers, widersteht Abrieb, Absplitterung und anderen Formen der Abnutzung recht gut und erschwert Fressfeinden einen Angriff.

Viele der leuchtenden Farben bei Insekten sollen die Fähigkeit ihres Trägers kundtun, sich durch einen giftigen Stich zu verteidigen, sollte eine solche Maßnahme erforderlich sein. Diese visuellen Signale werden als aposematische Farben oder „Warnfarben“ bezeichnet. Dazu kann ein schillerndes Blau gehören, vor allem, wenn es mit einer Kontrastfarbe einhergeht. Auch metallische Farben können aposematisch sein. Sie können aber auch als Tarnfarben dienen (das gilt in einigen Fällen für metallisches Grün) oder bei der Thermoregulation helfen. Wespen, die stellenweise mit kurzen, dichten silber- oder goldfarbenen Haaren bedeckt sind, reflektieren einen Großteil des einfallenden Sonnenlichts und verhindern so in sehr heißen, trockenen Lebensräumen eine Überhitzung.

Atemberaubend
Der metallische Glanz dieser kleinen Wespe aus der Familie Perilampidae fällt kaum auf, bis man sie vergrößert und in all ihrer Schönheit sieht. Diese Wespen sind Hyperparasitoide, also Parasitoide anderer parasitoider Wespenarten.

Flügel erlauben Insekten nicht nur zu fliegen, sondern können auch noch weiteren Funktionen dienen. Manche Wespen besitzen gefleckte Flügel, was ihnen eine unheimliche Ähnlichkeit mit Ameisen verleiht, die von anderen Tieren noch stärker gemieden werden als Wespen selbst, da Ameisen nur selten allein unterwegs sind und in der Gruppe durchaus gefährlich werden können. Ausgebreitete Flügel lassen die Drohhaltung von Wespen noch einschüchternder erscheinen.

Die Variation innerhalb ein und derselben Wespenart oder in Populationen kann erstaunlich groß sein. Viele Arten lassen sich daher nicht einfach dadurch identifizieren, dass man die Farbmuster bereits bestimmter Exemplare zum Vergleich heranzieht. Noch komplizierter wird es dadurch, dass Wespen über alle Familien hinweg dieselben Grundmuster teilen, um die Verbindung zwischen ihrer Färbung und ihrer Wehrhaftigkeit (Stechen!) zu verstärken. Selbst männliche Wespen und Arten, bei denen die Weibchen nicht stechen, profitieren von diesem Phänomen.

Stopp!
Die schwarz-rote Färbung dieser Sandwespe (*Ammophila* sp.) signalisiert ihre Fähigkeit, in Selbstverteidigung zu stechen. Farbkombinationen von Schwarz oder Metallischblau und Gelb, Orange oder Weiß senden dieselbe Botschaft.

Schillernde Schönheit
Stilbum spp. (links) sind die größten Vertreter der Goldwespen (Familie Chrysididae). Die Gattung *Stilbum* ist in Südeuropa, Afrika, Asien und Australien verbreitet. Die schillernde Metallfärbung wird durch mikroskopisch kleine Strukturen im Exoskelett erzeugt, die das Licht brechen.

Schabenkillerin
Die Juwelwespe *(Ampulex compressa)* (unten) ist groß und auffällig, dennoch ist sie eine erfolgreiche Jägerin. Wie andere metallisch gefärbte Wespen ist ihre Färbung nicht das Produkt eines Pigments, sondern von lichtbrechenden Strukturen in der Kutikula.

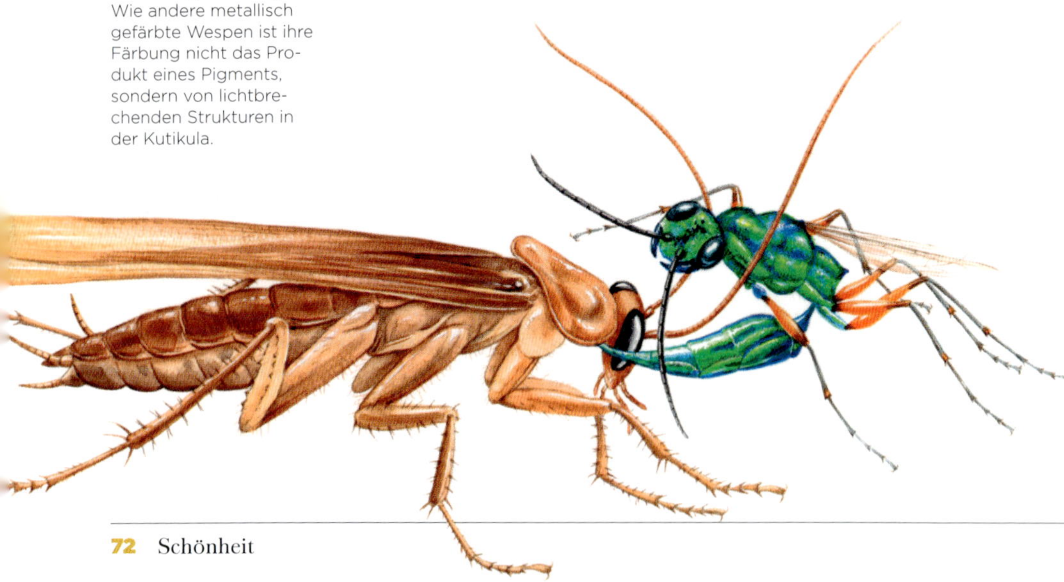

Sand-Goldwespe
Die Sand-Goldwespe *(Hedychrum nobile)* ist von Großbritannien bis Süd- und Osteuropa verbreitet. Diese kleine Goldwespe ist ein Kleptoparasitoid bestimmter Sandwespenarten.

Metallisch schimmernde Meuchelmörderin
Diese wunderhübsche *Chlorion lobatum* aus der Gruppe der Grabwespen ist in Südasien heimisch und lähmt Grillen mit ihrem Stich. Anschließend schleppt sie ihr auf Dauer gelähmtes Opfer als Nahrung für ihre Larven in eine unterirdische Nisthöhle.

IM PORTRÄT

Goldwespen

Familie Chrysididae

Goldwespen sind eher kleinere Wespen, fallen aber durch ihr farbenprächtiges, metallisch glänzendes Äußeres auf. Die brillanten, reflektierenden Farben leuchten derart in der Sonne, dass man sie für fliegende Edelsteine halten könnte.

Familie Chrysididae (Goldwespen)

ARTEN	ca. 3000
VERBREITUNG	weltweit mit Ausnahme der Antarktis
GRÖSSE	3–18 mm
ERSTAUNLICH	Goldwespen stechen nicht.

Lebensgröße

Ein leuchtender Punkt
Trotz ihrer geringen Größe sind Goldwespen höchst auffällig, wenn Sonnenlicht auf ihren stark reflektierenden Körper trifft. Vielleicht erhascht man jedoch nur einen kurzen Blick, denn diese Insekten sind hyperaktiv.

Es ist vielleicht überraschend, dass diese lebhaften metallischen Farben nicht durch Pigmente, sondern durch winzige Strukturen in der Kutikula des Exoskeletts hervorgerufen werden. Zahlreiche mikroskopische Schichten der äußeren Kutikula enthalten Mikrofibrillen, die in verschiedenen Winkeln orientiert sind und bestimmte Wellenlängen des Lichts brechen, was dem Insekt einen metallischen Schimmer verleiht; man spricht in diesem Zusammenhang von „Interferenzfarben". Das weiße Licht, das in die Kutikulaschichten eindringt, wird mehrfach gebrochen und reflektiert, und die aus Überlagerung entstandene resultierende Mischstrahlung exprimiert nur einige Farben, doch diese sind von großer Strahlkraft. Durch den jeweiligen Winkel, in dem das Licht in die Kutikula ein- und wieder austritt, kann sich die Farbe verändern, die wir wahrnehmen. Daher kann das, was aus dem einen Blinkwinkel rot erscheint, aus einem anderen grün aussehen.

Die bekanntesten Goldwespen – wie die Gemeine Goldwespe *(Chrysis ignata)* – sind Kleptoparasiten (Brutschmarotzer) im Nest anderer Solitärwespen und -bienen. Das heißt, dass die Larve einer solchen Goldwespe sich von einem gelähmten Insekt oder von Pollen und Nektar ernährt, die vom Wirt eigentlich für seine eigenen Nachkommen gedacht waren. Wegen der Gefahr, der die Weibchen bei der Eiablage ausgesetzt sind, haben Goldwespen ein robustes, derbes Exoskelett, das den Bissen und Stichen von Wirtswespen und -bienen widerstehen kann. Goldwespen können sich zudem wie ein Gürteltier oder eine Rollassel zu einem von außen unangreifbaren Ball zusammenrollen, der Kopf, Antennen und Beine vor bissigen Kiefern und Stacheln angreifender Wirte schützt.

Geflügelter Edelstein
Die Gattung *Chrysis* ist überaus artenreich und weit verbreitet. Oben abgebildet ist *Chrysis sexdentata,* eine in Europa vorkommende Goldwespen-Art.

Kugelsicher
Das Exoskelett der meisten Goldwespen wie dieser *Chrysis* sp. (unten) ist besonders robust, um die Bisse und Stiche der Wirte (meist solitäre parasitoide Stechwespen) besser abwehren zu können, wenn die Goldwespe ihr Ei in ein fremdes Nest schmuggelt.

Warnfärbung

Häufig erkennt man Wespen sofort an ihrem kontrastreichen Farbmuster: Schwarz mit waagerechten Bändern in Gelb, Weiß, Elfenbeinfarben, Orangerot oder Rot, manchmal mit zusätzlichen Punkten, senkrechten Streifen oder Flecken. Diese „schreienden" Farben sollen potenziellen Feinden klarmachen, dass sich Wespen mit schmerzhaften giftigen Stichen verteidigen können. Dieses Phänomen ist als Aposematismus bekannt, abgeleitet von den griechischen Begriffen für „fort … von" und „Zeichen". Als Taktik ist es der Tarnung genau entgegengesetzt: Man teilt seiner Umgebung mit, wenn man Gegner verletzten kann. Unerfahrene Prädatoren werden eine schmerzhafte Lektion nicht vergessen und annehmen, dass alle ähnlich gefärbten Insekten ebenso gefährlich sind.

Die Müllersche Mimikry beschreibt den gemeinsamen „Dresscode" von Warnfarben, der von Stechwespen quer durch viele verschiedene Familien geteilt wird. Von dieser Pauschalaussage profitieren sämtliche Wespen mit derselben „Reklamestrategie". Wespen, die sich auf der Außenseite von frei hängenden Nestern versammeln, wie *Polistes, Polybia, Mischocyttarus* und andere Soziale Faltenwespen, oder die Schlafansammlungen bilden, wie *Steniolia*-Arten (Crabronidae), *Myzinum*-Arten (Thynnidae) und andere, profitieren zusätzlich durch die Verstärkung der Warnfarben aufgrund der schieren Anzahl der dicht gedrängten Individuen.

Echte Wespen: Vorsicht, Stachel!
Die Sozialen Faltenwespen informieren ihre Umgebung durch ihr kontrastreiches schwarz-gelbes Farbmuster über ihre Wehrhaftigkeit. Viele harmlose Insekten, einschließlich Wespen, die nicht stechen, ahmen solche Wespen nach.

Aposematismus
Die Larven der „Stachelbeerblattwespe" *(Nematus ribesii)* fressen gemeinsam, um die Warnwirkung ihrer leuchtenden Farben zu verstärken. Ihr Äußeres warnt potenzielle Fressfeinde wie Vögel vor ihrem widerlichen Geschmack.

Andere Verhaltensweisen verstärken die Wirkung der Warnfärbung. Ein erhobenes Abdomen, ausgebreitete Flügel und ein Zehenspitzenstand gehören zur klassischen Drohhaltung vieler Feldwespen, bevor sie vom Nest aus zum Angriff übergehen. Einige Insektenarten krümmen oder verdrehen angesichts unmittelbar drohender Gefahr ihr Abdomen, um leuchtende Farben besser zur Geltung zu bringen, die gewöhnlich durch die überlappenden Flügel verdeckt sind.

Die Warnfärbung ist als Überlebensstrategie so erfolgreich, dass sie via Koevolution von völlig harmlosen Wespen „übernommen" wurde, zudem von Fliegen, Käfern, Nachtfalter und anderen Insekten. Die Batessche Mimikry stellt eine Form der Falschanzeige dar, die darauf abzielt, potenzielle Prädatoren zu täuschen. Die Maskerade wird oft durch Verhaltensweisen komplementiert, die verblüffend überzeugend sind (siehe Wespenmimikry, Seite 158).

Nicht nur adulte Wespen zeigen Warnfarben. Pflanzenwespenlarven, die auf giftigen Pflanzen fressen, können diese toxischen Pflanzenverbindungen in ihrem eigenen Körper einlagern, sodass sie selbst für Prädatoren giftig sind. Da die raupenartigen Larven beim Fressen oft exponiert sind, sind sie häufig auffällig gefärbt, um ihre Giftigkeit anzuzeigen. Viele Pflanzenwespenlarven fressen zudem in größeren Gruppen, was das „Ungenießbar!"-Signal an potenzielle Fressfeinde verstärkt. Chemische Verbindungen, die der Verteidigung dienen, können überdies je nach Art aus speziellen Speicherbehältern im Vormagen, den Divertikeln oder dem Enddarm hervorgewürgt bzw. ausgeschieden werden, wenn sich die Larve in Drohhaltung aufrichtet.

Unauffällig
Diese schwarz-grüne Zeichnung einer Echten Blattwespe aus der Gattung *Rhogogaster* (Familie Tenthredinidae) mag wie eine Warnfärbung aussehen, dient aber wohl eher dazu, die Wespe im Laubwerk von Wäldern, Feldern und Feuchtgebieten zu verstecken, die ihren Lebensraum bilden.

Kreiselwespe
Die Kreiselwespe *(Bembix rostrata)* zeigt eine typische Schwarz-Weiß-Bänderung auf dem Hinterleib, wie man sie bei solitären parasitoiden Stechwespen häufig findet.

Zusammengerollt
Viele Pflanzenwespenlarven rollen sich zusammen, wenn sie gestört werden. Das könnte die Warnfärbung verstärken oder signalisieren, dass die Larve demnächst eine widerlich schmeckende Flüssigkeit absondert.

Ameisenwespe
Die Ameisenwespe *Ronisia brutia* ist in Südeuropa heimisch. Das Weibchen ist flügellos und leuchtend gefärbt. Die Farben warnen vor dem Stich des Weibchens, das ohne Scheu durch seinen sandigen Lebensraum streift.

Sandwespe
Die Sandwespe *Ammophila terminata* ist eine solitäre Raupenjägerin. Die sehr schlanke Wespe trägt die gleiche rot-schwarze Warnfärbung wie die Wegwespe neben ihr. Andere *Ammophila*-Arten sind silbern gestreift oder gefleckt, und noch andere imitieren Ameisen.

Wegwespe
Anoplius samariensis gehört zur selben Familie wie der Tarantulafalke. Die Art ist etwas kleiner, aber ebenfalls eine kühne Spinnenjägerin. Die blauschwarz-rote Farbmusterung ist typisch für viele Vertreter der Familie Wegwespen (Pompilidae).

Doppelter Nutzen
Das leuchtend gelbe Abdomen dieses weiblichen Bienenwolfs *(Philanthus triangulum)* bleibt in der heißen Sonne des sandigen Lebensraums kühler, während der schwarze Thorax die Wärme speichert, sodass er seine Flugmuskulatur aufheizen kann.

IM PORTRÄT

Wegwespen

Gattung *Pepsis* und *Hemipepsis*

Eine nochmals andere Kombination von Warnfarben zeigen einige Vertreter der Familie Wegwespen (Pompilidae). Die Wegwespe *Pepsis heros* ist wahrscheinlich die größte Stechwespe überhaupt, unten in Lebensgröße abgebildet. Mit dem schimmernden blauen Körper und den leuchtend orange- oder scharlachroten Flügeln ist sie typisch für viele große Wegwespen. Dabei handelt es sich um durch Interferenz entstandene Strukturfarben, die durch einen Flaum aus feinen, dicht verfilzten, schuppenartigen Haaren am Körper der Wespe hervorgerufen werden. Die Flügel sind pigmentiert, können aber ebenfalls von schimmernden Schuppen bedeckt sein.

Familie Pompilidae (Wegwespen)

ARTEN	ca. 135 *Pepsis*, ca. 132 *Hemipepsis*
VERBREITUNG	weltweit, vorwiegend Wüstengebiete und Tropen
GRÖSSE	50 mm
ERSTAUNLICH	*Pepsis grossa* ist das offizielle Staatsinsekt des amerikanischen Bundesstaates New Mexico.

Lebensgröße

Auffällige Garderobe
Die leuchtend orangeroten Flügel von *Pepsis* sp. aus Argentinien bilden einen starken Kontrast zum stahlblauen Körper dieses Tarantulafalken und warnen potenzielle Fressfeinde vor seinem schmerzhaften Stich.

Zumindest einige *Pepsis*- und *Hemipepsis*-Arten unterstreichen ihr Warnpotenzial durch aromatische Verbindungen, die von Mandibulardrüsen am Kiefer abgesondert werden, sowie durch eine Drohhaltung, bei der das Abdomen unter dem Thorax nach vorn gekrümmt wird und die Flügel ausgebreitet werden. Dank ihres derben Exoskeletts können diese Wespen den Giftklauen ihrer Spinnenbeute sowie Attacken durch Vögel und andere Fressfeinde besser widerstehen.

Pepsis-Arten, die in heißen Wüstenregionen leben, versammeln sich häufig in den heißesten Stunden des Tages in lockeren, gewöhnlich aktiven Gruppen (Aggregationen) im Schatten von Bäumen oder Sträuchern. Im Allgemeinen finden sich dort beide Geschlechter zusammen ein, daher könnte man diese Begegnungsstätten auch als Insektenäquivalent eines Speed Datings ansehen. Wenn so viele Individuen an einem Ort zusammensitzen und sich präsentieren, verstärkt dies auch die Wirkung ihrer Warnfärbung.

Diese Warnung sollte man nicht leichtfertig ignorieren. Der Schmidt-Stichschmerz-Index (Schmidt Sting Pain Scale) ordnet *Pepsis* eine glatte vier von vier zu: „Heftig, blendend, furchtbar elektrisch. Als ob jemand einen laufenden Haartrockner in dein Schaumbad fallen lässt." Überraschenderweise hat ein solcher Stich, den ein Tarantulafalke einem Gegner in Selbstverteidigung versetzt, keine weiteren Auswirkungen. Ein Mensch mit einem intakten Immunsystem verspürt nach einem *Pepsis*-Stich in der Regel einen höllischen Schmerz, der jedoch nach kurzer Zeit – etwa drei Minuten – wieder vergeht. Das Gift wirkt weder nerven- noch gewebeschädigend noch zeigen sich andere subletale oder chronische Auswirkungen.

Die Beute dieser Wegwespen kommt jedoch nicht so leicht davon, denn das Wespengift sorgt für eine dauerhafte Lähmung. Das Opfer wird anschließend in eine bereits vorhandene Höhle – manchmal in den eigenen Bau der Spinne – gezerrt und die schlaffe Spinne dort abgelegt. Dann legt unsere Spinnenbezwingerin ein einzelnes Ei an den noch lebenden Wirt. Er wird der Wespenlarve nach dem Schlüpfen als Nahrung dienen.

Wespe gegen Vogelspinne – ein epischer Kampf
Ein weiblicher Tarantulafalke aus New Mexico, USA, lähmt eine Vogelspinne durch einen Stich und schleppt sie dann in eine Erdhöhle. Dort legt das Weibchen ein Ei an den Wirt, und die schlüpfende Larve ernährt sich von dessen Gewebe.

IM PORTRÄT

Ameisenwespen oder Spinnenameisen

Familie Mutillidae

Ameisenwespen oder Spinnenameisen sind die flügellosen Weibchen von Solitärwespen der Familie Mutillidae, und ihr Stich ist außerordentlich schmerzhaft. Die auffälligsten Arten haben einen langen, dichten Pelz leuchtend orangefarbener, gelber oder roter Haare, der vor dem verborgenen Giftstachel warnt. Schwächer behaarte Arten täuschen potenziellen Prädatoren vor, sie seien echte staatenbildende Ameisen, die bei einem Angriff stechen, Ameisensäure versprühen oder rasch viele Nestgenossinnen zur Hilfe rufen können.

„Kuhkillerin“
Das Weibchen der in Nordamerika heimischen Ameisenwespe *Dasymutilla occidentalis* (links) hat einen so schmerzhaften Stich, dass es angeblich Nutztiere damit umbringen kann. Das ist zum Glück jedoch nichts als ein Mythos.

Männliche Ameisenwespen sind gewöhnlich voll geflügelt und oft viel größer als die zugehörigen Weibchen. Die Entomolog:innen sind noch immer damit beschäftigt, Männchen und Weibchen einander zuzuordnen; daher kennt man von einigen Arten bislang nur ein einziges Geschlecht.

Ameisenwespen können tagaktiv sein, doch die Arten in heißen und trockenen (ariden) Lebensraumen sind gewöhnlich nur an bewölkten Tagen aktiv, ansonsten dämmerungs- oder sogar nachtaktiv. Diese Wespen parasitieren andere Insekten; daher verbringen die Weibchen die meiste Zeit mit der Suche nach einem geeigneten Wirt. Über die Parasit-Wirtsbeziehung von Ameisenwespen wissen wir nur wenig. Bekannt ist jedoch, dass die Larven vieler Arten auf den reifen Larven oder Puppen anderer Solitärwespen oder -bienen parasitieren. Infolgedessen haben Ameisenwespenweibchen wohl die stabilsten Exoskelette aller Hautflügler – so können sie sich besser vor den Stichen und Bissen ihrer sich wehrenden Wirte schützen.

Ein überraschender Aspekt im Verhalten von Ameisenwespen ist die Fähigkeit beider Geschlechter zum Stridulieren – dabei werden durch Aneinanderreiben zweier Körperteile Laute erzeugt. Die Frequenz des erzeugten Lautes ist offenbar artspezifisch. Dieses quietschende Geräusch dient als „Notruf“, wenn das Insekt eine Gefahr wahrnimmt; bei mindestens einer Art spielt Stridulation jedoch auch für Werbung und Paarung eine Rolle. Bei *Dasymutilla foxi* stürzt sich ein Männchen auf ein Weibchen und lässt seine Flügelmuskeln vibrieren, um einen Laut zu erzeugen, der wie „honk“ klingt, worauf das Weibchen mit „zirpenden“ Stridulationen antwortet. Sobald die beiden anfangen zu kopulieren, hört das Männchen auf zu „honken“ und striduliert für die Dauer der Paarung gemeinsam mit dem Weibchen.

Familie Mutillidae (Ameisenwespen oder Spinnenameisen)

ARTEN	ca. 5000
VERBREITUNG	weltweit mit Ausnahme der Antarktis
SIZE	3–25 mm
ERSTAUNLICH	Haben die längsten Stacheln aller Hymenopteren.

Lebensgröße

Steppenbewohner
Weibchen der Ameisenwespe *Physetopoda halensis* bewohnen Felssteppen und manchmal auch Sandbiotope in Europa. Die Wirte dieser parasitoiden Wespe sind bislang unbekannt.

5

Ökologie
Die Stellung der Wespen in Ökosystemen

Wespen halten die Welt in Schwung

Während manche Entomolog:innen Wespen molekularbiologisch, also auf DNA-Ebene, erforschen, beschäftigen sich andere mit übergeordneten Zusammenhängen: mit der Stellung von Wespen in Ökosystemen und Biosphäre. In Ökosystemen können Wespen fast jede vorstellbare Rolle übernehmen. Und unabhängig davon, ob ihr Einfluss auf uns Menschen direkt oder indirekt ist – im großen Ganzen sind alle Wespenarten unverzichtbar.

Ganz allgemein sind Insekten von großem Nutzen für uns Menschen. Zu ihren „Ökosystemleistungen" zählen ihre Bestäuberdienste für Nutz- und Wildpflanzen und ihre Funktion als Beute für andere Wildtiere. Außerdem sind Insekten am Recyceln von tierischen Abfallprodukten und sich zersetzendem organischem Material beteiligt und kontrollieren daneben Schädlinge in Agrar- und Forstökosystemen. In fast all diesen Kategorien spielen auch Wespen eine Rolle. Laut einer 2006 publizierten Untersuchung wird der Wert der Ökosystemleistungen von Insekten alleine für die USA auf 57 Milliarden US-Dollar pro Jahr geschätzt.

Erstaunlich viele Pflanzenarten – von Orchideen bis zu Feigen – sind zur Bestäubung zwingend auf Wespen angewiesen. Wespen sind Teil des Nahrungsnetzes, da sie mithelfen, Pflanzen zu verbreiten, die anderen Tieren als Nahrungsquelle dienen. Pflanzenwespen, Gallwespen und andere sind Primärkonsumenten von Pflanzen; aus menschlicher Perspektive macht sie dies manchmal zu Agrar-, Garten- oder Forstschädlingen. Dieselben Arten dienen ihrerseits als Nahrung für andere Tiere, darunter auch viele Wespenarten, die Parasitoide oder Prädatoren von Eigelegen, Larven oder Adulttieren sind. Einige dieser Arten setzen wir wiederum ein, um so Konkurrenten um „unsere" Ressourcen biologisch zu kontrollieren. Holzwespen und ihre Verwandten verjüngen die Wälder, indem sie zur Zersetzung von Totholz beitragen. Sie dienen ihrerseits als Nahrung für die großen Schlupfwespen der Gattung *Megarhyssa*, die ihre Feinde sind.

Um ihre Rollen in den Ökosystemleistungen wahrzunehmen, können Wespen eine Symbiose mit völlig anderen Organismen eingehen. Bestimmte Brackwespen (Braconidae) schalten das Immunsystem des Wirts mithilfe eines Virus (Bracovirus) aus. Weibliche Holzwespen bringen mit den Eiern einen speziellen Pilz ins Holz ein, damit die Larven später bei der Verdauung von Cellulose Unterstützung haben. Feigenwespen und ihre Wirtspflanzen sind ein weiteres Beispiel einer bemerkenswerten Symbiose.

Etliche Wespen sind gut an die Umgebung des Menschen angepasst. Sie nutzen Gebäude als Schutzraum, machen sich über unser Essen her, fressen Rosen und andere Gartenpflanzen an und umschwirren nachts alle Lichtquellen. Wir verschlimmern die Situation, indem wir – gewollt oder ungewollt – Wespen aus fremden Ländern importieren, die sich dann zu invasiven Arten entwickeln. Langsam werden wir Wespen gegenüber jedoch toleranter und züchten sie sogar, um sie zur Schädlingsbekämpfung in Feldern und Gewächshäusern freizusetzen. Wenn wir uns die „Power" dieser „Ökokrieger" weiter zunutze machen, werden letztlich beide Seiten profitieren.

Dasselbe Ziel?
Möglicherweise haben die beiden Weibchen der Art *Megarhyssa macrurus*, einer „Riesen-Schlupfwespe", dieselbe Wirtslarve entdeckt: eine Larve der Holzwespe *Tremex columba*, die sich durch das Holz frisst.

Bestäuber

Bienen gelten als die wichtigsten Bestäuber der Blütenpflanzen, doch erstaunlich viele Pflanzen, insbesondere etliche Orchideen, werden ausschließlich von Wespen bestäubt. Vonseiten der Blüte spielt häufig eine ausgefallene sexuelle Täuschung mit, die nur Wespenmännchen auf der Suche nach unbefruchteten Weibchen anlockt.

Haarige Riesin
Ein Weibchen der Gelbstirnigen Dolchwespe (*Megascolia maculata flavifrons*; Europa) erntet Nektar in einer Blüte. Dolchwespen sind stärker behaart als die meisten Wespen und daher besonders gute Bestäuber.

Das klassische Beispiel einer Blüte, die Wespen imitiert, ist die Blüte der Spiegel-Ragwurz *Ophrys speculum* aus dem Mittelmeerraum und Nordafrika. Sie hat frappante Ähnlichkeit mit einem Dolchwespen-Weibchen *(Dasyscolia ciliata)* und gleicht im Duft dem Pheromon des Wespenweibchens, mit dem es Männchen anlockt. Das glänzend blaue Blütenmal reflektiert UV-Licht und verstärkt die Signalwirkung, da es die blau schimmernden Flügel des Weibchens imitiert.

Nach der Landung empfängt das Männchen durch die Blüte taktile Signale, die ebenfalls ein Weibchen vortäuschen, und versucht zu kopulieren. Bei dieser Pseudokopulation gelangt ein Pollenpaket von der Blüte auf den Kopf des Männchens, das beim nächsten Blütenbesuch auf eine andere Spiegelragwurz übertragen wird.

Pseudokopulation (Scheinbegattung) ist bei Orchideen weltweit verbreitet – alleine in Australien verfolgen elf Gattungen diese Strategie.

Wieder gefoppt
Ein Dolchwespen-Männchen *(Dasyscolia ciliata)* fliegt eine Spiegel-Ragwurz an, da es diese für ein Wespenweibchen hält. Dies wird als Pseudokopulation (Scheinbegattung) bezeichnet, da das Männchen zwar die Orchideenblüte bestäubt, aber sein eigentliches Ziel nicht erreicht.

Cryptostylis erecta und *C. leptochila* werden z. B. nur von der Schlupfwespe *Lissopimpla excelsa* bestäubt. Die Täuschung ist so perfekt, dass das Männchen u. U. sein Sperma an das „Fake-Weibchen" verschwendet. Bei der nordspanischen Unterart der Fliegen-Ragwurz (*Ophrys subinsectifera* spp. *subinsectifera*) wird die Bürstenhornblattwespe *Sterictophila gastrica* getäuscht; in Australien profitiert *Caleana major* von den „naiven" Männchen der Gattung *Lophyrotoma* (Familie Pergidae).

Die afrikanischen Orchideenarten *Disa sankeyi* und *Satyrium microrrhynchum* werden meist von großen Wegwespen der Gattung *Hemipepsis* bestäubt. Auch *Pachycarpus asperifolius*, ein afrikanisches Seidenpflanzengewächs, wird von diesen riesigen Wespen bestäubt. Wie Orchideen bilden Seidenpflanzen ebenfalls Pollenpakte (Pollinien), die beim Blütenbesuch am Bestäuberinsekt „ankleben" und an der Narbe der nächsten Blüte abgestreift werden.

Südafrika und Australien sind Schwerpunkte der Masarinae (Honigwespen), einer Unterfamilie der Vespidae (der Faltenwespen). Die australische Art *Rolandia angulata* ist vermutlich der wichtigste Bestäuber der Goodenien *(Goodenia)*. *Pseudomasaris vespoides* aus den südwestlichen USA bestäubt fast ausschließlich violette Bartfaden-Blüten *(Penstemon)*. Honigwespen sammeln Pollen und Nektar für ihre Larven, anders als die meisten Wespen, die eine fleischbasierte Nahrung verfüttern. Nur eine einzige andere Wespengattung (*Krombeinictus*, Unterfamilie Crabroninae) bevorratet Pollen.

Von allen Beispielen für die Koevolution von Blüten und Wespen ist wohl kaum eines so komplex und bizarr wie der Lebenszyklus der Feigenwespen – wie wir auf der nächsten Seite sehen werden.

Feigenwespen

Familie Agaonidae

Feigen *(Ficus)* sind uns vertraut, von der beliebten Büropflanze bis zu frischen oder getrockneten Essfeigen im Supermarkt. Die Früchte dieser vielfältigen Pflanzengattung machen im tropischen Regenwald für einige Wirbeltierarten bis zu 70 % der Nahrung aus. Alle *Ficus*-Arten leben in Symbiose mit winzigen Wespen der Familie Agaonidae. Mehr als die Hälfte der 800 Agaonidae-Spezies sind Parasitoide anderer Insekten und gehören vermutlich tatsächlich zu anderen Wespenfamilien. Damit verbleiben mindestens 368 Arten, die *Ficus*-Arten bestäuben.

Familie Agaonidae

ARTEN	640 beschrieben („bekannt"), vermutlich > 1300
VERBREITUNG	Tropen: N- u. S-Amerika, Afrika, Asien, Indo-Australis
GRÖSSE	< 2 mm – durchschnittlich ca. 1,5 mm
ERSTAUNLICH	Nur diese Organismen können Feigen (*Ficus* spp.) befruchten.

Lebensgröße

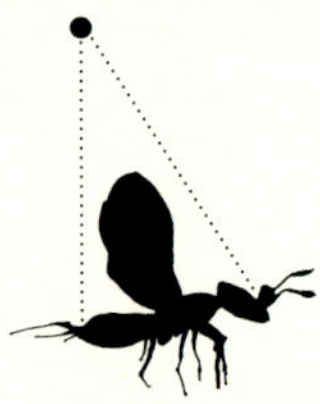

Winzige Hauptdarstellerin
Feigenwespen-Weibchen sind zwar kleiner als 2 mm, spielen aber eine wichtige Rolle in tropischen Ökosystemen. Auch viele andere Tiere sind auf Feigen als Energie- und Nahrungsquelle angewiesen.

Feigenblüten existieren im Verborgenen – die winzigen Blüten befinden sich in einem krugförmigen Blütenstand (Syconium), dessen Öffnung (Ostiolum) sehr eng ist. Ein Feigenwespen-Weibchen wird durch den Duft der weiblichen Blüten angelockt, zwängt sich durch das Ostiolum (oft unter Verlust von Flügeln und Antennen) und versucht im Inneren des Syconiums, je ein Ei in die weiblichen Einzelblüten zu legen. Dabei kommt es zur Bestäubung. Ein Teil der weiblichen Blüten hat einen längeren Griffel, sodass die Legeröhre nicht bis in den Fruchtknoten reicht, die Wespe kein Ei ablegen kann und sich anstelle einer Wespenlarve in diesen (bestäubten) Blüten ein keimfähiger Feigensame entwickelt. In den Blüten mit Wespen-Ei schlüpft eine Larve, frisst und wächst in der zur winzigen Galle umgewandelten Blüte heran; schließlich schlüpft die Wespen-Imago. Gleichzeitig reift die Feige, wird von Tieren gefressen, und aus den Samen wachsen neue Feigenbäume heran.

Die Feigenwespen-Weibchen ähneln winzigen geflügelten Feen, die Männchen wirken hingegen eher grotesk: (fast) flügellos, im Prinzip blind, wurmähnlich, aber mit kräftigen Beinen und Mandibeln. Die Männchen kämpfen möglicherweise um die schlüpfenden Weibchen. Haben sie ein Weibchen erobert, erfolgt im Inneren des Syconiums die Paarung. Danach verlässt das Weibchen (inzwischen mit dem Pollen der männlichen Blüten beladen) das Syconium durch eine Öffnung, die vom Männchen angelegt wurde.

Nicht-Bestäuber
Viele Wespen sind mit *Ficus*-Arten assoziiert, so wie diese Weibchen von *Apocrypta* sp. (Familie Pteromalidae), deren langer Legebohrer bis ins Feigeninnere reicht (unten). Sie sind gewöhnlich Parasitoide von Feigenwespen oder anderen Parasitoiden oder harmlose Inquiline („Einmieter").

Bestäubung bei Feigen *(Ficus)*
Zur genaueren Erklärung des Lebenszyklus siehe Text. Die in einem krugförmigen Blütenstand (Syconium) verborgenen Feigenblüten können nur von winzigen Wespen bestäubt werden – eine Koevolution zwischen Bestäuber und Pflanze.

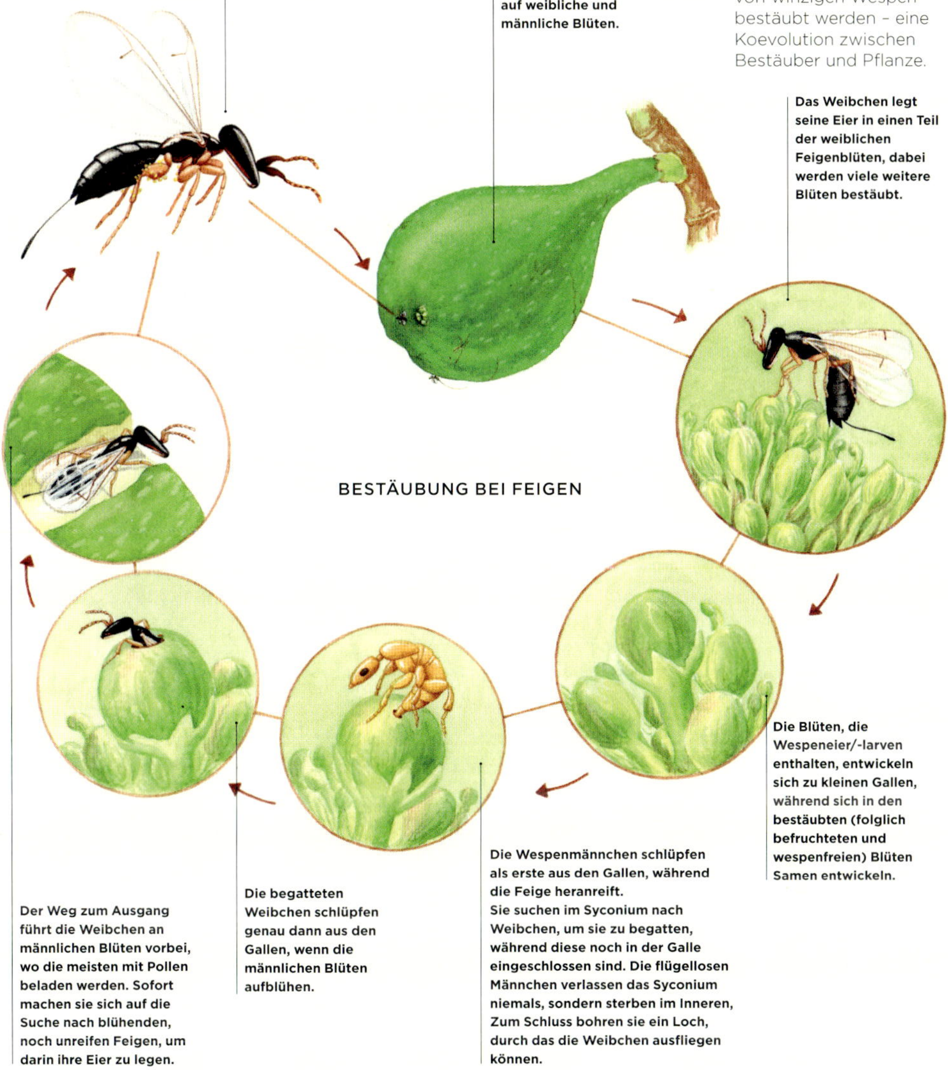

Der hier beschriebene Entwicklungszyklus ist allgemein auf *Ficus* bezogen und stark vereinfacht, doch immer gilt, dass die Männchen die Feige, in der sie geschlüpft sind, niemals verlassen und die Weibchen nach der Eiablage im Syconium absterben.

Manche Feigenspezies sind zweihäusig (männliche und weibliche Blüten auf verschiedenen Bäumen). Manche Früchte sind ungenießbare Gallen. Manche Feigen sind selbstfruchtbar (benötigen keine Bestäubung), hierzu zählen viele Kultursorten der Essfeige.

Das Nahrungsnetz

Es gibt kaum eine trophische Ebene im Nahrungsnetz, die nicht mindestens eine Wespenspezies enthält. Die meisten Wespen sind Parasitoide oder Prädatoren anderer wirbelloser Tiere. Langsam erkennen wir allerdings, dass viele Wespen weitere Rollen haben – einige als Bestäuber, andere als Aasfresser, wieder andere als Pflanzenfresser. Alle können anderen Organismen aber auch als Nahrung dienen und sind damit Teil des umfassenden ökologischen Stoffkreislaufs.

Pflanzen bilden die Grundlage aller terrestrischen Ökosysteme. Sie wandeln mithilfe der Photosynthese Sonnenenergie, Kohlendioxid und Wasser in kalorienreiche Kohlenhydrate sowie Sauerstoff um. Viele Pflanzen werden von Tieren bestäubt, viele davon von Insekten wie etwa Wespen. Primärkonsumenten sind generell herbi- oder omnivor, und viele Wespenlarven gehören zu den Pflanzenfressern, die sich von Blättern, Stängeln, Knospen, Blüten, Früchten etc. ernähren. Pflanzengallen sind „Produkte abnormen Wachstums" (Küster 1953), das durch Insekten, Milben, Pilze, Bakterien und andere Organismen ausgelöst werden kann; sie können eigene Ökosysteme sein. Zahlreiche Parasiten, Prädatoren und Inquiline („Einmieter") suchen den ursprünglichen Gallenbewohner heim – die Mehrzahl davon Wespen.

Die Weibchen von holzbohrenden Wespen, wie Holzwespen und ihre Verwandten, suchen meist geschwächte bis frischtote Bäume zur Eiablage auf; die Larven nagen sich durchs Holz. Sie und die assoziierten Pilze beschleunigen die Holzzersetzung, sodass Nährstoffe in den Boden zurückgelangen und jüngere, gesündere Baumgenerationen davon profitieren können.

Manche Pflanzen wehren sich gegen Wespen und andere Insekten. So können Pflanzen auf nährstoffarmen Böden, vor allem bei Stickstoff- und Phosphatmangel, sich zur „Insektenfalle" wandeln, um die Mangelversorgung zu kompensieren. Nektar lockt Wespen und andere Insekten zu „Fallgrubenblättern" (Schlauchpflanze), Leimblättern (Sonnentau) oder Klappfallenblättern (Venusfliegenfalle).

Viele Tiere erbeuten Wespen: So gibt es Säugetiere, die Wespennester gewaltsam öffnen, um sich trotz Wespenstichen über Larven und Puppen herzumachen. Bienenfresser fangen die Wespen im Flug und schlagen sie gegen einen Ast, um sie zu töten und den Stachel unschädlich zu machen. Wespen können sich auch in Spinnennetzen verfangen. *Cordyceps* spp., ein parasitärer Pilz, durchwächst den Körper von Wespen, der so zum „Gefäß" für Pilzsporen wird, die wiederum neue Opfer infizieren können. Die toten Wespen werden letztlich von Bakterien und anderen Organismen zersetzt, wieder dem Nährstoffkreislauf zugeführt und liefern so zusätzliche Nährstoffe für Pflanzen.

Gefangen
Eine Wespe hat sich im Netz einer Zitterspinne (Familie Pholcidae) verfangen. Wespen werden jedoch meist von Spinnenarten erbeutet, die keine Fangnetze bauen, sondern als Lauerjäger auf ihr Opfer warten.

Die Komplexität des Nahrungsnetzes kann gar nicht genug betont werden. Wenn ein bestimmtes Insekt keine wirtschaftliche Bedeutung (auch negative) für die Gesellschaft besitzt, wird finanziell nur wenig in die Erforschung dieser Art investiert. Folglich ist unser Wissen über Wespen in vieler Hinsicht, vor allem in ökologischer, sehr unvollständig.

Angeleimt
Angelockt durch das Sekret, ist eine kleine Wespe auf den Leimblättern des Kap-Sonnentaus (*Drosera capensis*, Südafrika) hängen geblieben.

Zugeschnappt
Etliche Vögel erbeuten regelmäßig Wespen, so auch der Bienenfresser *(Merops apiaster)*. Er fängt die Wespen im Flug und schlägt sie gegen einen Ast, um sie zu töten und den Stachel unschädlich zu machen.

Symbiosen

Weiter vorne haben wir das Beispiel der Feigenwespen und Feigenbäume als Beispiel einer Symbiose vorgestellt. Bei einer Symbiose profitieren beide Arten von der Beziehung. Andere Wespenarten leben in Symbiose mit Milben, Pilzen, Viren oder Bakterien. Der Verbund einer Wespe und ihrer mikrobiellen Partner stellt selbst ein Ökosystem dar, das als Holobiont bezeichnet wird.

Zombie-Raupe
Diese Nachtfalterraupe dient unfreiwillig als Leibwächter für die Kokons von Brackwespenlarven (Braconidae: Microgastrinae), die vorher im Inneren der Raupe gelebt und gefressen haben. Das bizarre Verhalten geht auf ein Virus zurück, welches das Wespenweibchen gemeinsam mit den Eiern in die Raupe injiziert hat.

Die Larven der Familien der Holzwespen (Siricidae) und Schwertwespen (Xiphydriidae) leben im Holz und können ohne Pilzsymbionten, die von der Mutter übertragen werden, das Holz nicht verdauen. Das adulte Weibchen besitzt an der Basis des Legebohrers spezielle Behältnisse (Mycangien), die Pilzsporen enthalten. Bei jeder Eiablage wird der Baum gleichzeitig mit Pilzsporen sowie Schleimstoffen aus Abdominaldrüsen angeimpft. Die jeweiligen Pilze sind teilweise für eine bestimmte Wespenart spezifisch. In jedem Fall aber sind die Pilze für den Transport auf Wespen angewiesen.

Pilze sind nicht nur Verbündete, daher reinigen manche Wespen die „Puppenstuben" ihrer Brut vorher. Das Bienenwolf-Weibchen *(Philanthus triangulum)* züchtet in speziellen Antennendrüsen *Streptomyces*-Bakterien, die es später an den Wänden seiner unterirdischen Brutkammern verteilt. Jede schlüpfende Larve nimmt diese schützenden Bakterien auf und durchtränkt damit sogar den Kokon, den sie vor dem Verpuppen spinnt.

Die Weibchen einiger Solitärer Faltenwespen (Vespidae: Eumeninae) besitzen vorn am Abdomen sogenannte Acarinarien, Unterschlupfmöglichkeiten für Milben. Man hielt die Milben für Parasiten, bis man entdeckte, dass bei mindestens einer Art *(Allodynerus delphinalis)* eine Symbiose vorliegt: Wenn Puppen und Vorpuppen von *A. delphinalis* von der parasitoiden Wespe *Melittobia acasta* bedroht werden, verlassen die Milben ihre Acarinarien und greifen die *M.-acasta*-Weibchen gemeinsam an.

Noch erstaunlicher ist der Fall der Polydnaviren (PDV), die spezifisch für Wespen der Familien der Brackwespen (Braconidae) und Schlupfwespen (Ichneumonidae) sind. Etwa 18 000 Brackwespen-Spezies beherbergen nachweislich Bracoviren. Sowohl bei Brack- als auch bei Schlupfwespen (sie enthalten Ichnoviren) werden die PDV in der Calyx-Region (Erweiterung des Eileiters) des Weibchens vermehrt. Die PDV werden gemeinsam mit dem Ei ins Wirtsinsekt der Wespe, z. B. eine Nachtfalterraupe, injiziert. Das Virus vermehrt sich im Wirt nicht, bewirkt aber eine Unterdrückung des Immunsystems, ein Stocken des Wachstums, eventuell sogar eine Verhaltensänderung. Der Wirt ist gegen seinen Endoparasitoiden machtlos. Seltsamerweise ist manchmal das Gift des Wespenweibchens zur Aktivierung des Virus nötig. Dabei können eigenartige Effekte auftreten, wie „Zombie-Raupen“, die die Kokons der parasitoiden Brackwespen (*Glyptapanteles* spp.) bewachen und, sobald potenzielle Feinde auftauchen, diese wie ferngesteuert durch heftiges Kopfschwenken wegstoßen.

Voodoo-Wespe

Der Lebenszyklus von *Glyptapanteles* sp. beginnt, wenn das Weibchen Eier (gelbe Ovale) in das Wirtsinsekt legt; gleichzeitig überträgt es Viren (Bracoviren, blaue Punkte), die sich vorher in seinem Eileiter angereichert haben. Die Wespenlarve frisst im Inneren der Raupe, während die Viren deren Nerven- und Immunsystem übernehmen. Schließlich verpuppt sich die Wespenlarve, das Virus beginnt sich dort zu vermehren, später schlüpft die adulte Wespe. Die Bracoviren ermöglichen den Wespen einen erfolgreichen Parasitismus.

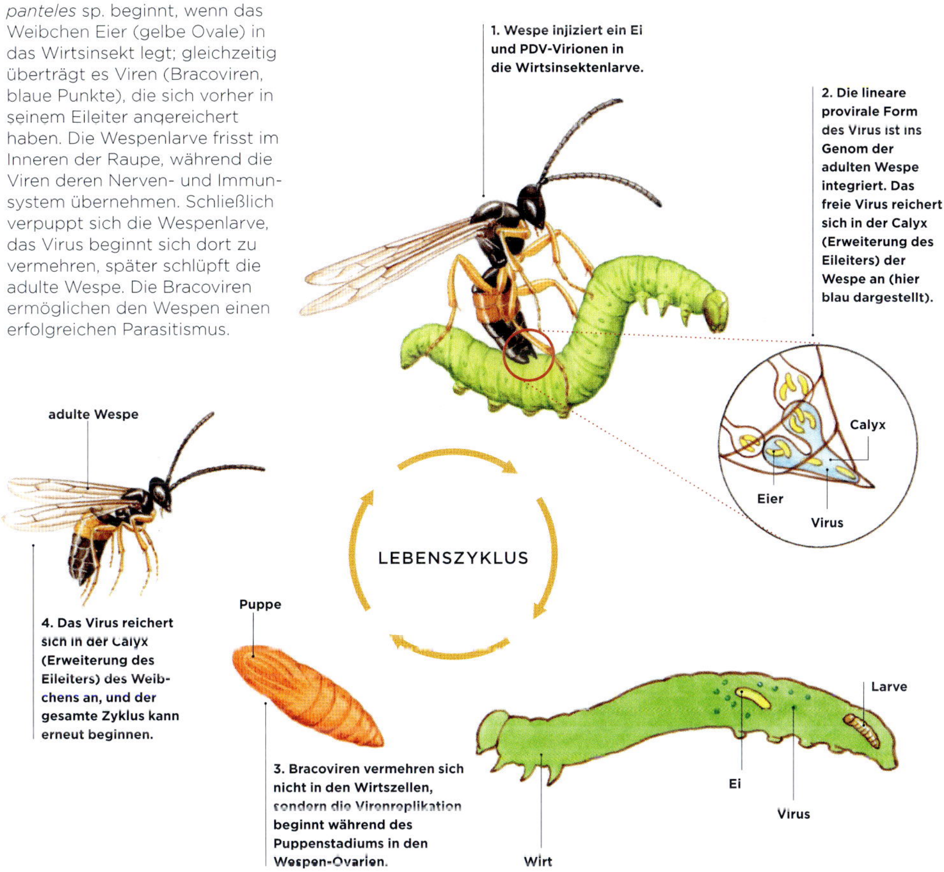

Agrarökosysteme

Agrarflächen stellen künstliche Ökosysteme dar. Der Unterschied zu natürlichen Ökosystemen ist sehr groß, auch deshalb, weil Monokulturen verbreitet sind, die nur wenige Arten begünstigen und die meisten anderen ausschließen. Einige privilegierte Arten können dann zu Schädlingen werden, andere hingegen zu Nützlingen.

Die Halmwespe *Cephus cinctus* ist ein in Nordamerika vorkommender Agrarschädling, der dort Verluste von über 350 Millionen US-Dollar pro Jahr verursacht. Da die Larven im Inneren der hohlen Getreidehalme minieren (Gänge anlegen), ist ein Pestizideinsatz praktisch unwirksam. Zwei Brackwespenarten der Gattung *Bracon* sind zwar natürliche Feinde, jedoch zur Schädlingskontrolle nicht ideal. Abhilfe schafft das Unterpflügen der Getreidestoppeln im Spätherbst oder zeitigen Frühling, ferner auch der Einsatz von Sorten, deren Halme mit Mark gefüllt sind. Diese liefern allerdings weniger Ertrag.

Recht viele Erzwespen, vor allem in der Familie Eurytomidae (ein paar bei den Torymidae), befallen die Samen von Kulturpflanzen. Insbesondere Mandeln, andere Nüsse und Obstbäume sind betroffen. Die Steinobstsamenwespe *(Eurytoma amygdali)* tritt als Schädling in Mandelplantagen in Südosteuropa und im Nahen Osten auf. Verschiedene *Megastigmus*-Arten (Torymidae) befallen die Samen von Obstbäumen und Koniferen. *M. pistaciae* befällt Pistazienpflanzungen in Nordafrika, im Mittelmeergebiet und Nahen Osten. Die Douglasiensamenwespe *(M. spermotrophus)* und verwandte Arten richten Schäden in Koniferen-Samenplantagen an. *M. transvaalensis* hat dagegen in Florida, USA, das Potenzial zur biologischen Schädlingsbekämpfung: Ihr Wirtsorganismus, der Brasilianische Pfefferbaum aus Südamerika, ist eine invasive Art und muss dort unbedingt eingedämmt werden.

Die erste Art, die zur natürlichen Bekämpfung eines eingeschleppten Schädlings eingeführt wurde, war die Kohlweißlings-Brackwespe *(Cotesia glomerata)*. Diese Brackwespenart wurde in den 1880er-Jahren aus Europa in die USA importiert, um die Raupen des Kleinen Kohlweißlings *(Pieris rapae)* zu kontrollieren. Die größte Erfolgsgeschichte zum Einsatz von Parasitoiden fand in Afrika statt. Maniok ist dort ein Grundnahrungsmittel, doch 1973 begann ein Schmierlaus-Ausbruch die Maniokbestände zu dezimieren. Zuerst versuchte man es mit einer Wespe aus Mittelamerika (Maniok stammt ursprünglich aus Mittel- oder Südamerika), doch der versuchsweise Einsatz brachte keinen Erfolg. Es stellte sich heraus, dass die Maniokpflanzen von zwei verschiedenen Schmierläusen befallen waren, die schlimmere der beiden aus Südamerika. Auftritt für *Apoanagyrus lopezi* (Familie Encyrtidae) aus Paraguay: Diese Wespe lieferte in Nigeria hervorragende Ergebnisse, und bereits 1990 wurde sie in 26 afrikanischen Ländern auf insgesamt über 2,7 Millionen Quadratkilometern eingesetzt. Dank dieser Art hat man bis heute die Maniok-Schmierläuse in mehr als 95 Prozent der Region permanent unter Kontrolle; das entspricht einer Ersparnis von mindestens 200 Millionen US-Dollar.

Keine Mandeln
Die Steinobstsamenwespe *(Eurytoma amygdali)* ist ein übler Schädling in Mandelplantagen in Südosteuropa und im Nahen Osten.

Zu Hilfe!
Maniokpflanzungen in Afrika litten unter Schmierläusen aus Mittel- und Südamerika, bis man herausfand, dass *Apoanagyrus lopezi* (Familie Encyrtidae) ein Parasitoid der Schmierläuse ist. Zahllose Menschen wurden vor einer Hungerkatastrophe bewahrt.

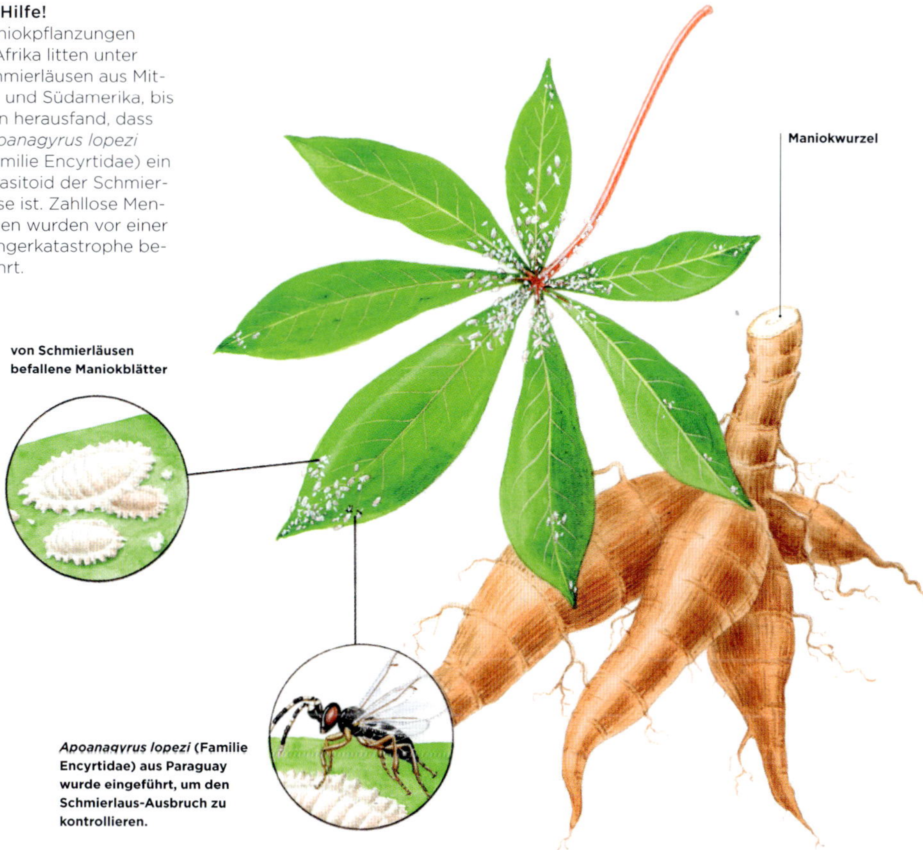

Getreideschädling
Die Larven der Getreidehalmwespe *(Cephus pygmaeus)* minieren in den Halmen von Weizen und anderem Getreide – daher sind Pestizide kaum wirksam. Die weltweit verbreitete Art stammt aus Europa.

IM PORTRÄT

Kleine Amazone

Trichogramma spp.

Gutes kommt oft klein verpackt, vor allem, wenn es sich um die fast unsichtbaren Wespen der Gattung *Trichogramma* handelt – sie sind Parasitoide, die Eier von Motten, Schnabelkerfen und einigen anderen Insekten befallen. Die winzigen Wespen sind derart effektiv, dass sie per Massenanzucht produziert werden, um Agrarschädlinge zu bekämpfen; für den Privatgebrauch kann man sie inzwischen online bestellen.

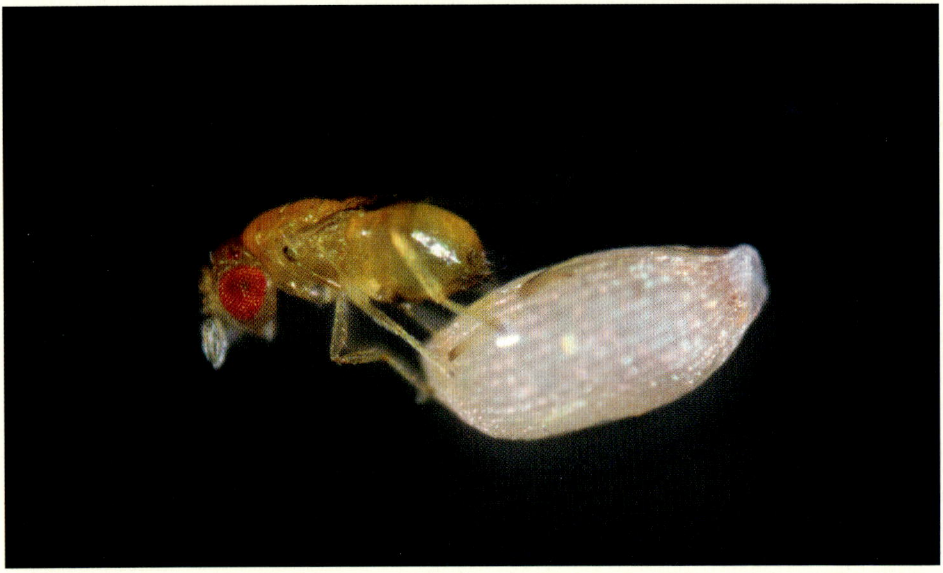

Ei-Parasitoid
Die winzigen Wespen der Gattung *Trichogramma* werden in großen Mengen auf Eiern der Getreidemotte angezogen. Die Wespen werden dann freigesetzt, um zahlreiche andere Agrarschädlinge zu bekämpfen, sei es auf Ackerflächen, in Getreidelagern oder Gärten.

Die Gattung *Trichogramma* wurde 1833 zuerst beschrieben. Zurzeit sind über 200 Arten bekannt, die meisten wurden erst nach 1960 benannt. Bei allen Arten durchläuft jede einzelne Wespe die Metamorphose in einem einzigen Ei des Wirtsinsekts. Ein Wespenweibchen kann pro Tag bis zu zehn Wirts-Eier parasitieren.

Das Weibchen sucht sorgfältig nach einem geeigneten Wirts-Ei und lässt sich dabei vor allem von olfaktorischen und visuellen Stimuli leiten. Es trommelt mit seinen Antennen auf die Oberfläche des Eis, um festzustellen, ob es bereits einen Parasitoiden enthält, und abzuschätzen, wie viele eigene Nachkommen das Ei ernähren kann. Die Dauer des Entwicklungszyklus hängt vom Wirt und von der Lufttemperatur ab. Je wärmer es ist, desto weniger Zeit ist bis zum Abschluss der Metamorphose nötig. Im Durchschnitt reicht eine Woche.

Wespen-Wirte
Die Getreidemotte ist ein Beispiel für einen Wirt, der in Insektarien zur Massenanzucht von *Trichogramma* dient. Die Anpassungsfähigkeit an verschiedene Wirte ist zugleich Segen und Fluch in der biologischen Schädlingskontrolle, da andere Nützlingsinsekten parasitiert werden können.

Getreidemotte
(Sitotroga cerealella)

Dörrobstmotten sind ebenfalls Vorratsschädlinge; durch den Larvenfraß wird das Getreide in Lagerhäusern unbrauchbar.

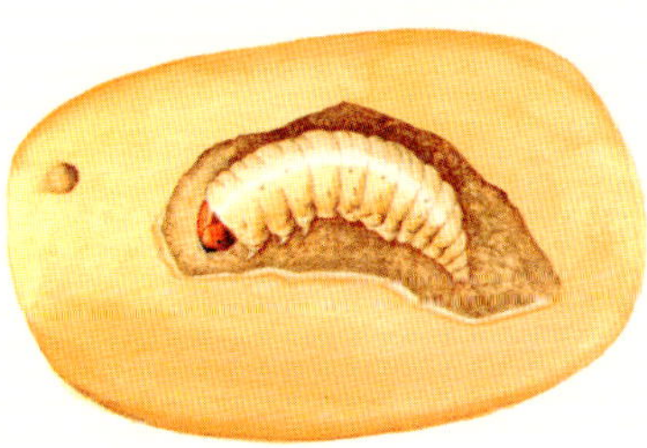

Solche Getreideschädlinge können durch den Einsatz von *Trichogramma*-Parasitoiden bekämpft werden.

Familie Trichogrammatidae

ARTEN	> 839
VERBREITUNG	weltweit, bis auf Antarktis
GRÖSSE	0,3–1,2 mm
ERSTAUNLICH	Einige winzige Arten haben weniger als 10 000 Neurone.

Im frühen 20. Jahrhundert wurde *Trichogramma* erstmals kommerziell gezüchtet, um sie in der biologischen Schädlingsbekämpfung einzusetzen. Zur ersten Massenaufzucht wählte man 1926 die verbreitete europäische Art *T. minutum.* Als Wirtsart diente die Getreidemotte *(Sitotroga cerealella),* ein Vorratsschädling in Getreidelagern. *Trichogramma* ist sehr anpassungsfähig, was die Wirtsarten angeht, und daher bestens zur kommerziellen Zucht geeignet. Während in den USA vor dem 2. Weltkrieg durchaus Interesse an *Trichogramma* bestand, wurde biologische Schädlingsbekämpfung nach dem Krieg durch moderne chemische Pestizide verdrängt. In den 1960er-Jahren nahm man in Europa und den USA die Forschung jedoch wieder auf. In den 1970er-Jahren gab es Massenfreisetzungen in Zuckerrohr- und Maisfeldern; zwischen 1975 und 1985 wurden die Schädlinge an Baumwolle, Zuckerrübe, Weinrebe, Kohl, Pflaumen, Äpfeln, Tomaten und Reis ins Ziel genommen. Inzwischen ist die Massenfreisetzung auf Ackerflächen in 30 bis 50 Ländern allgemein üblich; dabei werden regelmäßig neun verschiedene *Trichogramma*-Arten eingesetzt.

So klein
Eine Darstellung in Lebensgröße ist unmöglich, da diese Wespen so klein sind. Der Punkt am Ende dieses Satzes wäre ein besseres Maß für ihre tatsächliche Größe.

Lebensgröße

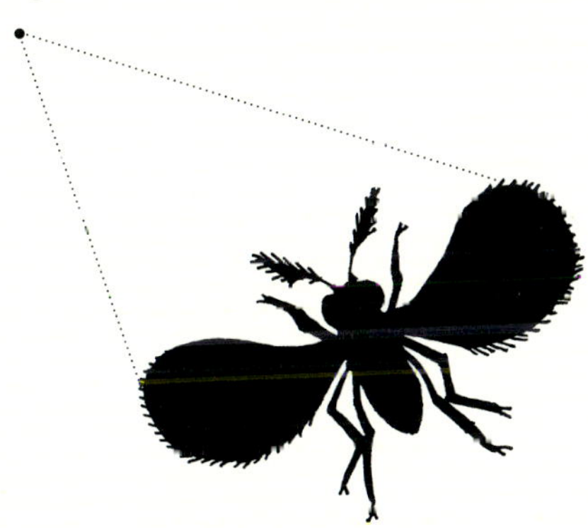

Städtische Ökosysteme

Sogar in der Innenstadt gibt es Wespen, doch häufig und artenreich sind sie eher in Wohngegenden. Oft sehen wir nicht die Insekten selbst, sondern ihre Hinterlassenschaften. Vielleicht finden wir im Winter ein altes Wespennest auf dem Dachboden oder entdecken beim Reinigen der Nistkästen, dass im letzten Jahr Feldwespen darin gebrütet haben.

Lehmwespe
Ein Weibchen der Lehmwespe *Phimenes flavopictus* (Indien) transportiert einen Lehmklumpen zu seinem Nest, um dieses damit zu verschließen. Im Nest befinden sich bereits gelähmte Raupen, die als Nahrung für das „Einzelkind" dienen werden.

Unsere Häuser bieten Wespen ein attraktives Wohnumfeld. Die Nester von Mörtel- oder Mauerwespen, Lehmwespen (Solitären Faltenwespen) und anderen finden sich manchmal auf Dachböden, in Garagen oder Schuppen. Feldwespen hängen ihre Papiernester an einem Stielchen auf; die Haus-Feldwespe *(Polistes dominula)* finden wir z. B. unter Dächern, in Hohlräumen (Rohren), in Nistkästen oder unter umgedrehten Blumentöpfen.

Gelegentlich bauen Lehmwespen sogar in den hängenden Bambushölzern eines Wind- oder Klangspiels ihr Nest, wenn sie nichts Besseres finden. Der Stahlblaue Grillenjäger *(Isodontia mexicana)*, eine aus Nordamerika eingeschleppte Grabwespe, legt sein Nest in Schilfhalmen und anderen Gräsern an, aber auch in Nisthilfen, die für Wildbienen bestimmt sind. Als Beute für die Brut trägt der Grillenjäger Laubheuschrecken und Grillen ein.

Feldwespen
Feldwespen (hier eine Kolonie von *Ropalidia marginata*, eine in Asien verbreitete Art) bauen ihr Nest oft an Häusern oder anderen Strukturen in städtischen und stadtnahen Regionen. Meistens nimmt man sie gar nicht wahr.

Im Garten finden wir häufig Blattwespenlarven, die an Rosen fressen, und auch die Gemeine Rosengallwespe *(Diplolepis rosae)* befällt diese Ziersträucher. Stattliche Holzwespen umschwirren sturmgeschädigte Bäume, später folgen ebenso große Schlupfwespen, die die Holzwespenlarven parasitieren. Manche Blattwespen haben sich auf Nadelbäume spezialisiert. Sogar der Honigtau, den Blattläuse und Schildläuse auf Zierpflanzen absondern, kann Wespen anlocken. Aber zum Glück gibt es auch Wespen, die Raupen, Heuschrecken, Rasenschädlinge oder andere Lästlinge bejagen, die einem Garten zusetzen können; andere dezimieren unangenehme Fliegen, die Keime auf Lebensmittel übertragen. Schließlich ziehen Lichter auf Balkon und Terrasse nachts Schlupfwespen, Brackwespen und andere an, die dann auf Beutejagd gehen.

Auch im Haus finden wir Wespen. Weibliche Hungerwespen (Evaniidae) etwa suchen unauffällig nach den Eigelegen von Schaben, um dort ihre eigenen Eier zu legen. Auch Mottenraupen und Käferlarven, die sich an Küchenvorräten gütlich tun, werden von winzigen Plattwespen (Bethylidae) gejagt, die sie mit einem Stich lähmen und dann ein einziges Ei pro Opfer legen. Die schlüpfende Plattwespenlarve ist ein Ektoparasitoid, das heißt, sie frisst ihren Wirt von außen auf.

Mörtelnester
Im Lauf seines Lebens kann ein Mörtelwespen-Weibchen viele Zellen bauen. Das Bild zeigt Nester der Orientalischen Mörtel- oder Mauerwespe *(Sceliphron curvatum)*, die in einer Mauerspalte in Italien hängen. Man erkennt die Reste vorjähriger Puppenkokons (braun).

IM PORTRÄT

Hungerwespen

Familie Evaniidae

Hungerwespen besitzen ein sehr kleines Abdomen, das sie beim Laufen auf und ab bewegen. Sie sind vor allem in den Tropen verbreitet. Rund 14 Gattungen und 400 Arten sind bekannt. Die ursprünglich asiatische Art *Evania appendigaster* könnte einem (zumindest in Südeuropa) auch im Haus begegnen, denn wie alle Hungerwespen parasitiert auch sie Schabengelege. Da sie nur selten auffliegt, könnte man sie fast für eine Ameise halten.

Blauäugige Amazone
Die türkisblauen Augen sind für *Evania appendigaster* typisch – ein gutes Erkennungszeichen, falls man ihr (in Südeuropa) im Haus begegnet, wo sie Jagd auf Schabengelege macht.

Die Wirtsinsekten dieser Wespe zählen zum besonders berüchtigten Hausungeziefer: Amerikanische Großschabe *(Periplaneta americana)*, Australische Schabe *(Periplaneta australasiae)* und Gemeine Küchenschabe oder Kakerlake *(Blatta orientalis)*. Alle drei sind zwar weltweit, vor allem in Städten, verbreitet, stammen vermutlich aber aus Afrika und/oder dem Nahen Osten.

Es dauert etwa 15 bis 30 Minuten, bis das Weibchen von *Evania appendigaster* ein Schabengelege (Oothek) mit dem Legebohrer (Ovipositor) durchbohrt hat. Es legt nur ein einziges Ei pro Schabengelege, aus dem nach 1 bis 3 Tagen die Larve schlüpft. Sie gilt als Prädator, verhält sich aber wie ein Endoparasitoid und frisst sich mithilfe der kräftigen Mandibeln von Ei zu Ei. Nach neueren Erkenntnissen durchläuft die Larve binnen 14 bis 36 Tagen drei Larvenstadien und verbringt weitere 17 bis 26 Tage als Vorpuppe. Die meiste Fraß- und Wachstumsaktivität findet in den ersten beiden Larvenstadien statt. In gemäßigten Breiten überwintert die Art vermutlich als Vorpuppe. Das Puppenstadium dauert 21 bis 40 Tage. Die frisch geschlüpfte Imago gelangt durch ein Loch, das sie in die Wand der Oothek genagt hat, ins Freie.

Familie Evaniidae

ARTEN	449
VERBREITUNG	weltweit, bis auf Antarktis
GRÖSSE	3–7 mm
ERSTAUNLICH	Larven sind Prädatoren von Schabeneiern.

Lebensgröße

Halbe Wespe?
Bei Hungerwespen ist das Abdomen so klein, dass es oft so aussieht, als ob es fehlt. Dank der dachförmig über dem Rücken gefalteten Flügel kann die Wespe auch in kleine Ritzen gelangen.

Obwohl die Larven die Schabeneier zuverlässig und effizient vertilgen, hat man noch nicht ernsthaft versucht, *E. appendigaster* in der biologischen Schädlingsbekämpfung von Hausungeziefer einzusetzen. Vielleicht muss der Lebenszyklus der Wespe noch besser erforscht werden, um die optimale Wespendichte für einen bestmöglichen Behandlungserfolg zu bestimmen.

Auf der Suche nach Eiern
Auf der Suche nach Ootheken klettert ein Weibchen von *Evania appendigaster* über eine tote Amerikanische Großschabe. Die Larve, die aus dem Wespenei schlüpft, wird alle Eier der Oothek auffressen.

6

Diversität
Erfolg durch Variation

Jede Gelegenheit nutzen

Warum sind Wespen so erfolgreich? Warum ist ihre Diversität so hoch? Der Grund: Wespen sind Meister darin, Ressourcen optimal aufzuteilen und zu nutzen, und sind zudem zu komplexen Verhaltensweisen wie der Staatenbildung fähig. Selbst wenn wir Ameisen und Bienen – die auch zu den Wespen zählen – nicht berücksichtigen, haben Wespen einen Spitzenplatz der Insektenevolution erreicht.

Nehmen wir eine hypothetische Pflanze als Beispiel für eine Ressource, die von Wespen genutzt wird. Die Larven von Blattwespen fressen, ähnlich wie Schmetterlingsraupen, Blätter, während andere Wespen als Blattminierer aktiv sind, wieder andere sind Stängelbohrer, und Gallwespen bilden Gallen. Viele adulte Wespen ernähren sich von Blütennektar, einige wenige ernten Pollen, um ihren Nachwuchs zu füttern. Eine einzige Pflanze bildet so die Nahrungsgrundlage für eine große Vielfalt an Wespen.

Ähnliches gilt, wenn wir die Pflanze durch einen x-beliebigen Schmetterling ersetzen. In jedem Stadium seines Lebenszyklus kann er als Wirt für eine Wespe dienen, oft auch für etliche Wespenarten aus unterschiedlichen Familien. Das Schmetterlingsei kann winzige spezielle Ei-Parasitoide beherbergen, die ihren gesamten Lebenszyklus nur in diesem Ei verbringen. Vielleicht legt eine andere Wespe ebenfalls ihr Ei in Schmetterlingseier, doch die daraus geschlüpfte Wespenlarve wird zu einem Parasitoiden der Schmetterlingsraupe oder sogar der -puppe. Wieder andere Wespen legen ihre Eier direkt in die Raupe, und ihre Nachkommen schlüpfen als adulte Wespen aus der Raupe. Und noch eine Nasenlänge voraus sind die Larven von Hyperparasitoiden, die ihrerseits die Parasitoiden-Larven attackieren.

Parasitoide Stechwespen spritzen Gift in die Raupe und tragen sie dann ins Nest, wo sie als Nahrungsvorrat für die Wespenbrut dient. Eine kleptoparasitische Wespe dringt ins Nest von parasitoiden Stechwespen ein und legt dort ihre Eier. Ihre Larven werden den Raupenvorrat fressen, der eigentlich für die angestammten Nestbewohner vorgesehen ist. Soziale Faltenwespen ergreifen eine Schmetterlingsraupe einfach, zerkauen sie und transportieren sie zurück zum Nest, um sie an die Larven zu verfüttern. So kann eine einzige Art direkt oder indirekt als Wirt oder Beute für eine erstaunliche Vielfalt an Wespen-Parasitoiden und -Prädatoren dienen.

All unsere Kenntnisse über die Assoziationen von Wespen mit Wirtspflanzen bzw. -insekten sind das Resultat von detaillierter Feld- und Laborforschung. Gewöhnlich stehen hinter diesen Arbeiten wirtschaftliche Belange von Land- und Forstwirtschaft. Dass wir auch über „nicht schädliche“ Arten so viel wissen, verdanken wir der Wissbegier vieler Entomolog:innen. Grundlagenforschung ist wesentlich, da sie die Basis der spezielleren Forschung bildet und Auswirkungen auf verschiedenste Felder wie Neurowissenschaften, Biosicherheit, Bioprospektion, Medizin und Bionik haben kann. Heute kann jeder – mit etwas Geduld und geringem materiellem Aufwand – an Citizen-Science-Projekten teilnehmen und so zur generellen Artenkenntnis beitragen. Ihre Beobachtungen könnten selbst im eigenen Garten zu interessanten Entdeckungen führen.

Vorgehensweise
Eine einzige nicht-spezialisierte Schmetterlingsart kann in verschiedensten Stadien ihres Lebenszyklus von Wespen angegriffen werden, insbesondere vom Ei- bis zum Puppenstadium. Die Fähigkeit der Wespen, Ressourcen optimal zu nutzen und aufzuteilen, ist ein Aspekt ihrer Lebensweise, der sie so erfolgreich macht.

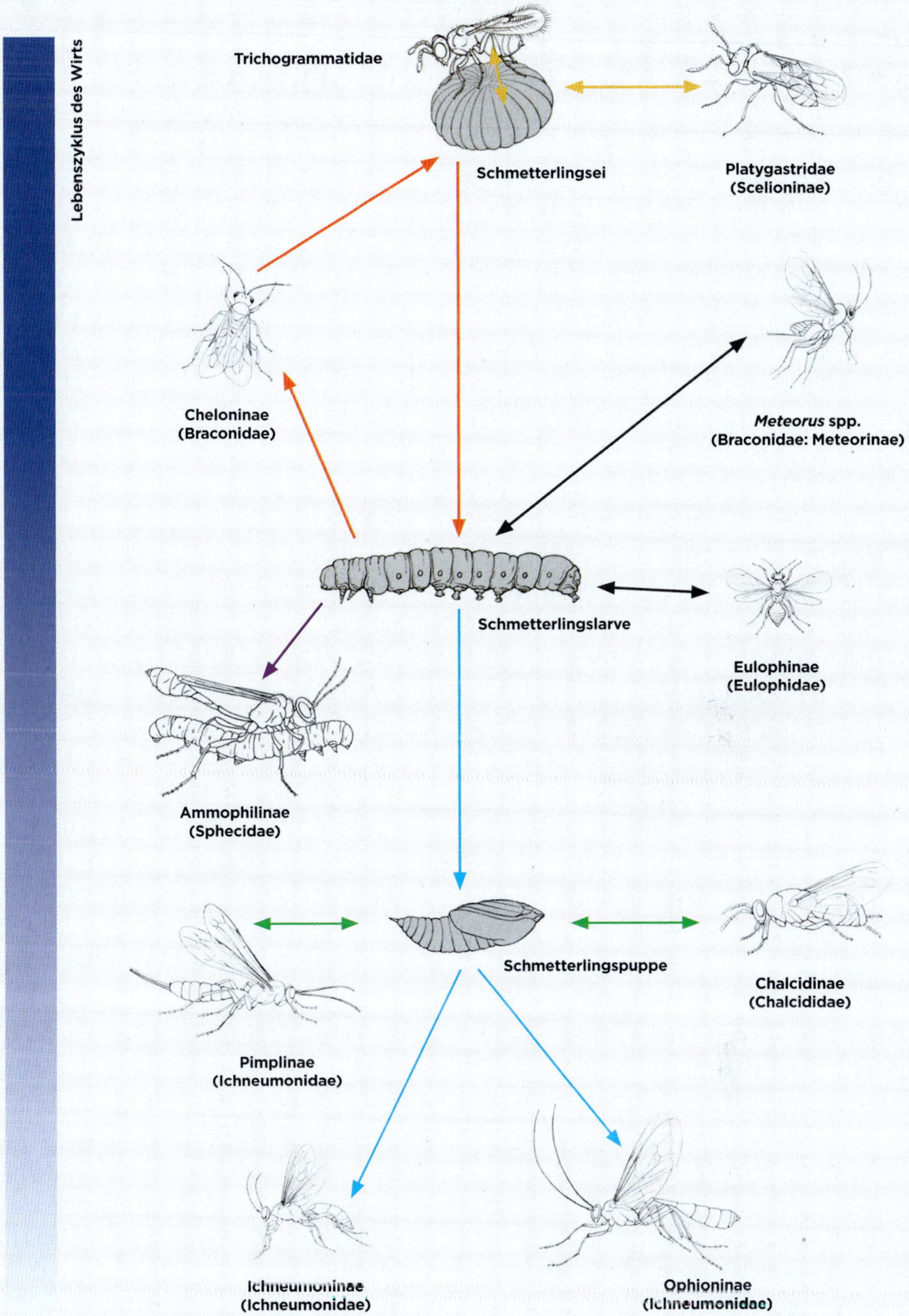

Adultes Wespenweibchen legt Eier ins Ei des Wirts, Nachkomme schlüpft als Imago aus dem Wirts-Ei.
Adultes Wespenweibchen legt Ei ins Ei des Wirts, Nachkomme schlüpft als Imago aus Wirtslarve.
Adultes Wespenweibchen legt Ei in Wirtslarve, Nachkomme schlüpft als Imago aus Wirtslarve.
Adultes Wespenweibchen transportiert und versteckt gelähmte Wirtslarve in einem Nest.
Adultes Wespenweibchen legt Ei in Wirtspuppe oder -vorpuppe, Nachkomme schlüpft als Imago aus Wirtspuppe.
Adultes Wespenweibchen legt Ei in Wirtslarve, Nachkomme schlüpft als Imago aus Wirtspuppe.

Die Vegetarier

Alle Wespen, die sich als Larven ausschließlich von Pflanzen ernähren, werden in einer „inoffiziellen" Gruppe, der Unterordnung Symphyta (Pflanzenwespen), zusammengefasst. Sie zählt 13 Wespenfamilien, dominiert von den Blattwespen. Die Symphyta ähneln den anderen Wespen in Zeichnung und Farbe, unterscheiden sich aber durch das Fehlen der Wespentaille. Das Abdomen ist auf breiter Front mit dem Thorax verbunden, sodass die Imago eher zigarrenförmig wirkt. Diese Wespen nutzen eine Vielzahl von Pflanzen auf unterschiedlichste Art.

Rosenbürstenhornwespe
Eine adulte Rosenbürstenhornwespe *(Arge ochropus)*, als Larve hat sie auf Rosenblättern gefressen. Dadurch kann die Art manchmal zur Plage werden.

Pflanzenwespenlarven fressen alles Mögliche – von Farnen bis zu Koniferen, von den geliebten Rosen bis zu unliebsamen Giftpflanzen. Mehrere Arten speichern die Gifte der Wirtspflanzen im Körper oder bilden eigene Verteidigungssubstanzen. „Ärgert" man eine Pflanzenwespenlarve, rollt sie sich zusammen, richtet sich abwehrend auf und/oder gibt Wehrflüssigkeiten aus Mund, After oder beidem von sich.

Blätter, Knospen, Früchte, Triebe, Halme – sie alle werden von mindestens einer Pflanzenwespenart genutzt. Holzwespen, Schwertwespen (Xiphydriidae) und Zedernholzwespen (Anaxyelidae) sind im Larvenstadium Holzbohrer. Die meisten Pflanzenwespen-Larven fressen gut sichtbar einzeln oder in Gruppen an Laubblättern oder Koniferennadeln, doch es gibt viele Ausnahmen. Einige sind Blattminierer, die verborgen zwischen Blattober- und -unterseite fressen und hässliche Fraßtunnel hinterlassen. Einige wenige Pflanzenwespen bilden Gallen an Blattstängeln oder Trieben. Einige rollen oder falten die Blätter ein. Zu den Gespinstblattwespen (Pamphiliidae) zählen auch Blattroller; manche Larven bilden dagegen gemeinsame Gespinste, in deren Schutz sie fressen, ähnlich wie die Raupen von Ringelspinner und Webebär.

Außerhalb der Symphyta gibt es an Herbivoren die Feigenwespen (Agaonidae), auf Samen spezialisierte Erzwespen in den Familien Eurytomidae, Torymidae und Pteromalidae, ferner Gallenbildner in den Familien Eulophidae und Tanaostigmatidae. Da die meisten Vertreter dieser Familien Parasitoide von Insekten oder anderen Wirbellosen sind, sind die Arten, die in Pflanzensamen fressen, etwas Besonderes. Sie umfassen Schädlingsarten wie auch Arten zur biologischen Schädlingskontrolle von invasiven Neophyten.

***Eriocampa juglandis*, Imago**
Dieses kleine Insekt gehört zu den Echten Blattwespen. Die Imago ist nicht so auffällig wie das Larvenstadium (oben rechts).

Eriocampa juglandis, Larve
Diese Larven sind mit Wachsfäden bedeckt, die Prädatoren abschrecken. Die Larve ernährt sich von den Blättern der Butternuss, Schwarznuss und Hickorynuss.

Eine Familie fällt aus dem Muster der Symphyta heraus: Die Orussidae sind Parasitoide von holzbohrenden Käferlarven, Holzwespen und Schwertwespen. Die Orussidae sind zwar verbreitet, man nimmt sie aber nicht oft als solche wahr, da sie Ameisen ähneln, die über Baumstämme und Totholz rennen.

Zickzackfraß
Die Larve von _Aproceros leucopoda_ (Familie Argidae) lebt nur auf Ulmen; typisch ist der Zickzackfraß zwischen den Blattadern. Die Art stammt aus Ostasien, hat sich rasant in Europa ausgebreitet und richtet große Schäden an.

FOKUS AUF

Wespen und Ameisen

Ameisen zeigen aggressives Verhalten, wenn sie andere Insekten erbeuten, dasselbe gilt bei der Verteidigung ihrer Kolonien. Daher gehen ihnen die meisten Tiere aus dem Weg, doch etliche Wespen machen sich Ameisen zunutze, um Schutz zu erreichen, die hilflose Ameisenbrut zu plündern oder sogar Jagd auf adulte Ameisen zu machen.

Die Vertreter der Familie Diapriidae sind sehr klein, bis auf die Antarktis weltweit verbreitet und sehr divers. Mindestens 34 Gattungen der Familie enthalten Arten, die in Ameisennester eindringen. *Acanthopria* und *Mimopriella* greifen pilzzüchtende Ameisen (Gattung *Cyphomyrmex*) in Zentral- und Südamerika an. Jede Wespenlarve lebt als Endoparasitoid in einer einzigen Ameisenlarve. Unbekannt ist bislang, wie die Wespenweibchen trotz Ameisenattacken in den Ameisenbau gelangen. Diapriiden, die mit Wanderameisen der Neuen Welt zusammenleben, imitieren diese Ameisen so stark, dass sie ihre Flügel abwerfen oder sie sich von den Ameisen abbeißen lassen. Die Wespen marschieren dann unauffällig in den Ameisenkolonnen mit. Einige von ihnen sind Parasitoide von parasitoiden Fliegen der Wanderameisen.

Alle Mitglieder der Familie Eucharitidae sind als Larven Ektoparasitoide von Ameisenpuppen. Eucharitiden-Weibchen vermeiden Konfrontationen mit Ameisen und legen ihre Eier stattdessen auf Pflanzen ab. Daraus schlüpfen sehr bewegliche Larven (Planidien), die sich an allem, was sich bewegt, anklammern. Falls es eine Ameise ist, wird die Planidie mit ins Nest transportiert, wo sie von der Arbeiterin auf eine Ameisenlarve wechselt. Sie bleibt bis zur Verpuppung der Ameise inaktiv und beginnt erst danach, ihren Wirt zu fressen.

In der Gattung *Aphilanthops* gibt es vier Arten (alle in den USA heimisch), die Ameisenköniginnen „kidnappen“: Sie attackieren und stechen geflügelte Königinnen der Gattung *Formica,* wenn diese nach ihrem Hochzeitsflug landen. In ihrem unterirdischen Nest lagern die Wespen bis zu vier Ameisen pro Zelle als Futter für die später schlüpfenden Wespenlarven. Acht *Clypeadon*-Arten und eine *Listropygia*-Art (nur in den westlichen USA und im angrenzenden Mexiko) jagen ausschließlich Ernteameisen der Gattung *Pogonomyrmex.* Das Wespenweibchen transportiert seine gelähmte Beute in einer „Ameisenklemme“ an der Abdomenspitze. Es versteckt seine Opfer ebenfalls in unterirdischen Kammern.

In den Tropen der Neuen Welt schützen sich viele soziale Wespen zusätzlich, indem sie ihr Nest in der Nachbarschaft von Nestern der Drüsenameisen (Dolichoderinae) bauen. Ein Entomologe fand acht verschiedene Wespenarten im selben Baum wie ein *Azteca*-Ameisennest.

Tarnstrategie
Dieses in Kolumbien heimische Eucharitiden-Weibchen (Gattung *Orasema*) legt Eier auf ein Blatt. Die frisch geschlüpften Larven klammern sich an vorbeilaufende Ameisen und gelangen so ins Nest.

Merkwürdiger Eindringling
Auf einer Prärie in Kansas, USA, hat sich das flügellose Weibchen einer Diapriiden-Art (*Bruesopria* sp.) im Nest einer Diebsameise *(Solenopsis molesta)* „häuslich“ eingerichtet. Die genaue Natur der Beziehung ist bislang unbekannt.

Kidnapper
Ein Weibchen von *Aphilanthops frigidus* hat eine fliegende Ameisenkönigin erbeutet und durch einen Stich gelähmt. Das Opfer soll der Wespenbrut, die in Zellen am Ende einer unterirdischen Neströhre heranwächst, als Nahrung dienen (je Zelle nur eine Larve).

Die Gallenbildner

Die meisten Wespen der Überfamilie Cynipoidea sind Pflanzenfresser, doch die Gruppe der Gallenbildner stellt eine Art Verbindungsglied zwischen rein vegetarischen und parasitoiden Arten dar. Gallen sind eigenständige Ökosysteme, die viele Arten einbinden; oft lässt sich nur schwer feststellen, welche Wespe – wenn überhaupt – für die Galle verantwortlich ist und ob es sich um Parasitoide oder Inquiline („Einmieter") handelt.

Gallen sind keine Tumoren und keineswegs Anzeichen für einen schlechten Gesundheitszustand der Pflanze. Pflanzengallen können durch den Einfluss von Insekten entstehen, aber auch Milben, Pilze, Bakterien, Viren und Nematoden können dafür verantwortlich sein. Die Mechanismen der Galleninduktion sind komplex; bei Insekten hängt sie gewöhnlich mit der Eiablageaktivität des Weibchens oder dem Fressvorgang der Larven zusammen. Die Pflanze reagiert, indem sie mehr Nährstoffe zum Ort der Gallenbildung lenkt und dort die Zellteilungsaktivität erhöht, sodass eine Gewebewucherung entsteht, die den Larven als Behausung und Nahrung dient.

Gallen, die auf Fagaceen (Eichen, Buchen und Verwandten) oder Rosaceen (Rosengewächsen) wachsen, werden in den meisten Fällen von Gallwespen der Familie Cynipidae verursacht. Wespen der Schwesterfamilien Figitidae, Lipteridae und Ibaliidae sind Parasitoide anderer Insekten. Die Charipidae sind Hyperparasitoide. Gallwespen sind meist wirtsspezifisch, also auf eine Pflanzenart oder Gruppe verwandter Arten beschränkt. Üblicherweise werden Blätter, Knospen, Blüten und Früchte, Triebe oder sogar Wurzeln der Wirtspflanze befallen. Manche Gallwespenarten induzieren auf ein und derselben Pflanze unterschiedliche Gallenformen, je nachdem, in welcher Phase des Generationswechsels die Wespen sich befinden.

Neben den Cynipiden können auch andere Wespen zur Gallenbildung führen. Einige Echte Blattwespen (Tenthredinidae) lösen z. B. Gallen auf Weidenblättern aus. Die Arten der Familie Tanaostigmatidae bilden allesamt Gallen, insbesondere an Samen; sie zählen zu den Erzwespen

Entstehung einer Galle
Ein Gallwespen-Weibchen legt sein Ei in den Stängel einer Wirtspflanze. Die Pflanze reagiert darauf, indem sie eine nährstoffreiche Gewebewucherung (Galle) um das Ei bildet.

Besitzer und Einmieter
Im Querschnitt dieser kugeligen Eichengalle sieht man die Larve von *Andricus kollari* im Zentrum, am Rand die Larven einer nicht identifizierten inquilinen Wespe. Die Inquilinen schaden der *Andricus*-Larve nicht.

(Chalcidoidea). Dies trifft ebenso auf einige Gattungen der Familie Eulophidae zu. Einige Arten der Familien Eurytomidae und Pteromalidae sind ebenfalls Gallenbildner. Die meisten Eulophiden, Eurytomiden und Pteromaliden sind jedoch Parasitoide – wenn sie also aus einer bestimmten Galle schlüpfen, heißt das nicht (unbedingt), dass sie auch für die Bildung der Galle verantwortlich sind.

Manche Cynipiden legen ihre Eier einfach in die Gallen anderer Cynipiden, leben also als Inquiline („Einmieter"). Sie schaden dem rechtmäßigen „Besitzer" nicht direkt, sondern profitieren von Nahrung und Unterkunft. Zudem gibt es sehr viele andere Wespen sowie weitere Insekten, die als Parasitoide oder Inquiline in einer Galle leben können. Allein für die Paläarktis existiert eine lange Liste an bekannten Gallen-Lebensgemeinschaften – die wahrscheinlich unvollständig ist.

Knoppergalle
Knoppergallen werden von der Knopperngallwespe (*Andricus quercuscalicis*) gebildet. Die Wespe durchläuft einen Generationswechsel zwischen Stieleiche (*Quercus robur*, mit den Knoppergallen) und Zerreiche (*Q. cerris*, mit sehr kleinen Gallen).

Mikroparasitoide

Die größte Diversität der Hautflügler (Hymenoptera) kommt erstaunlicherweise bei den kleinsten Wespen vor. Berücksichtigt man, dass die meisten Arten noch gar nicht entdeckt oder benannt sind, so muss man von rund 833 000 bis 1,1 Millionen parasitoider Hymenopterenarten ausgehen – die meisten davon sind „Mikro-Hymenopteren". Dazu zählen auch wichtige Agenten der biologischen Schädlingsbekämpfung in Landwirtschaft und Gartenbau, und noch besser: Sie stechen nicht!

Zumindest stechen sie keine Menschen! Gifte im weitesten Sinne sind nicht nur Substanzen, die zu Schmerz, Lähmungen oder Gewebezerstörung führen – zu den Giften gehören auch alle Substanzen, die den Stoffwechsel des Wirts verändern (einschließlich einer Unterdrückung der Immunantwort und/oder Hemmung von Wachstum und Entwicklung) und dem giftapplizierenden Organismus nützen. Dem zufolge sind die meisten Mikroparasitiode giftig.

Zu den Mikro-Hymenoptera zählen die Überfamilien Proctotrupoidea, Platygastroidea, Ceraphronoidea, Mymarommatoidea und Chalcidoidea; darunter sind die Erzwespen (Chalcidoidea) bei Weitem die Familie mit der höchsten Diversität. *Megaphragma mymaripenne* (Familie Trichogrammatidae) misst nur 200 µm, das ist vergleichbar mit der Größe von Einzellern wie *Paramecium* oder Amöben. Die Männchen von *Dicopomorpha echmepterygis* (Mymaridae, Zwergwespen) sind blind, flügellos und nur 139 µm groß. Zum Vergleich: Ein menschliches Haar hat einen Durchmesser von etwa 180 µm. Dagegen kann das Weibchen von *Pelecinus polyturator* (Überfamilie Proctotrupoidea, Zehrwespen) 62 mm messen.

Erstaunlicherweise sind einige der kleinsten Wespen Ei-Parasitoide von aquatischen Insekten. Etliche aquatische wie auch terrestrische Ei-Parasitoide sind phoretisch: Das Wespen-Weibchen lässt sich vom Wirtsweibchen als blinder Passagier befördern, bis dieses seine Eier gelegt hat; dann geht die Wespe „von Bord" und parasitiert die Wirts-Eier.

Die Lebensweise der Mikro-Hymenoptera deckt ein großes Spektrum ab – von Generalisten zu Spezialisten, von Ei-Parasitoiden zu Hyperparasitoiden (Seite 124) sowie Endo- oder Ektoparasitoiden, meist von Insektenlarven. Einige Weibchen der Platygastridae und Encyrtidae legen ein einziges Ei, aus dem mittels Polyembryonie Dutzende bis Tausende von Embryonen entstehen. Erzwespen, die Samen befallen, sind ebenfalls Parasitoide. Manche manipulieren ihre Wirtspflanze derart, dass sogar in den nicht befruchteten Eizellen der Pflanze Nährstoffreserven angelegt werden, falls diese Eizellen von einer Wespenlarve parasitiert sind. Das breitestmögliche Spektrum an parasitoiden Lebensweisen findet sich wohl bei den Eurytomidae (Überfamilie Erzwespen). Ein Beispiel ist die europäische Art *Eurytoma brunniventris.* Das Larvenstadium lebt gewöhnlich als Parasitoid einer Gallwespe (Cynipidae), kann aber auch die inquiline Gallwespe *Synergus* parasitieren, ein Hyperparasitoid weiterer Erzwespen sein oder sich vom Gallengewebe, also pflanzlich, ernähren.

Es gibt kaum eine terrestrische oder im Süßwasser lebende Insektenart, die nicht mindestens einen mikroparasitoiden Fressfeind hat. Schmetterlingsraupen, Pflanzenwespen- und Käferlarven werden stark befallen, aber auch Schildläuse, Blattläuse, einige Fliegen, weitere Wespen und sogar Spinneneier werden parasitiert. Die vielseitigen Mikroparasitoide bieten wirklich noch sehr viel Material für neugierige Entomolog:innen.

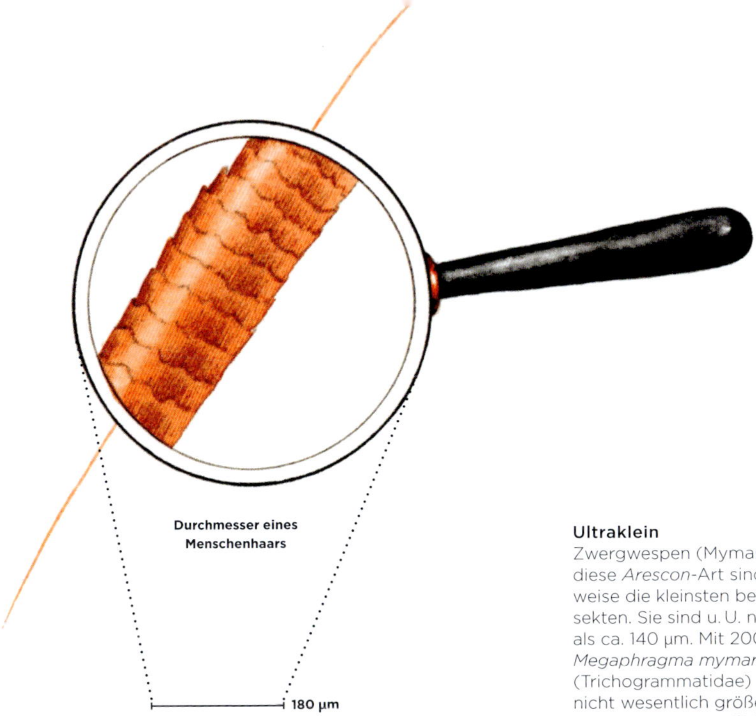

Ultraklein

Zwergwespen (Mymaridae) wie diese *Arescon*-Art sind möglicherweise die kleinsten bekannten Insekten. Sie sind u. U. nicht größer als ca. 140 µm. Mit 200 µm ist *Megaphragma mymaripenne* (Trichogrammatidae) allerdings nicht wesentlich größer, genauso groß wie ein Pantoffeltierchen *(Paramecium)*.

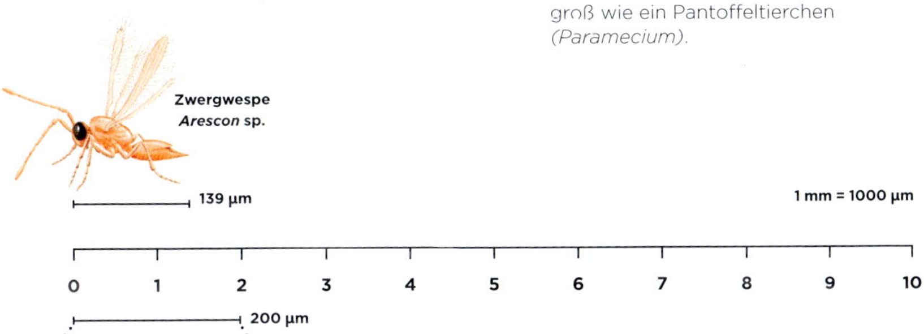

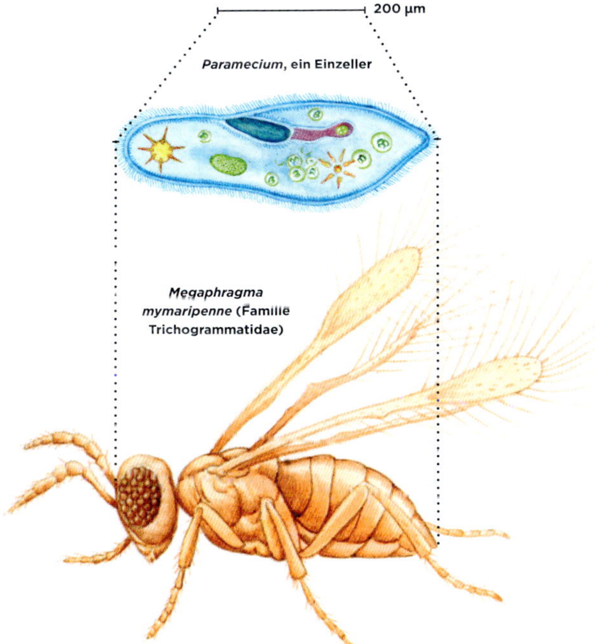

Größenvergleiche

100 µm

= 0.1 mm

= kleinster Abstand, der mit dem menschlichen Auge wahrgenommen werden kann

= Dicke einer Farbschicht

= Durchmesser eines Staubpartikels

500 µm

= Durchmesser eines Sandkorns

= Durchmesser eines Salzkorns

= Durchmesser eines Zuckerkristalls

Makroparasitoide

Mikro- und Makroparasitoide gehören zur Unterordnung der Taillenwespen (Apocrita). Sie besitzen eine ähnliche Lebensweise; doch greifen größere Wespen auch größere Wirtsorganismen an. Die auffälligsten „nicht stechenden" Parasitoide finden sich bei den Schlupfwespenartigen (Überfamilie Ichneumonoidea mit Brackwespen (Braconidae) und Echten Schlupfwespen (Ichneumonidae)).

Blattlaus-Mumien
Blattläuse, die von Brackwespen der Unterfamilie Aphidiinae befallen werden, verwandeln sich in aufgetriebene „Mumien" und sterben schließlich. Jede Blattlaus „bewirtet" nur eine einzige Wespenlarve. Hier haben die adulten Wespen die Blattläuse bereits durch ein rundes Loch verlassen – die „Deckel" sind teilweise noch sichtbar.

Stechverhalten ist relativ, und sogar Mikro-Hymenoptera können Gift in den Wirt injizieren. Dies trifft auf viele Ichneumonoidea zu, einige größere Vertreter können in Selbstverteidigung auch Menschen stechen. Das sollte keine Bekämpfung dieser Insekten rechtfertigen, denn sie halten uns auch etliche wichtige Schädlinge vom Leib.

Achten Sie beim nächsten Mal, wenn Sie Blattläuse sehen, auf aufgetriebene bräunlichgraue Exemplare. Es sind mumifizierte Blattläuse, die im Inneren von einer winzigen Brackwespenlarve (Unterfamilie Aphidiinae) aufgefressen worden sind. Ist die „Mumie" noch geschlossen, dann ist die Wespenpuppe noch in der Hülle; weist sie hingegen ein größeres Loch auf, dann hat die frisch geschlüpfte Wespe sie bereits verlassen. Die Arten der Brackwespengattung *Aleiodes* mumifizieren Schmetterlingsraupen und führen bei der abgestorbenen Raupe zu einer Verdickung der Haut; dies dient als Schutz für die Wespenpuppen. Andere Brackwespenarten verlassen die Raupe als Larven und hinterlassen kleine Löcher, die wie Stigmen aussehen.

Die Kohlweißlings-Schlupfwespe (*Cotesia glomerata*, eine Brackwespe) macht sich die Duftstoffe zunutze, die Kohlpflanzen abgeben, wenn sie von Kohlweißlingsraupen angefressen werden. So kann *Cotesia* die Pflanze lokalisieren und die Kohlweißlingsraupen mit Eiern belegen. Obwohl die *Cotesia*-Larven im Körperinneren wachsen, fressen die Raupen weiter, jedoch gibt die Kohlpflanze jetzt andere Duftstoffe ab. Diese locken wiederum *Lysibia nana* (Ichneumonidae) an, die als Hyperparasitoid ihrerseits die *Cotesia*-Vorpuppen befällt.

Die Echten Schlupfwespen greifen meist die Larven und Puppen von Schmetterlingen, Fliegen, Käfern oder anderen Wespen an. Ein paar

Vorsprung
Ein Brackwespen-Weibchen *(Chelonus insularis)* legt sein Ei in ein Eulenfalter-Ei. Der Nachwuchs hat gegenüber anderen Parasitoiden einen Vorsprung und wird als Imago aus der Falterraupe schlüpfen.

Arten spezialisieren sich auf weitere holometabole Insekten, andere parasitieren Spinnen. Einige Ichneumonidae-Larven sind Endo-, andere Ektoparasitoide.

Wie die Brackwespen und andere Parasitoide verfolgen auch die Echten Schlupfwespen zwei Angriffsstrategien: Bei manchen Arten, vor allem jenen, die ältere Wirtslarven oder -puppen befallen, legt das Weibchen die Eier zusammen mit wachstumshemmenden Substanzen in den Wirt – die typische Lebensweise eines Idiobionten. Zu den Wirtsorganismen von Idiobionten zählen üblicherweise holzbohrende Larven oder in Kokons verborgene Puppen. Koinobionte Arten erlauben ihrem Wirt dagegen, weiter zu wachsen. Ihre Larven sind sogenannte koinobionte Parasitoide, die anfangs langsam fressen und wachsen; sobald der Wirt das Vorpuppen- oder Puppenstadium erreicht, beschleunigt sich das Wachstum. Die Wirte von Koinobionten leben normalerweise stärker exponiert oder nur halb verborgen.

Gesellig
Diese Raupe war Wirt für mehrere *Cotesia*-Larven (Familie Brackwespen). Nach einer Phase als Endoparasiten haben die Larven die Raupe verlassen, um sich außen in Kokons einzuspinnen. Dazwischen sitzt eine *Cotesia*-Imago.

Pollenfresser und Nektarsammler

In der Ordnung der Hautflügler (Hymenoptera) sind Bienen diejenige Gruppe, die sich auf Pollennahrung spezialisiert hat, doch auch andere Hautflügler ernten Pollen für ihre Brut. Die Honigwespen (Unterfamilie Masarinae) ernähren sich ausschließlich von Pollen. Honigwespen zählen zur Familie der Faltenwespen (Vespidae), die sowohl solitär lebende Unterfamilien wie Honigwespen und Solitäre Faltenwespen als auch sozial lebende Unterfamilien wie die Echten Wespen und die Feldwespen umfasst.

Multitasking
Dieses *Pseudomasaris-vespoides*-Weibchen sammelt Pollen in einer Bartfadenblüte (*Penstemon* sp.); dabei betastet das Männchen es mit seinen langen Fühlern – ein Vorspiel zur Paarung. (Colorado, USA)

Die Honigwespen haben ihre größte Artenvielfalt im südlichen Afrika, sind aber auch in vielen ariden Klimaregionen verbreitet, insbesondere im Mittelmeerraum, Teilen Australiens, im Westdrittel Nordamerikas und Südteil Südamerikas, ferner verstreut in Eurasien sowie Nord- und Westindien. Es gibt 220 Arten.

Anders als die meisten Bienen, die Pollen in speziellen Pollenbürsten oder -körbchen sammeln, nehmen Masarinae Pollen und Nektar auf und speichern sie im Kropf, um sie zum Nest zu transportieren. Viele Honigwespen legen mehrzellige unterirdische Bruthöhlen an, gelegentlich mit einem vertikalen oder horizontalen Lehmschornstein am Eingang. Die Weibchen von *Quartinia vagepunctata* bilden in den Maxillardrüsen Seide, um Bruthöhle und Schornstein auszukleiden. Andere Masarinae bauen frei stehende Lehmnester an Steinen, Steilwänden, Pflanzen oder in bereits bestehenden Hohlräumen. Sie verwenden Wasser oder Nektar, um den Lehm beim Nestbau anzufeuchten, sodass er aushärten kann.

Ähnlich wie Bienen können Honigwespen Generalisten sein und die verschiedensten Blüten besuchen oder sie beschränken sich als Spezialisten auf eine oder wenige Pflanzenarten. Zur im westlichen Nordamerika heimischen Gattung *Pseudomasaris* zählen einige Arten, die sich auf die Blüten von Bartfaden (*Penstemon* spp.) spezialisiert haben. Blühende Pflanzen werden regelmäßig von Männchen patrouilliert, die versuchen, sich „auf die Schnelle“ mit einem Weibchen zu paaren, während dieses kopfüber in einer Trichterblüte steckt.

Nur eine weitere, sehr ungewöhnliche Art aus der Familie Crabronidae verfüttert Pollen: *Krombeinictus nordenae,* eine solitäre Grabwespe aus Sri Lanka, brütet in hohlen Stängelabschnitten von *Humboldtia laurifolia* (Leguminosen). Das Weibchen zieht immer nur eine Larve auf einmal auf, füttert diese regelmäßig mit dem Pollen und Nektar der *Humboldtia* und transportiert die verpuppungsreife Larve zur Basis des Stängelhohlraums. Dort spinnt diese einen Kokon und verpuppt sich. Anschließend legt das Weibchen im oberen Abschnitt des Stängelhohlraums das nächste Ei und der Zyklus beginnt erneut.

Die Gattung *Brachygastra* zählt zu den Feldwespen; sie umfasst 17 Arten und ist in Süd- und Zentralamerika weit verbreitet. Mehrere Arten legen größere „Honig“-Vorräte im Nest an; diese bestehen aus Honigtau von Pflanzenläusen und Zikaden sowie nektarbasiertem Honig. Dank dieser Vorräte kann die Kolonie in Zeiten, die zum Futtersammeln ungünstig sind, besser überleben. Pollen macht nur einen geringen Teil der Nahrung aus.

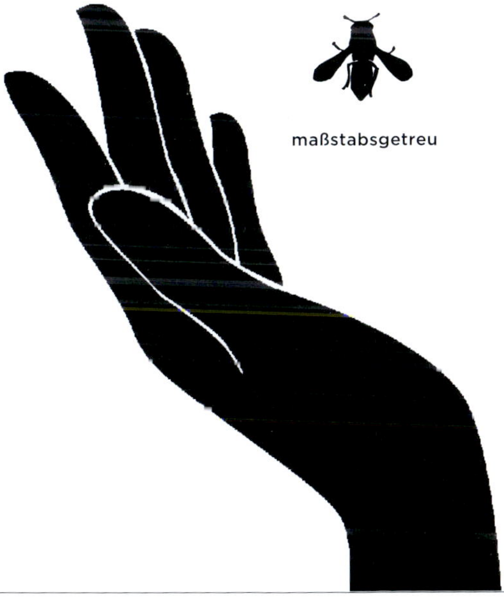

maßstabsgetreu

Kopfüber
Ein *Pseudomasaris-vespoides*-Weibchen krabbelt tief in eine Bartfadenblüte, um Pollen und Nektar zu erreichen. Es nimmt diese auf, speichert sie im Kropf und würgt sie in eine Lehmzelle aus, damit sie später als Futtervorrat für die Larven dienen.

Stechende Parasitoide

Die Weibchen von solitären Stechwespen setzen ihren Stachel meistens ein, um ihre Wirtsorganismen zu lähmen, aber nur selten zur Verteidigung. Gemeinsam mit den Faltenwespen, Ameisen und Bienen bilden die stechenden Parasitoide die Teilordnung der Stechimmen oder Stechwespen (Aculeata) innerhalb der Unterordnung der Taillenwespen (Apocrita). Charakteristisches Merkmal der Stechwespen ist ihr Wehrstachel, der aus dem Legebohrer (Ovipositor) hervorgegangen ist.

Auf und davon
Ein Bienenwolf-Weibchen *(Philanthus triangulum)* hat eine Honigbiene durch Stiche gelähmt und trägt diese jetzt zur Niströhre. Dort dient sie als Nahrung für den künftigen Nachwuchs.

Bei solitären Stechwespen dient das Gift zum Lähmen der verschiedenen Wirtsorganismen, damit die Eiablage leichter vonstattengeht, oft auch, um die Beute in ein Nest zu transportieren, wo sie als Nahrungsvorrat für die Brut gelagert wird. „Primitivere" Stechwespen lähmen den Wirt nur zeitweilig, belegen ihn mit einem Ei und fliegen weiter. Nach Abklingen der Lähmung lebt der Wirt weiter, bis die Wespenlarve ihn aufgefressen hat.

Bei den „weiterentwickelten" solitären Stechwespen werden Jagd- und Brutverhalten zunehmend komplexer. Zahlreiche phylogenetisch nicht verwandte Familien sind unabhängig zu ähnlichen Lösungen gelangt – zum Nisten dienen z. B. unterirdische Niströhren, bereits existierende Hohlräume oder Lehmkonstruktionen. Diese Wespen beweisen beim Brutgeschäft eine erstaunliche Kraft und Geschicklichkeit: Ein Wespenweibchen kann sogar eine Beute, die schwerer ist als es selbst, über senkrechte Oberflächen emporhieven und samt der gelähmten Beute noch fliegen.

Auftragskiller
Die ostasiatische Rollwespenart *Tiphia vernalis* wurde zur Bekämpfung des gebietsfremden Japankäfers nach Nordamerika importiert. Gemeinsam mit dem Bakterium *Paenibacillus popilliae* (Erreger der „Milchkrankheit") und speziellen Nematoden trägt die Wespe zur biologischen Kontrolle des invasiven Käfers bei.

Solitäre parasitoide Stechwespen greifen ein breites Spektrum an Wirten in verschiedensten Entwicklungsstadien an. Die meisten Arten der Gattung *Tachysphex* (Crabronidae) verproviantieren die unterirdischen Nistzellen mit Nymphen von Feldheuschrecken, während Arten der Gattung *Prionyx* (Sphecidae) adulte Feldheuschrecken wählen. In ihren Wirtsbeziehungen sind parasitoide Stechwespen zum Großteil recht spezifisch. *Sphex ichneumoneus,* eine amerikanische Grabwespe, nimmt Laubheuschrecken (Tettigoniidae) als Nahrung für die Brut, aber auch Echte Grillen (Gryllidae) oder Gryllacrididae.

Nur wenige parasitoide Stechwespen wurden bisher zur Schädlingsbekämpfung eingesetzt. Eine Ausnahme ist die Rollwespenart *Tiphia vernalis,* die in den 1920er-/1930er-Jahren aus Korea in die USA importiert wurde, um den invasiven Japankäfer zu bekämpfen. Das Wespenweibchen gräbt sich im Frühjahr ins Erdreich ein, um die Käferlarven aufzuspüren. Es lähmt den Wirt zeitweilig durch einen Stich, legt sein Ei und sucht anschließend nach dem nächsten Wirt. Die Wespenlarven ernähren sich als Ektoparasitoide.

In neuerer Zeit hat man die Grabwespenart *Cerceris fumipennis* eingesetzt, um die Ausbreitung des invasiven Asiatischen Eschenprachtkäfers zu überwachen. Diese Wespen parasitieren aber auch andere Prachtkäferarten (Buprestidae), zur Überwachung fängt man daher die mit Beute beladenen Wespenweibchen am Eingang ihrer unterirdischen Nester ab, um die jeweilige Prachtkäferart zu bestimmen.

Fliegenjäger
Die Kotwespe *(Mellinus arvensis)* trägt eine gelähmte Fliege in ihren unterirdischen Bau. Die Fliege wird als Nahrung für ihre Brut dienen. Es gibt fast für jede Insektenart eine parasitoide Wespenart.

FOKUS AUF

Zikadentöter

Mit Zikaden assoziieren wir lautes, durchdringendes Zirpen. Diese für uns Menschen hörbaren „Gesänge“ sind jedoch nur für die Familie der Singzikaden typisch. Manche Wespen haben sich als „Zikadentöter“ oder „Zikadenkiller“ auf Singzikaden spezialisiert. Sie gehören alle zur Familie Crabronidae und sind in weiten Teilen der Welt verbreitet. Am bekanntesten ist die Gattung *Sphecius* mit 21 Arten, 4 davon in Nordamerika; die Artenvielfalt ist jedoch von Nordafrika bis Zentralasien am größten. In Südamerika sind 11 *Liogorytes*-Arten heimisch, in Australien die Gattung *Exeirus* (nur 1 Art).

Nur wenige Zikadenkiller-Arten sind bisher untersucht worden; *Sphecius* und *Exeirus* verhalten sich allerdings ähnlich. Als typische Grabwespen legen die Weibchen im Boden Niströhren an, an deren Ende eine oder mehrere Zellen liegen, jeweils als Behausung für eine einzige Larve. Wenn das Nest fertig ist, macht sich das Weibchen auf Beutesuche. Dabei reagiert es auf die von den Zikaden erzeugten Schwingungen, während es Baumstämme und andere Sitzwarten erkundet, bis es schließlich auf eine Zikade stößt. Die Beute wird durch einen Stich gelähmt, dann transportiert die Wespe sie zum Nest. Zikadentöter können grundsätzlich mit derart sperrigen, schweren Lasten fliegen, müssen sie aber öfters streckenweise über den Boden schleifen. Jede Nistzelle erhält ein bis vier gelähmte Zikaden als Vorrat, die letzte wird mit einem Ei belegt. Die Wespe verschließt die Zelle anschließend mit dichtgepackter Erde und beginnt, Proviant für die nächste Zelle zu erjagen.

Fahndungsfoto
Das Gesicht einer „Zikadenkiller“-Wespe wird zwar von den beiden Komplexaugen dominiert, doch ihr Sehvermögen ist schlecht. Sie entdeckt ihre Beute meist durch Berührung, wenn sie im Geäst herumstöbert.

Mühsam
Der Transport einer gelähmten schweren Zikade ist nicht einfach, doch die Wespe hat mehrere Möglichkeiten: Sie kann mit ihrer Last fliegen, sie auf dem Baum weiter nach oben ziehen, um das Nest von dort im Gleitflug zu erreichen, oder die Beute über den Erdboden schleifen.

Zikadenmausoleum
Das unterirdische Nest einer „Zikadenkiller"-Wespe enthält mehrere Zellen – eine eigene für jede Larve. Um ein neues Weibchen aufzuziehen, reicht eine einzige Zikade nicht aus.

maßstabsgetreu

Zikadentöter sind zwar Solitärwespen, doch wenn der Untergrund geeignet ist, nisten mehrere *Sphecius*-Weibchen auch in enger Nachbarschaft, sodass der Eindruck einer Kolonie entsteht. Die Männchen besitzen keinen Wehrstachel, sind jedoch äußerst territorial: Sie lauern auf Sitzwarten am Rand von Nistplätzen und verjagen alle Eindringlinge.

Auch Zikadenkiller haben Probleme: Sei es, dass die Wespenweibchen, von Vögeln bedrängt, ihre Zikadenbeute fallen lassen; sei es, dass parasitische Fliegen am Nesteingang lauern und bei günstiger Gelegenheit ihre Maden absetzen – diese fressen den Zikadenvorrat auf, bevor die Wespenlarven so weit sind. Es kommt auch vor, dass Zikadenkiller-Weibchen die erbeuteten Zikaden der Nachbarin stehlen.

Hyperparasitoide

Stellen Sie sich vor, welchen langen, komplizierten Lauf die Evolution von Wespen genommen haben muss, die Parasitoide anderer Parasitoide sind. Wie kann es überhaupt dazu kommen? Da um potenzielle Wirte ein starker Wettbewerb herrscht, wäre es denkbar, dass sich einige Parasitoide herausgebildet haben, die ihre Konkurrenten innerhalb des gemeinsamen Primärwirts angreifen und schließlich zu spezialisierten Hyperparasiten werden. In anderen Fällen bleibt der Weg zum Hyperparasitismus im Dunkeln.

Fast in allen Familien der Mikro-Hymenoptera gibt es Hyperparasitoide: einige bei den Ichneumonidae, dazu bei allen Vertretern der Trigonalidae (17 insgesamt). Hyperparasitismus findet meistens in den subadulten Stadien des Primärwirts statt (z. B. Tag- und Nachtfaltern, Pflanzenwespen, Blatt-, Schild- und Schmierläusen sowie Verwandten). Einige Wespen sind obligate Hyperparasitoide, das heißt, sie können ihre Metamorphose nur als Parasitoide anderer Parasitoide vollenden. Andere sind fakultativ hyperparasitoid – sie können ihren Entwicklungszyklus als Parasitoid oder als Hyperparasitoid abschließen. Es gibt sogar Fälle von tertiärem Hyperparasitismus. Dabei greifen Hyperparasitoide sich gegenseitig an (eingeschlossen andere Artgenossen).

Parasitoid des Parasitoids
Eine Pteromalide, möglicherweise *Hypopteromalus tabacum*, sitzt auf Kokons von *Cotesia* sp., einer Brackwespe. Die Pteromalide wird ihr Ei in einen Kokon legen und die Larve sich auf der Vorpuppe der Cotesia entwickeln.

Perilampidae
Perilampiden-Weibchen legen große Mengen an Eiern auf Blätter. Die geschlüpften Larven müssen Insekten finden, die bereits von einer Fliegen- oder Wespenlarve parasitiert sind. Die Perilampiden-Larve befällt dann diesen Parasitoid.

Je nach Art können Hyperparasitoide als Endoparasitoide im Körperinneren des Wirtsparasitoiden leben oder sich als Ektoparasitoide von außen in den Wirt hineinfressen. Einige greifen den Wirt direkt an, indem das Weibchen sein Ei auf oder in den Wirtsparasitoiden legt; bei anderen legt das Weibchen sein Ei in den Primärwirt (den Wirt des Wirtsparasitoiden) und die Larve(n) muss den Wirtsparasitoiden selbstständig finden. Gelingt das nicht, so scheitert dieser indirekte Angriff vollständig.

Die Trigonalidae verfolgen eine Strategie, die scheinbar äußerst geringe Erfolgschancen hat. Das Weibchen legt Tausende winziger Eier auf Blätter, die später von Pflanzenwespenlarven oder Nachtfalterraupen gefressen werden. Die Wespeneier schlüpfen in der Afterraupe bzw. Raupe, doch die Larven entwickeln sich nicht weiter … es sei denn, just diese (After-)Raupe wird anschließend von einer Schlupfwespe (Ichneumonidae) oder Raupenfliege (Tachinidae) parasitiert, von einer Lehmwespe weggetragen oder von einer Sozialen Faltenwespe getötet. Aus diesem bizarren Schema scheren offenbar nur einige australische *Taeniogonalos*-Arten aus; sie können sich ohne Sekundärwirt in den Larven von Pflanzenwespen entwickeln.

Der Primärwirt kann zwar mehrere Trigonaliden-Eier aufnehmen, doch aus dem Sekundärwirt schlüpft nur eine einzige Trigonaliden-Imago. *Bareogonalos* ist eine Gattung, die auf Hornissen sowie Kurz- und Langkopfwespen als Sekundärwirt beschränkt ist, zu diesen gelangt der *Bareogonalos*-Hyperparasitoid nur in Form von zerkleinerten Schmetterlingsraupen oder Pflanzenwespenlarven. Damit der *Bareogonalos*-Entwicklungszyklus vollständig ablaufen kann, muss die Schmetterlingsraupe oder Pflanzenwespenlarve von einer Arbeiterin oder Wespenkönigin getötet, zerkaut und anschließend an die Larven im Nest verfüttert werden. Die Trigonaliden-Larve wird zum Parasitoid der Hornissen- oder Wespenlarve. Die adulten Trigonaliden schlüpfen aus der Puppe des Wirts.

Gäste, Diebe, Mörder

Kennen Sie das – ein Gast, der zu lange bleibt, den Kühlschrank leer räumt und auch ansonsten eher zur Last wird? Willkommen in der Welt der Einmieter, die, je nach Typ, mehr oder weniger feindselig sind.

Wohngemeinschaft in einer Pflanzengalle
Nicht nur die Gallwespe lebt in ihrer Galle, sondern auch etliche „Einmieter" (Inquiline), darunter auch andere Wespen. Meistens sind die Einmieter harmlos, doch manchmal töten sie den Wirt und werden de facto zu Parasitoiden.

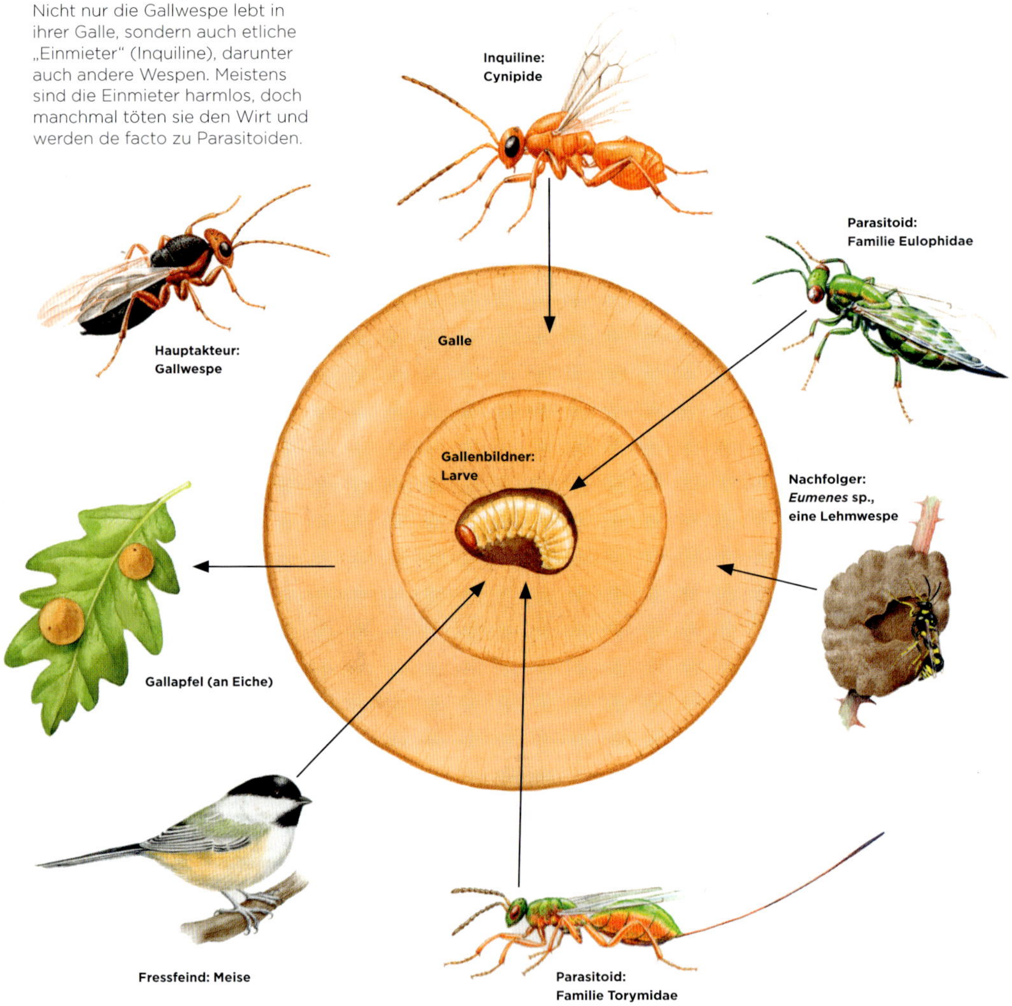

Kleptoparasitoid
Stizoides renicinctus, eine Crabronide aus den USA, öffnet die Nester von Grabwespen und legt dort ihre Eier. Die geschlüpften Larven fressen die gelähmten Insekten, die eigentlich als Nahrungsvorrat für die Larven des rechtmäßigen Bewohners gedacht waren.

Inquiline sind „Gäste“ oder „Einmieter“ in Unterkünften anderer Organismen – Schnorrer, die dem Wirt nicht nützen und auch nicht (massiv) schaden. Bei den Wespen lässt sich diese Lebensweise exemplarisch an den Mitbewohnern der Gallwespen (Cynipidae) beobachten. Im Gallwespen-Tribus Synergini gibt es 186 inquiline Arten, auch bei den Figitidae kommen inquiline Arten vor. Bei einer nordamerikanischen Rosengallwespe *(Diplolepis nodulosa)* wird die Galle bei Besiedlung durch *Periclistus pirata* dreimal so groß wie im Normalfall und enthält bis zu 17 Zusatzkammern, in denen jeweils eine *Periclistus*-Larve lebt. Inquiline im engeren Sinn leben nur in den äußeren Bereichen der Galle. Zu den Organismen, die in derselben Kammer wie die Gallwespe leben, gehören auch „Mörder“, die ihren Wirt umbringen, um dessen Nahrungskonkurrenz auszuschalten.

Kleptoparasitoide töten die Wirtslarve durch Aushungern oder bringen sie gänzlich um. Kleptoparasitoide sind im Insektenreich das, was bei Vögeln der Kuckuck ist. Bei vielen Goldwespen (Chrysididae) ist diese Lebensweise verbreitet, ferner bei Keulenwespen (Sapygidae), den meisten Ameisenwespen (Mutillidae), einigen Wegwespen (Pompilidae: Ceropalinae und Gattung *Evagetes*) sowie einigen Crabroniden (Crabronidae: Tribus Nyssonini und Gattung *Stizoides*). Das adulte Weibchen legt ein Ei ins Nest des Wirts (oder zerstört vorher noch dessen Ei) und fliegt weiter. Wenn keine Wirtslarve im Nest ist, fressen die Kleptoparasitoiden-Larven die bereits angelegten Vorräte auf. Ist die Wirtslarve vorhanden, so hungern sie diese aus oder bringen sie (direkt) um und machen sich über die Vorräte her.

Bei bestimmten Arten der Sozialen Faltenwespen tritt eine besondere Form von Parasitismus auf: Es gibt Arten, im Deutschen als Kuckuckswespen bezeichnet, die das Nest übernehmen und ihre Brut von dessen Arbeiterinnen aufziehen lassen – ein Fall von sogenanntem Brut- oder Sozialparasitismus. Die Heide-Feldwespe *(Polistes nimpha)* kann eigenständige Kolonien gründen, oder ein Weibchen deponiert seine Eier heimlich in einer Kolonie der Haus-Feldwespe *(P. dominula)*. Auffällig sind die morphologischen Anpassungen (größerer Kopf, kräftigere Mandibeln und Vorderbeine) bei obligaten Sozialparasiten wie *P. sulcifer*, *P. semenowi* und *P. atrimandibularis*. Bei den Kurz- und Langkopfwespen sind 5 Arten obligate Sozialparasiten, die keine eigene Arbeiterkaste ausbilden. Die eindringende Königin bringt die „amtierende“ Königin um und zwingt die Arbeiterinnen, ihre eigenen Nachkommen aufzuziehen.

Sozial lebende Wespen

Echte Wespen und Feldwespen sind staatenbildende (eusoziale) Wespen, die wir im Deutschen zusammenfassend als Soziale Faltenwespen bezeichnen. Diese Wespen sind nicht sonderlich beliebt, was daran liegt, dass sie stechen und sich sehr erfolgreich an unsere Lebensweise angepasst haben. Im Sommer fallen sie bei Mahlzeiten im Freien lästig, zudem bauen sie ihre Nester an und in unseren Häusern.

Auf Wache
Eine Hornissen-Arbeiterin *(Vespa crabro)* sichert den Eingang ihres Nests. Bei den Sozialen Faltenwespen übernehmen die Arbeiterinnen viele Funktionen in der Kolonie.

Eine Wespenkolonie ist ein matriarchales Unternehmen und wird von einem einzigen sich fortpflanzenden Weibchen durch Aggression regiert; dies verhindert, dass sich die Eierstöcke von untergeordneten Weibchen entwickeln. Bei Ameisen und staatenbildenden Bienen regiert die Königin dagegen mithilfe von Pheromonen, auf die die Arbeiterinnen reagieren. Wespenkolonien variieren je nach Spezies und Umweltbedingungen in der Größe. Die Kolonien der Stenogastrinae und Polistinae sind normalerweise klein, wogegen die Staaten von Kurz- und Langkopfwesen in milden Regionen – dort können sie mehrjährige Kolonien bilden – viele Tausend Tiere zählen können. Alle sozialen Faltenwespen sind räuberisch, zumindest zeitweise, und verfüttern tierisches Eiweiß an ihre Larven. Die Fütterung erfolgt jedoch nicht nur einseitig: Die Larven bilden eine nahrhafte Flüssigkeit, die von den Adulttieren eifrig aufgeleckt wird. Dieser Nahrungsaustausch (Trophallaxis) trägt dazu bei, die Bindung unter den Adulten sowie zwischen Adulten und Larven der Kolonie zu stärken.

Die Nester der meisten Sozialen Faltenwespen werden aus trockenem Pflanzenmaterial hergestellt. Zerkaut und mit ihrem Speichel vermischt entsteht eine Art Papier, das je nach Spezies variiert. Die adulten Wespen verteidigen ihr Nest, dessen Waben mit Eiern und Larven besetzt sind, vehement gegen jegliche Bedrohung. Diese Verteidigungsbereitschaft können sich andere Tiere zunutze machen. So bauen Stirnvögel (*Psarocolius* spp., Neotropis) ihre Hängenester oft in Bäumen, die Kolonien Sozialer Faltenwespen beherbergen. Die Wespen tragen zum Schutz der Vögel vor Fressfeinden und Ektoparasiten bei.

Neben Beutejagd, Nahrungsaustausch, Larvenpflege sowie Verteidigung und Vergrößerung des Nests gibt es weitere wichtige Aufgaben in der Kolonie: Manche Arbeiterinnen fächeln mit den Flügeln, um das Nest zu kühlen, andere müssen nach einem Regenguss das Wasser Tropfen für Tropfen entfernen. Die Zellen müssen gesäubert, ab- oder neu aufgebaut werden, während in freien Zellen vielleicht Nektar gespeichert wird. Generell existiert eine gewisse Art von Arbeitsteilung, meist nach Alter: Jüngere Adulttiere sind eher mit den „häuslichen" Aufgaben beschäftigt, während die älteren Arbeiterinnen gefährlichere Aufgaben wie Nahrungserwerb übernehmen. Die Männchen, die wie die jungen Königinnen im Lebenszyklus der Kolonie nur einmal erzeugt werden, haben nur eine Aufgabe: Sie müssen sich mit fortpflanzungsfähigen Weibchen paaren, und zwar möglichst von einer anderen Kolonie.

Prädatoren
Soziale Faltenwespen, hier eine Arbeiterin der Haus-Feldwespe *(Polistes dominula)*, lagern keinen Beutevorrat in Form von gelähmten Wirtsorganismen ein. Stattdessen jagen, töten und zerkauen sie ihre Beute und verfüttern sie direkt an die Larven im Nest.

FOKUS AUF

Nachtaktive Wespen

Wir erwarten, dass Wespen sich in ihr Nest zurückziehen, wenn die Sonne untergeht. Tatsächlich gibt es aber auch Wespenarten, die nachtaktiv sind und die wir deshalb oft gar nicht wahrnehmen. Diese Wespen haben sich aufgrund verschiedenster Faktoren speziell an das Nachtleben angepasst.

Die Komplexaugen sind grundsätzlich anders gebaut als diejenigen der tagaktiven Insekten. Die Ommatidien verstärken das einfallende Licht üblicherweise mit größeren Linsen und breiteren Rhabdomeren. Zudem sind die drei Ocellen auf der Stirn des Insekts stark vergrößert, damit es sich besser am Horizont orientieren kann.

Eine nachtaktive Lebensweise erlaubt vielen wechselwarmen (ektothermen) Tieren, mit extremer Hitze zurechtzukommen. Kein Wunder, dass viele wüstenlebende Wespen erst nach der Abenddämmerung auftauchen, wenn die Temperaturen gefallen sind. Dies trifft besonders auf Ameisenwespen (Mutillidae) zu: Die meisten sind zumindest dämmerungsaktiv; viele sind sogar ausschließlich nachtaktiv. Auch bei den Chyphotidae und Rhopalosomatidae (Verwandten der Mutillidae) gibt es nachtaktive Arten.

Ein weiterer Grund für Nachtaktivität liegt darin, dass die Wirtsorganismen etlicher Parasitoide zu dieser Zeit besonders angreifbar sind. Insbesondere viele Schmetterlingsraupen fressen nachts im Freien, und so sind einige Brackwespen (Braconidae) und Schlupfwespen (Ichneumonidae), die es auf sie abgesehen haben, rein nachtaktiv.

Apoica pallens, eine Feldwespe, wird lokal als „Mondwespe" bezeichnet, da sie bei Vollmond am aktivsten ist. Diese soziale Art lebt, so wie zehn weitere Arten der Gattung, in den Tropenregionen von Zentral- und Südamerika. Bei der nächtlichen Nahrungssuche verlassen Hunderte von Wespen das Nest explosionsartig, kehren dann rasch zurück und fliegen anschließend eher wahllos wieder davon.

Die drei Arten der Gattung *Provespa* sind nachtaktiv und leben in den Regenwäldern Südostasiens. Wie bei *Apoica* werden neue Staaten durch Massenemigration aus dem bestehenden Nest gebildet, ähnlich wie bei Honigbienen.

Diese Wespen werden, ebenso wie die Hornisse *(Vespa crabro),* nachts durch künstliches Licht angezogen. Hornissen besitzen keine speziellen Anpassungen ans Nachtsehen, haben aufgrund ihrer Körpergröße aber möglicherweise größere Augen.

Verteidigung bei Tag
Tagsüber schützen *Apoica pallens*-Individuen ihr Nest, indem sie sich so anordnen, dass sie mit den Körpern einen lebenden Schutzwall über der gefährdeten Brut (Eier, Larven, Puppen) bilden. Bei Sonnenuntergang verlassen die Wespen das Nest explosionsartig und gehen auf Beutefang.

7

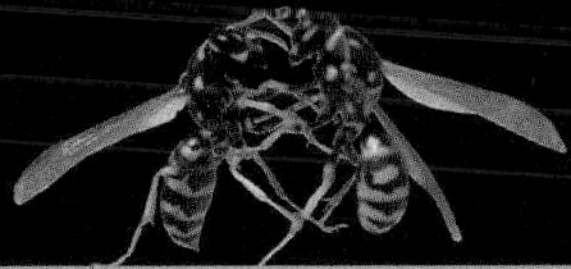

Verhalten
Komplexe Instinkte

Raffinierte Anpassungen

Der Erfolg von Verhaltensanpassungen entscheidet über das Überleben des Individuums und der Art. Wespen haben erstaunliche, komplexe Strategien entwickelt, um ihre Gene sicher an die nächste Generation weiterzugeben. Instinkte sind übrigens gar nicht so unflexibel und vielleicht weniger starr als unsere Vorurteile gegenüber Wespen.

Wespenweibchen haben vor allem ein Ziel: einen Wirt für ihren Nachwuchs zu finden. Manche Arten sind Generalisten und akzeptieren verschiedene Wirte, andere sind auf nur eine einzige Wirtsart spezialisiert. In jedem Fall muss das Weibchen seine Eier so platzieren, dass ein Erfolg garantiert ist; auf spätere Bedrohungen wie Raubfeinde, andere Parasitoide oder Krankheiten hat es wenig Einfluss. Dabei agiert es allein oder, im Fall der Sozialen Faltenwespen, lässt sich von seinen Töchtern bei der Aufzucht des jüngeren Nachwuchses helfen. Manche Weibchen betreiben erstaunlich viel Brutpflege, sogar „Single-Mütter".

Alle Wespen müssen zudem essen, um die für Bewegung notwendige Energie zu generieren. Das Fliegen verlangt viel Energie, ebenso die Flucht vor einem Feind oder das Verfolgen von Beute. Blütennektar ist für viele Wespenarten der beliebteste Treibstoff, doch es gibt noch mehr Möglichkeiten, etwa zuckerhaltige Ausscheidungen anderer Insekten oder Pflanzensäfte. Soziale Faltenwespen haben zudem gelernt, dass auch unsere süßen Getränke Energie liefern.

Wespenmännchen sind nur darauf aus, eine möglichst noch unbegattete Partnerin zu finden. Es herrscht starke Konkurrenz, und die Männchen begegnen dem auf unterschiedlichste Weise. Manche sind territorial und vertreiben andere Interessenten; andere bilden mit den Mitbewerbern phasenweise eine Ansammlung, die von Weibchen schnell registriert wird. Manche streben in die Höhe, und in manchen Fällen verhalten sich Männchen wie Weibchen, um ihre Rivalen zu täuschen.

Adulte Wespen müssen sich und ihren Nachwuchs zudem pflegen, die Körpertemperatur optimal regulieren und sich selbst und ihr Nest gegen Gefahren verteidigen. Thermoregulation ist die Kunst, eine angenehme Körpertemperatur zu halten. Schlafverhalten bringen wir nicht unbedingt mit Insekten in Verbindung, doch auch Wespen brauchen Ruhe. Manchmal schlafen sie allein, manchmal gemeinsam. Der Abwehr von Begegnungen mit potenziellen Feinden kann sogar mit akustischen Signalen erfolgen, die diese alarmieren und anzeigen, dass sich das Tier verteidigen kann.

Der Gipfel der Verhaltenskomplexität bei den Wespen liegt wohl in der Konstruktion von Nestern, selbst gebauten „Festungen" für Eier, Larven- und Puppenstadien. Soziale Faltenwespen bauen komplexe, oft sehr große Nester. Doch auch Solitärwespen können gut Brutpflege betreiben. Tatsächlich fallen die Nester von Wespen oft mehr ins Auge als die Insekten selbst, und sie sind hochinteressant.

Erfolgreiche Jagd
Ein Grabwespenweibchen der Gattung *Sphex* fliegt mit einer gelähmten Langfühlerschreckennymphe zu ihrem Bau zurück. Die solitären parasitoiden Stechwespen sind meist auf einen bestimmten Wirt spezialisiert.

Die Suche nach dem Wirt

Wespen sehen nicht allzu gut, doch bei der Suche nach Wirten machen sie das mehr als wett, indem sie sich an chemischen und taktilen Stimuli orientieren.

Am seidenen Faden
Die Raupe hat sich beim Herannahen der weiblichen Schlupfwespe an einem Seidenfaden fallen gelassen. Die Wespe jedoch ist den Faden hinabgeklettert und schickt sich an, ein Ei in der Raupe abzulegen. Ihre Larve wird als Endoparasitoid leben.

Pflanzen verraten durch flüchtige Substanzen ihre Identität. Weibliche Pflanzenwespen erkennen so ihre Wirtspflanzen. Es mehren sich die Belege dafür, dass auch Insektenlarven chemischen Hinweisen folgen und eine andere Pflanze oder einen anderen Wirt aufsuchen. Eine Studie an der Pflanzenwespe *Mesoneura rufonota,* einem Schädling von Kampferbäumen, stützt diese Theorie.

Ein Duft vermittelt viele Informationen. Pflanzendüfte locken auch manche Parasitoide zu ihren Insektenwirten. Das Weibchen der Schlupfwespe *Itoplectis conquisitor* befällt Raupen, die nur auf Waldkiefern anzutreffen sind, und reagiert darum auf den Duft dieser Baumart. Der Geruch von Blattkohlarten lockt die parasitoide Wespe *Diaeretiella rapae* an, deren Wirte Blattläuse sind. Frisch verletzte Pflanzen setzen spezifische Botenstoffe (Semiochemikalien) frei, die Parasitoide auf ihre Wirte hinweisen.

Ei-Parasitoide betasten oft ein Ei mit den Antennen und prüfen es auf Eignung. Andere reiten auf einem Weibchen der Wirtsart mit (Phoresie), bis dieses seine Eier legt. Manche Ei- und Puppen-Parasitoide geben einen Duft ab, der konkurrierende Parasitoide vom Eindringen in dieselbe Nahrungsquelle abhalten soll.

Bluthunde sind gar nichts gegen Wespen wie die Brackwespe *Cardiochiles nigriceps,* die die Spuren vom Speichel ihrer Wirtsraupen erriecht. Wieder andere Parasitoide verfolgen ihre Wirte anhand von Spuren in Insektenkot oder (bei Raupen) an Seidenfäden.

Manche Parasitoide verlassen sich auf ihre Augen, um Wirte zu finden. Der Bienenwolf und andere Wespen der Gattung *Philanthus* suchen über Blüten fliegend gezielt nach Bienen. Grabwespen der Gattung *Chalybion* entdecken die Netze ihrer Spinnenwirte, landen darauf und zupfen heftig daran, um ein gefangenes Insekt zu imitieren. So locken sie die Spinne ins Verderben. Lehmwespen (Vespidae: Eumeninae), die auf verborgen lebende Raupen spezialisiert sind, erkennen die von diesen aufgerollten oder gefalteten Blätter. An ihnen warten sie, bis sich ihr Wirt an einer Öffnung zeigt, und befallen ihn dann.

Goldwespen der Gattungen *Pseudolopyga, Holopyga, Pseudomalus* und *Omalus* gehen nicht etwa ihre Stechwespen-Wirte in deren Nestern an, sondern legen ihre Eier in Schnabelkerfe, auf die es die Stechwespen abgesehen haben. Nur wenn die befallenen Schnabelkerfe als Beute im Nest der Wirte landen, können die kleptoparasitischen Nachkommen der Goldwespen überleben.

Soziale Faltenwespen nutzen erfolgreich visuelle und chemische Hinweise, um Beute oder Aas zu finden.

Mumienmacher
Ein Weibchen der Brackwespe *Aphidius ervi* (oben) legt ein Ei in eine Schwarze Bohnenlaus. Ihre Larve wird deren Körper ausfressen und schließlich als Adulttier aus dieser „Blattlausmumie“ schlüpfen.

Hartnäckig
Die langen Haare dieser indischen Raupe (unten) sollen Parasitoide abschrecken, doch eine Schlupfwespe legt unbeirrt ein Ei in ihr ab.

FOKUS AUF

Thermoregulation

Der Körper der Wespen funktioniert nur in einem schmalen Temperaturbereich optimal. Die Tiere haben geniale Methoden, um mit großer Hitze oder Kälte umzugehen. Heute weiß man, dass sie den Elementen weit weniger hilflos ausgesetzt sind als bislang gedacht.

Nässe und Hitze
Eine Feldwespe (*Polistes* spp.) hat nach einem Regenschauer einen Wassertropfen vom Nest entfernt. Bei drohender Überhitzung wird das Nest oft durch herbeigeschaffte Wassertropfen gekühlt.

Palast aus Papier
Die mehrschichtige Papierhülle (rechts) am Nest dieser sozialen Faltenwespen schützt die zarten Insassen vor der Kälte in ihrem nördlichen Verbreitungsgebiet.

Hitzeschild
Die kurzen, reflektierenden silbrigen Haare dieses Weibchens der Sandwespe *Ammophila ferrugineipes* (rechts unten) schützt es in der Wüste Südafrikas vor der Sonnenhitze, während es sein Nest gräbt und Raupen erbeutet.

Wespenarten, die in Wüsten und anderen heißen Regionen leben, zeigen oft einen angepassten Körperbau. Oft ist ihr Körper hell und/oder mit reflektierenden, silbrigen oder goldenen Haaren oder Schuppen bedeckt. Wo der Körperbau an Grenzen stößt, setzen Verhaltensstrategien an. Die Tiere meiden Verbrennungen, indem sie auf „Zehenspitzen" stehen oder leicht erhöht auf Vegetation lauern, wo es kühler ist. Manchmal ist es unter der Erde angenehmer: Manche Wespen graben sich im Sand ein, um der Hitze zu entkommen. Erstaunlich viele Arten sind zudem nachtaktiv.

Die Larven der australischen Pflanzenwespe *Perga dorsalis* nehmen eine „Obelisken-Haltung" ein, wenn es zu heiß wird. Mittags recken sie ihren Körper steil empor, um sich möglichst wenig der Sonne auszusetzen. Wird es noch heißer, benetzen die Larven ihren Bauch mit Exkrementen, die durch Verdunstung kühlend wirken.

Manche Wespen bleiben an kalten, bedeckten Tagen inaktiv, doch auch morgens kann es recht kühl sein. Zittern der Flugmuskulatur kann die Körpertemperatur über die der Umgebung heben, die Tiere sind dann quasi „warmblütig". Viele Wespen nehmen morgens erst einmal ein Sonnenbad und wärmen sich gleichzeitig am Untergrund und an der erwärmten Luft.

Das Klima im Nest regulieren Wespen sowohl durch bauliche Maßnahmen als auch durch bestimmte Verhaltensweisen. Soziale Faltenwespen konstruieren Nester mit Waben und einer mehrschichtigen Hülle aus Papier, die gut isoliert. Die Eingangsöffnung ist klein und befindet sich an der Unterseite, sodass wenig Wärme verloren geht. Zum kühleren Beginn der Saison ist der Eingang manchmal sogar zur Röhre verlängert, was den Wärmeverlust vielleicht noch mehr mindert. Die frei liegenden Waben der überwiegend in den Tropen lebenden Feldwespenarten brauchen Kühlung; die Adulttiere fächeln zu diesem Zweck Luft mit den Flügeln darüber. Genügt das nicht, holen sie Wasser herbei, um das Nest durch Verdunstung zu kühlen.

Nahrung als Treibstoff

Adulte Wespen brauchen energiereiche Nahrung, um ihr Arbeitstempo zu halten. Wie menschliche Athleten sind sie auf Kohlenhydrate aus, und diese finden sie in unterschiedlichen Quellen.

An der Tränke
Die meisten Wespen müssen Wasser trinken, besonders Soziale Faltenwespen wie diese Feldwespe der Gattung *Polistes*, die Speichel bilden müssen, um Holzbrei für ihre Papiernester herzustellen.

Blütennektar ist ein energiereicher Treibstoff, daher sind Wespen häufige Blütenbesucher. Sie bevorzugen Korb- und Doldenblütler sowie Blütentrauben, die viele Einzelblüten bei guter Sicht bieten, sodass mögliche Fressfeinde oder Parasitoide entdeckt werden können. Nur wenige Wespen dringen tief in Röhrenblüten vor.

Viele Pflanzen bieten nicht nur in ihren Blüten Nektar. Extraflorale Nektarien (Saftdrüsen) können an unterschiedlichsten Pflanzenteilen sitzen, wie an Deckblättern, Blattstielen oder Stängeln. Selbst wenn also eine Pflanze nicht blüht, kann sie für Wespen attraktive Substanzen bilden. Mit dieser Taktik lockt die Pflanze Helfer im Kampf gegen Schädlinge an.

Bei Verletzungen einer Pflanze austretender Saft fermentiert rasch und lockt viele Insekten an, auch Wespen. Im Südwesten der USA ist dieses Phänomen bei Korbblütlern der Gattung *Baccharis* bekannt. Manche Weg- und Grabwespen sowie weitere Wespenarten versammeln sich an den „blutenden" Sträuchern. Manche Wespen werden auch selbst aktiv: Die Europäische Hornisse *(Vespa crabro)* etwa „ringelt" Zweige von Sträuchern und Bäumen, um an deren Saft zu kommen.

Honigtau nennt man die zuckerhaltigen Ausscheidungen von Blatt- und Schildläusen sowie anderen Schnabelkerfen, die Pflanzensäfte saugen. Die Insekten müssen große Mengen des nährstoffarmen Saftes aufnehmen und scheiden daher auch sehr viel aus. Wespen, Bienen, Fliegen, Käfer, Nacht- und Tagfalter und andere nutzen diese Ausscheidungen. Manche Ameisenarten verteidigen „eigene" Blattlauskolonien gegen andere Nutzer des Honigtaus. Dieser ist eine wichtige Nahrungsquelle, wenn es wenige Blüten gibt, besonders im Spätherbst.

Nahrungsmangel hat oft grausige Folgen. Viele soziale Faltenwespen, etwa die Feldwespe *Apoica pallens,* fressen ihre eigenen Eier, Larven oder Puppen. Dies ernährt die adulten Exemplare und reduziert die Zahl der Larven, die diese versorgen müssen.

Echte Wespen (Hornissen, Kurz- und Langkopfwespen) töten nicht selten Bienen, um an deren Honigvorräte zu gelangen. Andere adulte Wespen fressen auch Wirbellose. Echte Blattwespen der Gattung *Tenthredo* etwa fressen als Larven Pflanzen, leben als Adulttiere aber räuberisch. Wegwespen fressen oft selbst an erbeuteten Spinnen, bevor sie diese als Nahrung für ihre Larven verstauen; solche des Tribus Ageniellini trennen Spinnen oft die Beine ab, um deren Transport zu erleichtern, und nehmen die austretende Körperflüssigkeit auf. Die winzigen Wespen der Gattung *Mantibaria* (Unterfamilie Scelioninae) leben als Blut saugende Ektoparasiten auf großen Fangschrecken; legt das Fangschreckenweibchen Eier ab, parasitieren die Weibchen diese.

Kleine Stärkung
Viele parasitoide Stechwespen wie diese Wegwespe der Gattung *Auplopus* nehmen Körperflüssigkeit von Beute auf, die ihren Larven als Nahrung dienen soll.

Süße Sache
Eine weibliche Lehmwespe der Gattung *Delta* sucht in einer Knospe nach Nektar. Viele Pflanzen bieten über Nektarien (Saftdrüsen) auch abseits der Blüten Nektar

FOKUS AUF

Elterliche Fürsorge

Die Mutterinstinkte von Wespen rangieren von praktisch nicht vorhanden bis zur Betreuung rund um die Uhr. Väter spielen, abgesehen von der Besamung der Weibchen, praktisch keine Rolle.

Beschützerin
Dieses Weibchen der australischen Pflanzenwespe *Pseudoperga lewisii* bewacht seine frisch geschlüpften Larven. Solche elterliche Fürsorge ist unter Solitärwespen selten.

Sogar Pflanzenwespen beschützen ihre Brut. Bislang sind ganze zehn Gattungen aus den Familien Argidae, Pergidae, Diprionidae und Tenthredinidae bekannt, bei denen die Weibchen ihre Eier und Larven bewachen. Die Warnfärbung von Weibchen der Arten *Themos olfersii* und *Dielocerus diasi* (Familie Argidae) aus Brasilien etwa hilft, Feinde abzuschrecken. *T. olfersii* sitzt über ihrem Gelege auf einem Blatt, *D. diasi* am Ansatz eines Blattes, auf dem ihre Eier verteilt sind. Nähert sich eine Ameise, ein Eiparasitoid oder ein anderer Feind, nimmt sie eine Drohstellung ein, summt mit den Flügeln, schießt hervor, beißt oder schirmt die Eier ab.

Unter den parasitoiden Stechwespen beschützen viele Arten der Familie Bethylidae ihre Nachkommen. *Sclerodermus harmandi* ist ein Parasitoid von Holz bohrenden Käferlarven der asiatischen Art *Monochamus alternatus*. Die Wespenweibchen bewachen ihr kleines Gelege, bis die Larven schlüpfen. Weibchen der mexikanischen Art *Prosierola bicarinata* bewachen sogar die Puppen.

Die Weibchen mancher Grabwespenarten der Gattungen *Bembix*, *Stictia* und *Rubrica* liefern ihren Larven nach Bedarf Nachschub an Nahrung. Ein einzelnes Tier versorgt nicht nur mehrere Brutzellen pro Nest, sondern oft mehrere Niströhren. Die Mutter passt die gelieferte Beute dem Entwicklungsstadium der Larven an. Da sie das Nest öfter anfliegt als Arten, die einmalig einen Nahrungsvorrat anlegen, kann sie Parasitoide und Inquilinen besser entdecken. Weibchen der großen australischen Lehmwespen der Gattung *Abispa* versorgen jeweils eine Larve in einer Brutzelle, die sie vehement verteidigen. Gelähmte Raupen werden eine Zeit lang fortlaufend eingetragen, bis die Wespe die Brutzelle verschließt und daneben die nächste baut.

Bei den Sozialen Faltenwespen sorgen Töchter der Königin für ihre jüngeren Geschwister. Dieser ständige Service sichert eine große Individuenzahl. Für mindestens drei *Polistes*-Arten und insgesamt zehn Arten der Vespidae ist dokumentiert, dass auch Männchen ihre Larven-Schwestern füttern.

Schwadron
Weibchen der Lehmwespengattung *Bembix* (unten) bringen Fliegen zu ihren Larven. Sie sind solitär und graben jeweils eigene Brutröhren, nisten aber oft nahe beieinander in Dünen, an Stränden und in anderen sandigen Habitaten.

Nach Bedarf
Weibchen der Gattung *Bembix* (rechts) versorgen ihre Larven fortlaufend mit Fliegen als Nahrung, statt einmalig einen Vorrat anzulegen. Ebenso verfahren manche Grabwespen der Gattung *Pemphredon*, die Blattläuse erbeuten.

Akustisches Verhalten

Wespen nutzen akustische Effekte, auch Vibrationen, für unterschiedliche Zwecke. Akustische Signale dienen dem Auffinden von Wirten, der Partnerwerbung, der Verteidigung des Einzeltiers oder des Volkes, als Zeichen der Dominanz und zum Auffinden von Nahrung.

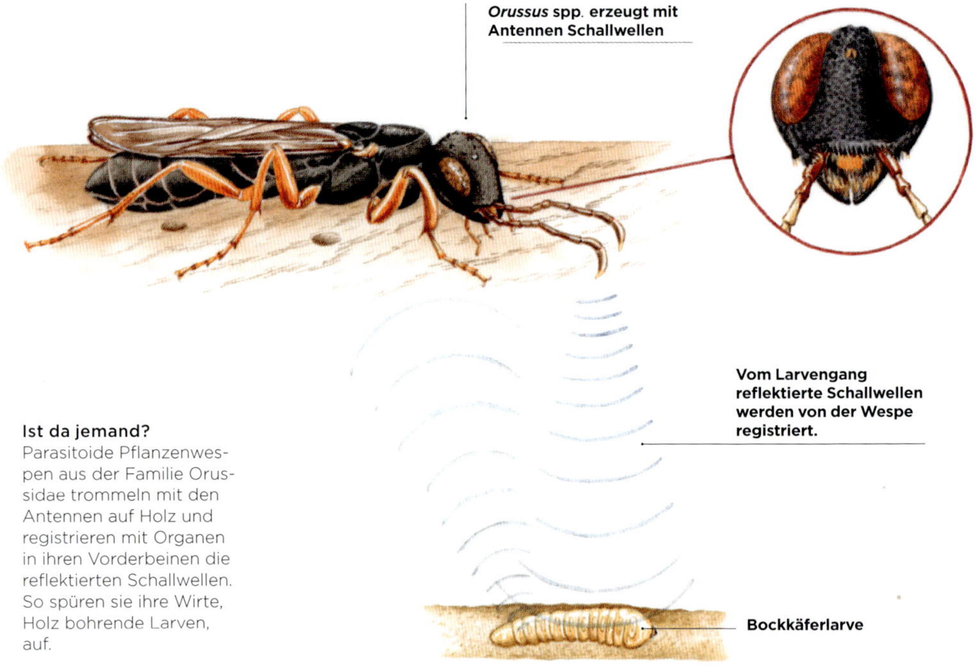

Ist da jemand?
Parasitoide Pflanzenwespen aus der Familie Orussidae trommeln mit den Antennen auf Holz und registrieren mit Organen in ihren Vorderbeinen die reflektierten Schallwellen. So spüren sie ihre Wirte, Holz bohrende Larven, auf.

Parasitoide Wespen, die auf verborgen lebende Wirte spezialisiert sind, müssen diese zunächst einmal finden, und das meist in einem dichten Substrat. Viele Arten nutzen dazu Vibrationen, ähnlich der Echoortung bei Fledermäusen. Weibchen der Gattung *Orussus* trommeln mit ihren modifizierten Antennen auf Holz und erzeugen so Schallwellen. Erschütterungssensoren (Subgenualorgane) an ihren Vorderbeinen registrieren die reflektierten Schallwellen. Unregelmäßigkeiten können auf eine Lücke hinweisen, etwa den Fraßgang eines Wirts, oder auf den Wirt selbst. Viele Schlupfwespen gehen ähnlich vor.

Viele Männchen parasitoider Wespen schlagen bei der Werbung mit den Flügeln. So gelangen Pheromone zum Weibchen, und das erzeugte Geräusch wirkt „betörend“. So demonstrieren die Männchen ihre Fitness. Weibchen der Brackwespe *Lysiphlebus testaceipes* ziehen höherfrequente Flügelschläge mit größerer Amplitude vor. Das „Lied“ von *Glyptapanteles flavicoxis,* auch sie eine Brackwespe, ist komplexer: Summendes Flügelschlagen mit geringerer Amplitude wechselt mit hochfrequenten, intensiveren Phasen.

Viele Wespen erzeugen ein Summen mit der Flugmuskulatur. Das verbraucht viel Energie und erhöht die Körpertemperatur, kann aber z. B. beim Graben in festem Boden helfen. Die Grabwespe *Sphecius speciosus* wehrt so wohl wirbellose Raubfeinde, aber auch konkurrierende Artgenossinnen vom Nest ab. Weibchen der Sozialen Faltenwespe *Parischnogaster nigricans* setzen solches Summen als Drohgebärde ein, um ihre soziale Dominanz zu wahren. Weibchen der primitiv sozialen Faltenwespe *Eustenogaster calyptodoma* (Unterfamilie Stenogastrinae) reiben ihren Hinterleib rasselnd gegen ihr Nest, um es gegen „feindliche Übernahmen" durch fremde Weibchen zu verteidigen.

Ameisenwespen (Mutillidae) erzeugen bei Gefahr durch Stridulation Töne (siehe S. 82). Das Aneinanderreiben von Hinterleibssegmenten braucht weniger Energie als Flügelsummen und ist dennoch gut hörbar. Bei mindestens zwei Arten von chilenischen „Panda-Ameisen" (Ameisenwespen), *Euspinolia chilensis* und *E. militaris*, hat dieser Laut auch eine Ultraschallkomponente. Dies könnte der Abwehr von feindlichen Nagern dienen.

Die Lauterzeugung beschränkt sich nicht auf Adulttiere. Die Larven vieler Sozialer Faltenwespen kratzen mit den Kiefern an den Wänden ihrer Brutzellen, um Nahrung zu fordern. Feldwespen der Gattung *Polistes* trommeln mit ihren Antennen an Brutzellen, um die Larve darin auf die anstehende Fütterung hinzuweisen.

Notruf
Die meisten Ameisenwespen, wie dieses Weibchen von *Euspinolia militaris* aus Chile, quietschen bei Bedrohung hörbar. Bei dieser Art kommt sogar noch eine Ultraschallkomponente hinzu.

IM PORTRÄT

Kriegerische Wespen

Synoeca spp.

Die sechs Arten der Feldwespengattung *Synoeca* gelten als ungeheuer wehrhaft, und diese Formulierung ist noch stark untertrieben. Allerdings warnen sie auch deutlich, bevor sie zustechen. Sie sind bekannt für kunstvolle Nester und furchterregendes Drohverhalten.

Zum Angriff!
Tropische Lebensräume sind voller Gefahren, daher haben die Feldwespen der Gattung *Synoeca* beeindruckende Verteidigungsstrategien entwickelt. Auf warnendes Summen folgt rasch der Angriff.

Die Art *Synoeca ilheensis* wurde erst 2017 beschrieben, doch ihre Gattungsgenossinnen sind seit Ende des 18. Jahrhunderts bekannt. Ihr Verbreitungsgebiet reicht von Südmexiko bis Argentinien. Sie bauen ein einstöckiges Wabennest, das von einer gerippten Papierhülle umgeben ist; diese erinnert in ihrer Form an ein Gürteltier. Das Nest wird flach an einen glatten Baumstamm oder Ast gebaut.

Die schlanken, blauschwarzen Insekten mit den schwarzen Flügeln sind durchaus attraktiv, wenn man sich nahe genug heranwagt, um ihre Schönheit zu würdigen. Das größte gefundene Nest von *Synoeca septentrionalis* umfasste ein Volk von mehr als 860 Adulttieren und mehr als 1400 Brutzellen. *Synoeca*-Völker haben mehrere Königinnen; ein Nest kann bis zu 16 Jahre bestehen. Neue Völker werden von ausschwärmenden Tieren bestehender Völker gegründet.

Gattung *Synoeca*

ARTEN	6
VERBREITUNG	Südmexiko bis Argentinien
GRÖSSE	ca. 25 mm
ERSTAUNLICH	*Synoeca ilheensis* erst 2017 entdeckt

Es ist eigentlich nicht zu überhören, wenn man sich in der Nähe eines *Synoeca*-Nestes befindet. Bei nahender Gefahr trommeln die Tiere zunächst laut und synchron von innen an die Nesthülle. Zeigt dies keine Wirkung, werden sie deutlicher und verteilen sich, weiterhin trommelnd, auf deren Außenseite. Kurz darauf gehen sie zum Angriff über. Ihre Stachel sind, wie die der Honigbiene, mit Widerhaken versehen. Durch wiederholtes Stechen können sie daher im Fleisch ihrer Opfer hängen bleiben und bei der Verteidigung ihres Nestes sterben.

Lebensgröße

Geflügelte Kriegerin
Wenige soziale Faltenwespen verteidigen ihre Nester so aggressiv wie *Synoeca* spp. Man tut gut daran, auf ihre Warnung zu hören.

Der Biologe Justin O. Schmidt, der im Schmidt Sting Pain Index zusammenfasste, wie schmerzhaft die Stiche bestimmter Insekten sind, gab dem Stich von *Synoeca septentrionalis* eine glatte Vier auf einer Skala von Null bis Vier. Er beschrieb den Stich eines Einzeltiers so: „Folter. Du bist in einem aktiven Lavastrom angekettet. Warum habe ich mit dieser Liste überhaupt angefangen?" Andererseits entdeckten brasilianische Forschende im Gift der Wespen eine unbekannte Substanz, die bei der Behandlung von Ängsten helfen könnte. Erste Versuche mit Ratten waren vielversprechend.

Wehrhafte Schönheit
Synoeca septentrionalis ist metallisch blauschwarz, eine Farbe, die im Insektenreich oftmals die Wehrhaftigkeit ihrer Träger anzeigt.

Schlafverhalten

Wespen schlafen anders als Wirbeltiere, doch auch ihr Schlaf steht für eine längere tägliche Phase der Inaktivität. Manche Arten zeigen allerdings ein wirklich merkwürdiges Schlafverhalten.

Bei tagaktiven Wespen ist der Schlaf eng an ihre Fähigkeit zur Aktivität in den kühleren Abend- und Nachtstunden gekoppelt, ebenso an ihre Fähigkeit, sich in Dämmerung oder Dunkelheit zu orientieren. Die meisten Wespen sind wechselwarm, können also ihre Körpertemperatur nicht oder nur unter großem Energieaufwand über die der Umgebung heben. Ihre Augen sind zudem nicht auf schwaches Licht ausgelegt. Überdies halten sich die Wirte parasitoider Wespen versteckt und sind inaktiv, sodass es sinnlos ist, ihnen nachts nachzustellen.

Man möchte meinen, dass Wespen im Schlaf, wenn sie weniger auf externe Stimuli reagieren können, möglichst geschützt sind. Tatsächlich verbringen viele die Nacht in Niströhren oder, im Falle von Männchen, in extra ausgehöhlten Schlafgängen. Überraschend viele Wespen aber verbringen die Nacht geradezu exponiert.

Die ansonsten solitär lebende Grabwespe *Chalybion californicum* bildet an geschützten Stellen nachts Schlafgemeinschaften von Dutzenden, ja sogar Hunderten von Individuen. *Steniolia obliqua*, ebenfalls eine Grabwespe, ist ebenfalls solitär, bildet aber an Zweigspitzen von Kiefern und anderen Pflanzen regelrechte „Schlafkugeln“. Andere Arten, wie *Myzinum quinquecinctum* (Familie Thynnidae), versammeln sich zu losen Gruppen aus zahlreichen Einzeltieren, in diesem Falle ausschließlich Männchen. In der Gruppe mögen Warnfarben tagsüber deutlicher

Erstarrt
Diese eine Ameise nachahmende Sandwespe der Art *Ammophila wrightii* verbeißt sich zum Schlafen an einem Zweig und nimmt eine gewinkelte Haltung ein. Manchmal gesellen sich Artgenossen als lose Gruppe dazu.

In Gesellschaft
Männchen der Gattung *Myzinum* (Familie Thynnidae) (oben) schlafen gern nahe beieinander auf Vegetation in offenen Landschaften. Ihr Stachel ist nicht echt – sie sind vollkommen harmlos.

sichtbar sein, aber nachts? Bislang ist nicht bekannt, warum sich bei manchen Wespenarten die Männchen zusammenfinden, während andere nicht nach Geschlechtern getrennt sind. Vielleicht begünstigt es die Suche nach Partnerinnen am Morgen. Tatsächlich wurde in *Steniola*-Gemeinschaften auch Paarungsverhalten beobachtet.

Schaut man sich in der Abenddämmerung lange Grashalme genauer an, entdeckt man oft Sandwespen (Gattung *Ammophila*), die schlafen wollen. Sie schätzen die Gesellschaft von Artgenossen, rangeln aber um die besten Schlafplätze. Zum Schlafen verbeißen sie sich in einem Halm und nehmen einen Körperwinkel von 50 bis 70 Grad ein. An Sträuchern und Bäumen in der Nähe finden sich womöglich einzelne Dolchwespen (Familie Scoliidae), die sich um eine Blüte oder einen Stiel eingerollt haben. Lehmwespen (Solitäre Faltenwespen; Vespidae: Eumeninae) und viele Goldwespen (Chrysididae) schlafen ebenso eingerollt. Nicht selten sieht man an geeigneter Stelle Dutzende Wespen und auch Bienen verschiedener Arten schlafend; das gilt besonders für Prärie- und Wüstengegenden.

Gute Nacht
Ein Weibchen der Grabwespengattung *Prionyx* (Familie Sphecidae) (oben) hat sich an einem Stängel festgebissen, um zu schlafen.

Eingerollt
Eine Solitäre Faltenwespe oder Lehmwespe (links) schläft eingerollt und in eine Blattspitze verbissen in der typischen Schlafposition der Eumeninae.

Verhalten von Männchen

Männchen sind im Tierreich quasi „entbehrlich", und genau so verhalten sie sich oft: riskant und unbekümmert. Erst seit den 1960er-Jahren werden männliche Wespen ernsthaft erforscht. Heute könnte man ganze Bücher über sie schreiben.

Hau ab!
Ein Männchen der Gattung *Trypoxylon* verteidigt die Niströhre seiner Partnerin gegen eine Goldwespe. Solche Kooperation von Männchen am Nest ist bei Wespen – ob solitär oder sozial – selten.

Lek-Paarung
Holzwespen-Männchen wie diese der Riesen-Holzwespe *(Urocerus gigas)* sammeln sich an der Spitze einzelner oder besonders hoher Bäume, wo sie von Weibchen gut gesehen werden. Solche „Balzarenen" nennt man Leks.

Die Partnerinnensuche bei männlichen parasitoiden Wespen verläuft wie die Wirtssuche der Weibchen: Sie reagieren auf Geruchs-, Berührungs- und manchmal akustische Reize. Männchen schlüpfen meist früher als Weibchen und suchen sogleich nach einer noch nicht begatteten Partnerin. Männliche Schlupfwespen der Gattung *Megarhyssa* erkennen das Geräusch einer anderen Wespe, die sich durch frisches oder Totholz ins Freie nagt. Es kommt vor, dass sich dort Männchen verschiedener Arten versammeln, aber manchmal schlüpft dann doch ein anderes Männchen oder ein Exemplar der falschen Art. Die erfolgreichsten Paarungen finden noch vor dem Schlupf des Weibchens statt. Mit seinem langen, schlanken Hinterleib erreicht das Männchen die Partnerin auch in ihrem Fraßgang.

Bei parasitoiden Stechwespen lenken Zeit und Ort, Empfänglichkeit der Weibchen, die Demonstration der eigenen Fitness und Konkurrenz mit anderen Männchen das männliche Verhalten. Liegen Einzelnester in enger Nachbarschaft, versuchen territoriale Männchen, sich mit vielen Weibchen zu paaren, etwa bei der Gattung *Sphecius*. Bei Arten, die in Hohlräumen nisten, kommt es manchmal zur Paarung zwischen Geschwistern, so bei manchen Lehmwespen (Solitären Faltenwespen).

Liegen die Nester vereinzelt, verfolgen Männchen andere Strategien. Manche fliegen „Patrouille" und nähern sich vorbeikommenden Weibchen, oder sie beobachten Orte wie Wasserstellen, wo die Weibchen feuchten Lehm sammeln. Männchen der Gattung *Mellinus* besuchen oft frischen Tierkot, an dem die Weibchen Fliegen jagen.

Männchen anderer Arten nutzen und verteidigen erhöhte Sitzwarten, wo die Wahrscheinlichkeit eines Treffens mit einem Weibchen größer ist. Die Wegwespe *Hemipepsis ustulata* aus dem Südwesten der USA ist gut erforscht. Ein Männchen verteidigte 40 Tage lang ein Territorium. Manche Honigwespen der Gattung *Pseudomasaris* nutzen ebenfalls Sitzwarten. Männliche Grabwespen der Gattung *Astata* haben sehr große Augen. Von erhöhter Warte schießen sie hervor, um Weibchen zu verfolgen oder männliche Konkurrenz zu vertreiben.

Die Nutzung von Sitzwarten ist mit der Lek-Paarung verwandt, bei der Männchen in Gruppen um Weibchen werben. Außer bei *Hemipepsis* spp. versammeln sich auch bei Feldwespen (*Polistes* spp.) die Männchen rund um erhöhte Objekte. Männliche Holzwespen (Siricidae) setzen spezielle Pheromone frei, die sowohl Weibchen als auch Männchen anlocken.

Manche Arten der Gattung *Philanthus* bilden ebenfalls Leks, und alle locken Weibchen mit Duftmarken an.

Werbung und Paarung

Romantik sucht man bei Wespen vergebens. Die männliche Konkurrenz dauert oft bis zur eigentlichen Paarung an. Allerdings entscheidet bei Wespen in den allermeisten Fällen das Weibchen, daher müssen Männchen alles geben.

Stapelweise
Vier männliche Grabwespen der Gattung *Bembix* auf einem Weibchen. Bei dieser *scramble competition* („Rangel-Konkurrenz") kommt letztlich ein Männchen zum Zuge, doch es besteht Verletzungsgefahr.

Die Männchen mancher Wespenarten beeindrucken mit akustischen und Tanzdarbietungen. Erzwespenmännchen der Art *Pteromalus coloradensis* schaukeln flügelschwirrend hin und her. Männchen der Erzwespenart *Nasonia vitripennis* arbeiten mit Tönen, Düften und Berührungen. Männchen der Erzwespe *Brachymeria intermedia* haben sogar ein „Lied" mit drei „Strophen". Die primitiv sozialen Faltenwespen der Unterfamilie Stenogastrinae heißen wegen der Flugkünste mancher Arten im Englischen auch „Schwebwespen".

Die flügellosen Weibchen von Arten der Familie Thynnidae in Australien müssen an Nektar oder andere Kohlenhydratquellen gelangen, darum locken sie geflügelte Männchen mit einem Pheromon an. Je nach Art liefert das Männchen einen Tropfen Nahrung an seinem „Kinn", würgt diese hervor, scheidet sie über den Anus aus oder aber es trägt das Weibchen zu einer Nahrungsquelle. Bei der phoretischen Kopulation fliegt ein Männchen mit der Partnerin im Schlepptau. Dies sind die seltenen Beispiele, bei denen die Männchen größer sind als die Weibchen und so viel investieren, dass sie selbst eine Partnerin wählen können. Die phoretische Kopulation gibt es auch bei Ameisenwespen (Gattung *Timulla* und andere) und Plattwespen (*Apenesia nitida* und Gattung *Dissomphalus*).

Für die erfolgreiche Paarung ist enger Kontakt mit Antennen und Kopf der Partnerin unerlässlich. Bei männlichen Grabwespen der Gattung *Crabro* sind die Tibiae der Vorderbeine verbreitert und durchscheinend. Ihr Muster ist artspezifisch; findet das Männchen eine mögliche Partnerin, bedeckt es ihre Augen mit diesen Schilden. Diese filtern das Licht auf bestimmte Weise, sodass sie paarungswillig wird. Weibliche Erzwespen der Gattung *Muscidifurax* (Pteromalidae) gewähren nur dann die Paarung, wenn das Männchen sie zuvor in bestimmter Weise streichelt.

Einen speziellen Trick wenden Männchen der Brackwespenart *Cotesia rubecula* an. Noch auf der Partnerin sitzend imitieren sie die Haltung eines paarungswilligen Weibchens und lenken so Konkurrenten von ihrer Partnerin ab.

Phoretische Kopulation
Ein Ameisenwespen-Männchen mit seiner kleineren, flügellosen Partnerin (oben). Dass die Männchen bei der Kopulation mit den Weibchen umherfliegen, ist bei den Mutillidae, Thynnidae und einigen Tiphiidae oft der Fall.

Nach der Paarung lohnt es sich für die Männchen, zu bleiben und ihre Partnerin zu bewachen, wenn sie sich ansonsten mit einem weiteren Männchen paaren könnte. Die Grabwespe *Eremnophila aureonotata* wird oft im „Tandem" an Blüten und im Flug gesehen. Grabwespenmännchen der Gattung *Trypoxylon* verteidigen das Nest sogar gegen parasitoide Fliegen und andere Feinde, während ihre Partnerin auf Nahrungssuche ist. Sie helfen auch beim Verstauen der Beute, fordern allerdings auch bei jeder Rückkehr des Weibchens eine erneute Paarung.

Eng verbunden
Männchen (links, oben) und Weibchen (unten) der nordamerikanischen Grabwespenart *Eremnophila aureonotata* kopulieren weiter, während das Weibchen Nektar aufnimmt. Das Paar kann sogar im Tandem fliegen.

Nestbau

Der Nestbau ist eine Fortführung der elterlichen Fürsorge. Nester dienen als Kinderstube für hilflose Nachkommen, Vorratslager, Klimakammern und manchmal auch als Gemeinschaftswohnungen.

Viele Wespen legen einfach Eier an oder in einen Wirt und sorgen nicht weiter für ihren Nachwuchs. Gallen sind zwar eine Art Nest, aber hier erledigt die Pflanze die Arbeit. Ein bestehender Hohlraum, in dem ein gelähmter Wirt vor dem Zugriff anderer und vor der Witterung geschützt ist, genügt vielen parasitoiden Stechwespen als Nest. Modifikationen an diesen Hohlräumen waren wohl erste evolutionäre Schritte hin zum Bau echter Nester.

Die Bauten von grabenden Wespenarten sind flach oder tief, einfach oder komplex. Manche bauen Röhren am Eingang, andere legen zusätzliche Scheinnester an. Beides hilft dabei, Parasitoide am Auffinden des Nests zu hindern. Manche Arten nisten in enger Nachbarschaft. Das senkt die Wahrscheinlichkeit, dass just das eigene Nest von Parasitoiden heimgesucht wird, erhöht aber das Risiko von Beutediebstahl und der Übernahme des Nests durch Nachbarinnen. Manche Arten verschließen ihr Nest zur Sicherheit, wenn sie nach Nahrung suchen. Wespen entfernen sich mit einem spiralförmigen Orientierungsflug, um sich den Standort ihres Nests zu merken.

Im Untergrund
Die meisten solitären parasitoiden Stechwespen graben Niströhren mit mehreren Kammern. Grabwespen wie diese Kreiselwespe *(Bembix rostrata)* bevorzugen feinkörnigen Boden.

Fast sozial
Die Weibchen der Solitären Faltenwespe *Montezumia cortesioides* sind nahezu primitiv sozial. Dieses Nest in Costa Rica zeigt, dass mehrere Weibchen ein gemeinsames Nest haben können. Arbeitsteilung gibt es jedoch nicht.

Wespen, die hohle Stängel, leere Insekten-Fraßgänge in Holz, Nagel- oder Bohrlöcher und andere röhrenförmige Hohlräume nutzen, lassen eingangs eine Zelle frei, um Parasitoide zu täuschen. Hinter dieser Leerzelle befinden sich ein oder mehrere Brutzellen, getrennt durch Zwischenwände.

Frei gebaute Lehmnester werden von manchen Arten der Familien Pompilidae (Wegwespen), Sphecidae und Crabronidae (beide Grabwespen) sowie Vespidae (Faltenwespen) gebaut. Die Hohlkörper können einzeln oder in Gruppen angeordnet und von nur einem oder mehreren einzelnen Weibchen gebaut sein.

Hängendes Heim
Dieses karge, herabhängende Nest ist das Werk von Feldwespen der Gattung *Mischocyttarus* (rechts) in Guyana. Das zarte Gebilde fällt kaum auf und ist für Fressfeinde und Parasitoide schwer zu erreichen.

Aneinandergereiht
Im Beobachtungsnistkasten zeigt sich, dass Solitärwespen wie diese Grabwespe der Gattung *Trypoxylon* (links) eine vorhandene Röhre in Kammern unterteilen, eine pro Larve. Als Proviant dienen gelähmte Spinnen.

Soziale Faltenwespen errichten die größten, dauerhaftesten und vielfältigsten Nester aller Hautflügler. Die meisten bestehen aus Papier: Holz, das mit Speichel zu einer Masse zerkaut und dann zu Brutzellen, oft auch einer Hülle modelliert wird. Diese Nester können enorme Ausmaße annehmen; man hat schon solche gefunden, die ausrangierte Fahrzeuge komplett ausfüllten. Arten der Gattung *Microstigmus* (Familie Crabronidae) sind die einzigen bekannten sozialen Wespen außerhalb der Familie Vespidae. Die Weibchen bauen alleine oder kooperativ ein winziges Nest aus den Wedeln bestimmter Palmen und Seide aus Drüsen an ihrem Hinterleib.

Besonders merkwürdig sind die „Seifenblasennester" bestimmter Arten der Gattungen *Protopolybia* (vormals *Pseudochartergus*) im Amazonas-Regenwald sowie von *Ropalidia opifex* im tropischen Asien. Die Tiere hüllen ihr Nest in „Wachspapier", das größtenteils aus Sekret ihrer Mandibulardrüsen gefertigt ist, und zwar ohne die üblichen Pflanzenpartikel.

Wie Orgelpfeifen
Die Weibchen der nordamerikanischen Grabwespenart *Trypoxylon politum* leben solitär und bauen jeweils ein eigenes Nest. Jede „Pfeife" enthält mehrere Brutzellen. Hier sind bereits Wespen geschlüpft, wie die Schlupflöcher zeigen.

Stachelig
Das sehr widerstandsfähige Nest der südamerikanischen Feldwespe *Polybia scutellaris* ist mit kleinen Stacheln bedeckt, deren Funktion noch unklar ist.

Gewaltige Größe
Die Ausmaße der Nester mancher tropischer Wespenarten (hier der Gattung *Chartergus* in Brasilien) lassen sich schwer vermitteln. Die ganzjährige Wärme gestattet ganzjährige Völker in riesenhaften Nestern.

Kunst am Bau
Dieses elegante Nest wurde von einer oder zwei semisozialen Wespen der Art *Eustenogaster calyptodoma* gebaut, die in Thailand, Malaysia und Indonesien vorkommen. Die Form lässt wahrscheinlich Regen besser abtropfen.

Vertikale Wabe
Der Stiel, an dem dieses Nest der Feldwespe *Polistes instabilis* baumelt, ist mit einer schwarzen Substanz bedeckt. Diese wehrt Ameisen ab, die Hauptfeinde sozialer Wespen.

8

Wespennachahmer
Schutz durch Täuschung

Wie man seine Feinde hinters Licht führt

Für die übrige Insektenwelt sind Stechwespen evolutionär ein Vorbild. Sie können sich mit Gift verteidigen und tun dies mit einer aposematischen Warnfärbung kund. Das übliche Farbschema, das Stechwespen gemein ist, hat sich durch Müllersche Mimikry entwickelt, benannt nach dem deutschen Biologen Fritz Müller. Er bemerkte, dass die meisten stechenden oder giftigen Insekten einander ähneln. Dem englischen Naturforscher Henry Walter Bates wiederum fiel auf, dass völlig wehrlose Organismen oft wie gefährliche Vorbilder aussehen. Pflanzenwespen und andere Insekten, die keinen Wehrstachel besitzen, können „so tun, als ob", indem sie einfach so aussehen und sich so verhalten wie das giftige Original. Diese evolutionäre Überlebensstrategie wird auch als Batessche Mimikry bezeichnet.

Beide Mimikry-Formen richten sich vorwiegend an optisch orientierte Prädatoren, wie etwa Vögel, Eidechsen und Primaten. Laut einer neueren Theorie haben die Nachahmer aber vermutlich ein anderes Ziel, nämlich Wespen selbst. Die meisten Insekten sind in der einen oder anderen Weise von Wespen bedroht – warum also nicht vortäuschen, selbst eine Wespe zu sein?

Wespennachahmer gibt es in fast allen Insektenordnungen. Fliegen haben die Nachahmung von Stechwespen beinahe perfektioniert, doch auch andere Insekten, bei denen man eher nicht damit rechnet, wie etwa Käfer, Schnabelkerfe, Motten, Laubheuschrecken und Fanghafte, können Wespen so täuschend ähneln, dass selbst erfahrene Entomolog:innen zweimal hingucken müssen.

Der beste Weg für einen Nachahmer, einen misstrauischen Fressfeind davon zu überzeugen, er besitze eine verborgene giftige Waffe, besteht darin, im selben Lebensraum wie das stechende Vorbild zu leben und sich ähnlich zu verhalten. Der Stachel einer Wespe lässt sich zurückziehen und wird selten offen zur Schau gestellt: Die Wespen lassen stattdessen Schwarz und Gelb, Weiß, Orange oder Rot für sich sprechen. Diese Farben schützen sie vor Angriffen, während sie Nektar oder Wasser trinken, eine Pause zum Sonnen und Putzen einlegen, jagen oder um einen Geschlechtspartner werben. Viele Wespennachahmer gesellen sich deshalb auf Blüten, in Blattlauskolonien, an Pfützen und Tümpeln, auf sonnenbeschienener Vegetation, Baumstämmen und Holzstapeln ganz offen zu echten Wespen. Ungeflügelte Ameisenwespen wiederum krabbeln rasch über den Boden, und Käfer, Schnabelkerfen und sogar Spinnen ahmen sie in Aussehen und Bewegung nach.

In einigen Fällen kann diese clevere Maskerade zu übleren Zwecken verwendet werden. „Angriffsmimikry" ist die Strategie eines „Wolfs im Schafspelz". Insekten, die normalerweise von Wespen nichts zu befürchten haben, können auf die Nachahmung hereinfallen und ein schlimmes Ende nehmen. Raubfliegen sind schnelle Jäger, die oft Wespen ähneln. Dickkopffliegen, die man leicht für Lehmwespen halten kann, sind Parasitoide adulter Solitärwespen und -bienen, die friedlich mit den echten Lehmwespen zusammenleben.

Nachahmer und Killer
Eine Raubfliegenart, *Callinicus pictitarsis*, aus Südarizona, USA, sieht auf den ersten Blick wie eine Wespe aus. Sie kann auch Wespen erbeuten, wie hier zu sehen ist.

Fliegen: außergewöhnliche Nachahmer

Fliegen werden von vielen anderen Tieren gefressen, darunter auch von Wespen. Fliegen, die wie Wespen gestreift sind, sind jedoch etwas besser geschützt, denn wie unterscheidet man einen Nachahmer von seinem Vorbild? Nun, Fliegen haben zum Beispiel nur ein einziges Flügelpaar, Wespen hingegen zwei. Fliegen haben meist kurze Antennen und riesige Komplexaugen, die den größten Teil des Kopfes einnehmen. Zudem haben sie leckend-saugende Mundwerkzeuge oder einen auffälligen Rüssel, während Wespen kauende Mundwerkzeuge haben. Trotz solcher Unterschiede gelingt es Fliegen meist hervorragend, ihre Umgebung zu täuschen.

Wollschweber
Systropus sp. (Familie Wollschweber) aus Indonesien besitzt den schlanken Körper und die langen Antennen einer Wespe, aber nur ein einziges Flügelpaar.

Schwebfliegen (Familie Syrphidae) sind fast alle Wespen- oder Bienennachahmer, was gut zu ihrer offenen Lebensweise als Nektartrinker passt. Schwebfliegen sind regelrechte Meister der Verkleidung. Antennen zu kurz? Dann wird eben mit den Vorderbeinen vor dem Gesicht gewedelt. Augen zu groß? Das ist kaum zu erkennen, denn die gemusterten Augen machen es fast unmöglich zu sehen, wo sie aufhören und der Rest des Kopfes beginnt. Echte Wespen falten ihre Flügel in Längsrichtung? Dank der dunklen Vorderkante der Flügel ist es ein Leichtes, eine solche Faltung vorzutäuschen. Schwebfliegen haben manchmal auch ein eingeschnürtes Abdomen, das an eine Wespentaille erinnert. Ebenso können sie das Flugverhalten einer Wespenkönigin nachahmen. Werden sie gefangen, geben manche Arten vor zu stechen. Arten, die Solitärwespen nachahmen, können zudem „umherrennen" und mit den Flügeln schlagen, um die Ähnlichkeit zu verstärken.

Weibliche Dickkopf- oder Blasenfliegen (Conopidae) attackieren Solitärwespen oder -bienen in der Luft und rammen ein Ei zwischen die Abdominalsegmente ihres Opfers. Die Larve entwickelt sich dann als Endoparasitoid und saugt das Blut ihres Wirts, bevor sie sich über die Thoraxmuskulatur hermacht und ihn schließlich tötet. Dann verpuppt sie sich im Abdomen des Wirts.

Raubfliegen (Familie Asilidae) jagen andere Insekten von einem Ansitz aus. Gewöhnlich lauern sie auf Blättern, Zweigspitzen oder Steinen und suchen den Himmel nach Beute ab. Dann schießt die Fliege empor, packt das Opfer, durchbohrt es mit ihrem messerförmigen Stechrüssel und kehrt auf ihren Lauerposten zurück, um es zu fressen. Mydasfliegen (Familie Mydidae) sehen wie riesige Raubfliegen aus, sind aber keine Prädatoren. *Gauromydas heros* gilt als weltweit größte Fliegenart und ahmt Wegwespen in Südamerika nach.

Mydasfliegen
Eine große *Diochlistus*-Art (Familie Mydidae) aus Queensland, Australien, ahmt überzeugend eine Wegwespe nach (rechts). Diese Fliegen sind harmlos und ernähren sich vorwiegend von Blütennektar.

Schwebfliegen
Diese Schwebfliege, *Spilomyia* sp. (rechts), wedelt mit ihren Vorderbeinen, um die langen Antennen von Echten Wespen nachzuahmen. Die „typischen" Schwebfliegen (unten) verraten sich durch kurze Antennen, riesige Augen und fehlende Mandibeln.

Einige Vertreter der Familien der Waffenfliegen (Stratiomyidae), Wollschweber (Bombyliidae), Schnepfenfliegen (Rhagionidae), Holzfliegen (Xylomidae, Xylophagidae), Stelzenfliegen (Micropezidae), Frucht- oder Bohrfliegen (Pyrgotidae, Tephritidae), Schmuckfliegen (Ulidiidae), Breitmundfliegen (Platistomatidae), Bremsen (Tabanidae), Raupenfliegen (Tachinidae), Haarmücken (Bibionidae) und Schnaken (Tipulidae) sind ebenfalls exzellente Wespennachahmer.

Käfer: merkwürdige Hochstapler

Wenige Insekten unterscheiden sich so sehr von Wespen wie Käfer, doch auch unter diesen findet sich eine große Vielfalt von Wespennachahmern. Beide Insektengruppen haben kauende Mundwerkzeuge, doch damit enden die Ähnlichkeiten auch schon. So ist das erste Flügelpaar bei Käfern zu steifen oder ledrigen Platten ausgehärtet, den Deckflügeln oder Elytren. Beim Flug werden beide Flügelpaare angehoben, doch nur das hintere Flügelpaar sorgt für den nötigen Auf- und Vortrieb.

Nachahmer von Ameisenwespen
Farbenprächtige, schnellfüßige Buntkäfer wie dieser europäische Ameisenbuntkäfer *(Thanasimus formicarius)* sehen auf den ersten Blick wie Ameisenwespen aus. Diese Käfer sind wichtige Nützlinge im Wald, denn sie jagen Borkenkäfer, die Bäume befallen und töten.

Die Wespenmimikry bei Käfern kann über reine Farbmuster, die andeuten, dass sie Wespen sein *könnten*, hinausgehen. Blütenbesuchende Prachtkäfer wie *Acmaeodera* (Familie Buprestidae) und Rosenkäfer (Unterfamilie Cetoninae, Familie der Blatthornkäfer, Scarabaeidae) haben „Scharniere", mit denen sie die Deckflügel geschlossen halten können, während sie die Hautflügel zum Flug verwenden. Die Käfer erhalten ihren Bluff also selbst im Flug aufrecht. Aaskäfer (Silphidae) klappen ihre Deckflügel im Flug um, um einen wespen- oder bienenartigen Eindruck zu verstärken. Kurzflügler (Staphylinidae) und einige Bockkäfer (Cerambycidae) sowie manche Weichkäfer (Cantharidae) haben kurze Flügeldecken, sodass die Hautflügel weitgehend frei liegen, um die Täuschung aufrechtzuerhalten. *Acyphoderes sexualis* (Cerambycidae), ein Bockkäfer aus Panama, ahmt zwar Ameisen nach, doch wenn er seine Hautflügel ausbreitet, „verwandelt" er sich beim Fliegen in eine Wespe und lässt die Beine herabbaumeln, wie es manche solitären Wespen tun. Viele Schmalkäfer (Unterfamilie Lepturinae, Familie Cerambycidae) erinnern durch Farbmuster, lange Beine und manchmal auch durch eine verlängerte Legeröhre, die wie ein Stachel wirkt, an Wespen. Auch andere Bockkäfer ahmen Wespen überzeugend nach, so etwa *Megacyllene caryae* und *M. robiniae* aus Nordamerika. Werden diese Käfer angegriffen, so setzen sie Spiroacetale frei, chemische Verbindungen, die auch in den Alarmpheromonen Sozialer Faltenwespen zu finden sind. Wenn der Prädator befürchten muss, dass die Beute Nestgenossinnen alarmiert und zur Hilfe ruft, lässt er eher von seinem Opfer ab.

Käfer im Wespenkleid
Der in Europa heimische Echte Widderbock *(Clytus arietis)* (links), auch Wespenbock genannt, ahmt Echte Wespen nach; man findet ihn häufig auf Blüten oder sieht ihn über Baumstämme und Holzstapel krabbeln.

Warum ahmt der neuseeländische Bockkäfer *Neocalliprason elegans* in Aussehen und Flug die nicht stechende parasitoide Brackwespe *Xanthocryptus novozealandicus* nach? Vielleicht, um der Wespe vorzuspiegeln, just an diesem Holzstoß oder Baum gebe es bereits viel Wespenkonkurrenz; folglich muss der Käfer bei der Eiablage weniger befürchten, dass seine Nachkommen von der Wespe befallen werden.

Buntkäfer der Familie Cleridae sind auf Blüten zu finden, wo sie Pollen fressen, oder auf Pflanzen und Holzstämmen, wo sie auf der Suche nach kleinen Insekten rasch hin- und herlaufen. Wie zu erwarten, ähneln diese Blütenbesucher traditionellen Wespen. Andere Arten ahmen möglicherweise Ameisenwespen nach. Viele sind ziemlich stark behaart und/oder schwarz und rot, orange oder gelb gefärbt. Ameisenwespen werden auch von Sandlaufkäfern und anderen Laufkäfern (Carabidae) nachgeahmt.

Widder- oder Wespenbock
Der Echte Widderbock *(Clyteus arietis)* wird 9–18 mm lang und entspricht damit in der Größe den meisten Wespen. Umso besser, wenn man inkognito unterwegs sein möchte.

maßstabsgetreu

Ein Bockkäfer, gestreift wie ein Zebra
Die meisten Vertreter der Schmalböcke (Unterfamilie Lepturinae, Familie Cerambycidae, Bockkäfer) wie dieser *Typocerus zebra* aus den USA (unten) sind gelb-schwarz gezeichnet. Wie Wespen besuchen sie häufig Blüten.

Schnabelkerfe als falsche Wespen

Aufwendige Körpermodifikationen und raffiniertes Verhalten ermöglichen vielen Schnabelkerfen (Ordnung Hemiptera), Wespen zu imitieren. Schnabelkerfe haben stechend-saugende Mundwerkzeuge, wobei das schnabelartige Rostrum gewöhnlich längs der Mittellinie unter dem Insekt verborgen liegt. Zikaden, Laternenträgerzikaden, Zwergzikaden, Pflanzenläuse, Stinkwanzen, Raubwanzen, Netzwanzen und Wasserläufer sind bekannte Beispiele für Insekten, die zur Ordnung der Schnabelkerfe gehören.

Raubwanze
Die Raubwanze *Zelus vespiformis* (oben), die im Unterholz des brasilianischen Regenwalds lebt, ahmt eine Brackwespe nach.

Keine Wespe
Eine überraschende Wespenimitatorin ist die Zwergzikade *Lissocarta vespiformis* (rechts) im peruanischen Regenwald. Ihre Haltung und ihr schlanker Körper erlauben ihr, als Soziale Faltenwespe durchzugehen.

Die Raubwanzen der Familie Reduviidae sind durchaus wehrhaft und können sich mit schmerzhaften Stichen verteidigen, dennoch ahmen viele im Aussehen und Verhalten Wespen nach. Das bemerkenswerteste Beispiel ist wohl die in mittelamerikanischen Regenwäldern heimische Art *Hiranetis braconiformis.* Mit ihrem schlanken Körper und ihren gebänderten Flügeln imitiert sie eine Brackwespe der Gattung *Monogonogastra.* Zudem bewegt diese Raubwanze Beine und Flügel wie eine typische Wespe. Sollte ein Fressfeind dennoch neugierig bleiben, streckt die Wanze ein Hinterbein über die Spitze des Abdomens hinaus und ahmt so einen Legebohrer nach.

Mittelamerikanische *Zelus*-Raubwanzen täuschen vor, Tarantulafalken oder andere Wegwespen zu sein, und bewegen Beine und Flügel wie ihre Vorbilder. *Coilopus*-Raubwanzen in Mittel- und Südamerika ahmen Feldwespen der Gattung *Mischocyttarus* nach. Den vorderen Teil ihres Thorax ziert ein falscher Wespenkopf, sodass man den winzigen Wanzenkopf übersieht. Die Wanze hat sogar verdickte Antennenspitzen, um „echter“ zu wirken. *Sphodrolestes*-Arten sind ebenfalls ausgezeichnete Imitatoren neotropischer Sozialer Faltenwespen. Viele breitköpfige Krummfühlerwanzen (Familie Alydidae) ahmen als Jungtiere Ameisen nach und geben sich im Adultstadium als Wespen aus. Diese Verwandlung der Körperform von der Nymphe zur Imago ist verblüffend.

Lissocarta ist eine Gattung südamerikanischer Zwergzikaden. Diese Insekten sehen genauso aus wie Feldwespen und nehmen auch dieselbe Haltung ein. Ihre haarfeinen Antennen „tarnen“ sie, indem sie ihre Vorderbeine nach vorn strecken. Auch ihre Flügelhaltung gleicht derjenigen von Wespen. Diese Zwergzikaden sind nicht die einzigen Wespennachahmer. Die südamerikanische Gattung *Propetes* sieht ähnlich aus und verhält sich auch so. *P. triquetra* wurde zunächst für zwei verschiedene Arten gehalten, da Männchen und Weibchen unterschiedliche Wespenvorbilder nachahmen.

Buckelzikaden (Familie Membracidae) sind bekannt dafür, dass sie Dornen nachahmen, doch einige tropische Arten haben ihr Pronotum (Halsschild) noch stärker abgewandelt. Die Buckelzikade *Heteronotus vespiformis* mit ihrem heruntergezogenen Halsschild sieht einer Sozialen Faltenwespe täuschend ähnlich, vor allem, weil sie auch durchsichtige, deutlich verlängerte Flügel hat. Mit diesem Trick schützen diese südamerikanischen Insekten sich und ihren Nachwuchs. Andere Buckelzikaden ahmen in ähnlicher Weise Ameisen nach.

Hier kommt keiner dran vorbei
Die im Dschungel von Borneo heimische Feuerwanze *Dysdercus cingulatue* (Familie Pyrrhocoridae) ist als Wespe verkleidet. Die weißen Antennenspitzen ahmen möglicherweise ihr Vorbild nach oder sollen die Antennen kürzer erscheinen lassen.

FOKUS AUF

Fanghafte: skurrile Wespennachahmer

Die geradezu bizarr aussehenden Fanghafte (Mantispidae) gehören zur Ordnung der Netzflügler (Neuroptera). Sie sind mit Florfliegen, Ameisenlöwen und Schmetterlingshaften verwandt, wirken aber wie das Ergebnis eines missglückten Experiments: vorne Gottesanbeterin (Ordnung Fangschrecken) und hinten Ameisenjungfer (Ordnung Netzflügler).

Eine perfekte Imitation
Diese gelbe Form von *Climaciella brunnea* sieht einer Feldwespe verblüffend ähnlich. Die dunklen Flügelkanten ahmen die Längsfalten in den Flügeln ihres Vorbilds nach.

Ein tödlicher Griff
Fanghafte haben ähnlich gebaute Vorderbeine wie Fangschrecken (Gottesanbeterinnen) und können andere Insekten mit diesen Fangbeinen in tödlicher Umarmung packen. Zum Angriff werden sie „ausgefahren", in Ruhe gefaltet.

Der Wespen-Fanghaft *(Climaciella brunnea)* ist in weiten Teilen von Nord- und Mittelamerika heimisch. Er ist 13 bis 19 mm lang und ahmt in verblüffender Weise Wespen nach. Noch erstaunlicher ist, dass die Art in ihrer Mimikry polymorph ist. Allein in Costa Rica ahmt sie unter den Feldwespen vier *Polistes*-Arten sowie *Synoeca surinama* nach.

Adulte Fanghafte haben zwei Paar Flügel gleicher Größe, wobei das hintere in Ruhe vom vorderen Flügelpaar verdeckt wird. Die Vorderkante ist dunkel und ähnelt der Flügellängsfalte bei Feldwespen; die Morphe, die *Synoeca surinama* imitiert, hat schwarze Flügel. Die Fangbeine werden eng am Körper getragen, um beim Blick von oben nicht von der Wespenverkleidung abzulenken. Häufig suchen Fanghafte Blüten auf, wo sie bestäubende Insekten und andere Blütenbesucher fangen.

Das Weibchen von *Climaciella brunnea* legt zahlreiche Eier, jedes auf einem seidenen Stängel. Beobachtungen zufolge legte ein Weibchen, das 43 Tage alt wurde, 3334 Eier. Die Larve kriecht nach dem Schlüpfen am Stängel herab, richtet sich auf und wartet auf eine vorbeilaufende Spinne. Wenn es ihr gelingt, einen Wirt zu ergattern, ist das erst der Anfang ihrer Reise. Sie klammert sich an den hinteren Rand des Spinnencarapax und wartet darauf, dass ihr Wirt einen Ei-Sack spinnt. Sollte ihr Wirt ein Männchen sein, so muss die Larve bei der Paarung auf das Weibchen überwechseln. Anschließend muss sich die Fanghaftenlarve in einen Ei-Sack schmuggeln, der gerade gewebt wird, denn sie kann nicht in einen fertigen Sack eindringen. Dort verwandelt sie sich in ein madenähnliches Larvenstadium und frisst die Spinneneier. Schließlich spinnt sie einen Kokon und verpuppt sich. Der frisch geschlüpfte Fanghaft beißt sich schließlich aus dem Sack ins Freie.

Laubheuschrecken: Schafe im Wolfspelz

Gewöhnlich stellen wir uns Laubheuschrecken (Familie Tettigoniidae) als nachtaktive, gut getarnte grüne oder braune Grashüpfer mit langen Antennen vor. Die Männchen werben durch Stridulieren um die Weibchen, indem sie eine Schrillkante auf einem der Vorderflügel über eine Schrillfläche auf dem anderen Vorderflügel führen. Einige Laubheuschrecken werden von Wespen, beispielsweise von Grabwespen wie der Gattung *Sphex,* parasitiert. Andere haben im Lauf ihrer Evolution selbst ein wespenähnliches Aussehen entwickelt.

Die Gattung *Aganacris* umfasst drei im südamerikanischen Regenwald lebende Arten, die allesamt Wespen imitieren. Früher nahm man an, es gebe noch mehr Arten, und fasste sie in der Gattung *Scaphura* zusammen. Es stellte sich aber heraus, dass von einigen Arten nur Weibchen oder nur Männchen beschrieben wurden. Grund dafür ist der sexuelle Dimorphismus dieser Arten: Die Männchen imitieren die *eine* Wespenart, die Weibchen die *andere.* Die Laubheuschrecken dieser Gattung sind eher tagaktiv, laufen herum, präsentieren ihre leuchtenden Farben und erbeuten mitunter auch kleine Insekten. Nachts sind sie vorsichtiger und verhalten sich mehr wie normale Laubheuschrecken.

Völlig überzeugend
Die farbenprächtige Laubheuschrecke *Aganacris insectivora* sieht einem Tarantulafalken so ähnlich und verhält sich auch so, dass selbst erfahrene Entomolog:innen zögern, sich ihr zu nähern. Dieses Exemplar wurde im Regenwald von Panama fotografiert.

Wegwespen der Gattungen *Pepsis* (Tarantulafalken) und *Hemipepsis* sind die Vorbilder für erwachsene *Aganacris velutina.* Beide, Wespen wie Laubheuschrecken, sind groß, und Letztere haben wie Wespen kurze, dicke Antennen. Sie wippen jedoch nicht ständig damit und laufen langsam und vorsichtig wie die meisten Laubheuschrecken. Die Männchen von *A. nitida* und *A. sphex* ahmen wahrscheinlich Grabwespen der Gattung *Eremnophila* nach und besitzen sogar einen Fleck am Flügelende, der einem Wespenabdomen ähnelt. Die *Aganacris*-Nymphen können anderen Wespen stark ähneln, sogar bis zu „aufgemalten" falschen Flügeln in ihrer Rückenpigmentierung.

In den Neotropen sind auch elf Arten der Gattung *Scaphura* heimisch. Wie es sich gehört, haben sie lange Antennen, doch die ersten Segmente sind verdickt und farbig, was den Anschein erweckt, sie seien kurz. Mindestens eine Art, *S. nigra,* ist polymorph: Eine Form imitiert Tarantulafalken der Gattung *Pepsis,* während eine andere einer Wegwespe der Gattung *Entypus* ähnelt. Eine dritte Form ahmt eine Feldwespe *(Polistes)* nach. Polymorphe Mimikry und Tarnung sind bei tropischen Laubheuschrecken insgesamt nicht unüblich. Bei Störung kann *Scaphura* eine Drohhaltung mit nach vorn gekrümmtem Abdomen und ausgestellten Flügeln einnehmen.

Zu anderen potenziellen Wespennachahmern gehören Vertreter der Gattung *Quiva,* die ebenfalls in den Neotropen heimisch ist, sowie die australische Art *Veria colorata.* Letztere mag zwar nicht wespenähnlich aussehen, zeigt aber ein wespenartiges Verhalten. Dass wespenimitierende Laubheuschrecken in Afrika und Asien offenbar fehlen, ist recht verwunderlich.

Große Schauspielkunst
Wenn sich die in Brasilien heimische Laubheuschrecke *Scaphura* spec. bedroht fühlt, beginnt sie, in Haltung und Gang eine Wespe nachzuahmen. Die Täuschung ist in der Regel so überzeugend, dass sie mit dem Leben davonkommt.

Nachtfalter: giftige Schwindler

Wie kann ein nachtaktives, schuppenbedecktes Insekt auch nur im Entferntesten wie eine Wespe aussehen? Inzwischen wissen wir, dass viele sogenannte Nachtfalter in der Ordnung der Schmetterlinge (Lepidoptera) tagaktiv sind und daher von Mimikry profitieren. Wespennachahmer finden sich in mindestens elf Nachtfalterfamilien.

Eine farbenprächtige ... Motte? *Eressa angustipenna*, eine in Australien und auf den Philippinen heimische Bärenspinnerart, gehört zu den „Wespenmotten" („wasp moths"). Durch ihre Kontrastfärbung könnte sie Fressfeinden signalisieren, dass sie giftig ist.

Um ihre Wespenmaskerade aufzupeppen, haben viele Arten transparente Flügel oder zumindest große Flügelbereiche ohne Schuppen. Aber nicht *alle* Wespen haben durchsichtige Flügel, daher setzen andere wespenimitierende Falter auf blaue oder blauschwarze Flügel. In Ruhe verbergen die meisten Motten ihr Abdomen unter den gefalteten Flügeln, doch Wespennachahmer positionieren ihre Flügel gewöhnlich so, dass ihr Abdomen, das gebändert sein kann wie bei einer echten Wespe, zu sehen ist.

In der Unterfamilie der Bärenspinner (Arctiinae) gibt es einige Vertreter, im Englischen „wasp moths" (Wespenmotten) genannt, die Wespen so täuschend ähnlich sehen, dass sich das Vorbild leicht identifizieren lässt. *Pseudosphex laticincta* imitiert eine *Mischocyttarus*- und eine *Polybia*-Art, die ihrerseits ein fast identisches Farbmuster aufweisen. Die Motte verrät sich nur durch ihre kammförmigen Antennen. *Myrmecopsis strigosa* ist ein perfekter Nachahmer von *Parachartergus apicalis*, einer weiteren Sozialen Faltenwespe im tropischen Amerika. „Wespenmotten" können nicht stechen, sind jedoch aufgrund von Toxinen, die sie im Raupenstadium über ihre Futterpflanzen aufnehmen, giftig.

Blaue Schönheit
Der Bärenspinner *Syntomeida epilais* („Oleandermotte") ist eine tagaktive tropische und subtropische Art, die einer Wespe ähnelt („wasp moth"). Die Raupen ernähren sich von Oleander. Die kräftigen Farben warnen vor der Giftigkeit des Schmetterlings.

Durchsichtige Flügel
Dieser Bärenspinner aus Nordperu, ebenfalls eine „Wespenmotte", hat transparente Flügel, was ihm hilft, ein Stechinsekt zu imitieren.

Schwärmer (Sphingidae) sind meist recht große Schmetterlinge. Kleinere Arten wie diejenigen der Gattung *Hemaris* sind berühmt für ihre Bienenmimikry. Einige der größeren Arten ahmen hingegen Wespen nach. *Amphion floridensis* ist ein häufiger amerikanischer Schwärmer, der vermutlich Grabwespen der Gattung *Sphecius* imitiert. Tagaktive Schwärmer verharren im Schwirrflug vor Blüten und stecken ihren Rüssel in die Blütenkronröhre, um Nektar zu saugen. Dagegen können nur wenige Wespen auf der Stelle fliegen.

Zu weiteren Familien (und Gattungen) mit Wespennachahmern gehören: Glyphipterigidae *(Cotaena)*, Stathmopodidae *(Dolophrosynella)*, Heliodinidae *(Anypoptus)*, Tineidae *(Vespitinea)*, Agaristidae *(Cocytia)* und Limacodidae (*Nagoda*, *Nagodopsis* und *Pseudonagoda*). Die Männchen der Gattung *Thyridopteryx* (Echte Sackträger, Familie Psychidae) sind ausgezeichnete Bienen- und Wespennachahmer, vor allem im Flug. Bemerkenswerterweise verlassen die zugehörigen Weibchen niemals ihren Sack und werden geschlechtsreif, ohne sich *äußerlich* stark vom Raupenstadium zu unterscheiden.

IM PORTRÄT

Glasflügler

Familie Sesiidae

Die gesamte Falterfamilie Sesiidae besteht aus spezialisierten Wespenimitatoren. Weltweit gibt es bislang 160 Gattungen und 1452 bekannte Arten. Es werden jedoch regelmäßig neue Arten entdeckt. Die Larven sind für Raupen insofern ungewöhnlich, als dass sie sich in Stängel, Wurzeln oder Holz der Wirtspflanze einbohren. Zumindest eine brasilianische Art, *Neosphecia cecidogena,* bildet Gallen auf einem rankenden Kürbisgewächs *(Cayaponia pilosa).* Über wirtschaftlich wichtige Arten, wie *Melitta curcurbitae* in Nordamerika, ist am meisten bekannt. Der Lebenszyklus vieler Arten umfasst zwei Jahre.

Falsche Hornisse
Der in Nordamerika heimische Glasflügler *Vitacea polistiformes* ist perfekt als Wespe getarnt.

Kurz vorm Schlüpfen arbeitet sich die Puppe an die Oberfläche der Wirtspflanze und bricht durch den Stängel, Trieb oder Stamm nach außen. Wenn die Motte schlüpft, sind ihre Flügel wie bei anderen Schmetterlingen vollständig beschuppt. Auf ihrem Jungfernflug verliert sie jedoch die meisten Schuppen, und übrig bleiben die durchsichtigen Flügel, der die Familie ihren Trivialnamen („Glasflügler") verdankt. Die zurückgelassenen leeren Puppenhüllen sind oft auffälliger als die Motten, denn sie haften fest an Ort und Stelle der Pflanze, und es dauert eine Weile, bis sie vertrocknen und zerfallen.

Glasflügler sind überwiegend tag- oder dämmerungsaktiv, doch einige Arten werden nachts vom Licht angezogen. In Ruhe wirken sie nicht unbedingt wie besonders überzeugende Wespennachahmer, auch wenn die verdickten Antennen und die Körperhaltung einen Prädator abschrecken könnten. Im Flug sind diese Falter jedoch kaum von den Wespen zu unterscheiden, die sie imitieren – sie kopieren jede Nuance ihres Vorbilds mit verblüffender Genauigkeit.

Familie Sesiidae

ARTEN	ca. 1370
VERBREITUNG	weltweit, mit Ausnahme der Antarktis, vorwiegend in den Tropen
GRÖSSE	8–48 mm
ERSTAUNLICH	Die meisten Arten sind tagaktiv.

Die Vorbilder für Glasflügler reichen von Schlupf- und Brackwespen bis zu Echten Wespen und Wegwespen. Diese Glasflügler sind so selten, dass ihre Wespenvorbilder sie in aller Regel zahlenmäßig übertreffen, was den Erfolg der Mimikry steigert. Entomolog:innen, die sie untersuchen, verwenden oft synthetische Pheromone, die den Sexuallockstoffen der Weibchen nachempfunden sind, und ködern damit häufig erstaunlich viele Männchen.

Wespenkostüm
Ein Weibchen (links) und ein Männchen (oben) des europäischen Wespen-Glasflüglers *(Synanthedon vespiformis)*. Diese Motten sind tagaktiv und saugen Blütennektar.

Lebensgröße

Hornissen-Glasflügler
Der aus Europa und dem Nahen Osten stammende Hornissen-Glasflügler *(Sesia apiformis)* ist inzwischen auch in Nordamerika heimisch.

FOKUS AUF

Spinnen: Keine Flügel? Kein Problem!

Achtbeiner wie Spinnen gehören wohl zu denjenigen Organismen, die man sich nur schlecht als Wespen-imitatoren vorstellen kann, schließlich haben sie keine Flügel. Allerdings gilt dies auch für Ameisenwespen. Viele Spinnen, die keine Netze weben und offen nach Beute jagen, ahmen Ameisen nach, daher ist es evolutionär nicht so verwunderlich, dass auch Ameisenwespen als Vorbild dienen. Tatsächlich imitiert eine überraschend große Zahl von boden- und baumlebenden Spinnen Ameisenwespen.

Springspinne
Diese *Phiale formosa* (Familie Salticidae) aus Costa Rica imitiert höchstwahrscheinlich eine Ameisenwespe.

Geht sie oder kommt sie?
Diese Springspinne, *Orsima ichneumon*, wendet sich nach links, doch sie möchte Prädatoren weismachen, sie sei eine Ameisenwespe und wolle nach rechts. Die Spinnwarzen täuschen Antennen vor, und das Abdomen scheint in „Kopf" und „Thorax" unterteilt.

Zu den Spinnenfamilien, die Ameisenwespen nachahmen, gehören Springspinnen (Salticidae), Dunkelsackspinnen (Corinnidae) und Plattbauchspinnen (Gnaphosidae). Bei diesen Imitatoren sind auffällige Farbkombinationen in Schwarz und Rot, Orange, Gelb oder Weiß häufig zu finden. Der deutsche Entomologe und Arachnologe Ferdinand Karsch war wohl der Erste, der diese einzigartige Mimikry erkannte, als er 1891 eine weibliche Plattbauchspinne, *Coenoptychus pulcher,* in Ceylon (heute Sri Lanka) beschrieb. Eine neue Untersuchung dieser Art hat gezeigt, dass das Spinnenweibchen eine *Bischoffitilla*-Art, das Männchen hingegen *Trogaspidia villosa* imitiert, beide aus der Familie der Ameisenwespen.

Springspinnen gehören wohl zu den besten Beispielen für Wespenmimikry. Die Weibchen von *Phiale guttata* in Panama haben zwei Farbmorphen. Eine ist rot-schwarz, die andere gelbschwarz, und beide ahmen jeweils eine andere Ameisenwespe nach. Die Männchen von *Cosmophasis nigrocyanea* sind wie viele Springspinnen Ameisenimitatoren, die Weibchen ahmen hingegen eine Ameisenwespe nach. *Phidippus apacheanus,* eine große, haarige, orange-schwarze Springspinne aus den USA, hat zweifellos eine *Dasymutilla*-Ameisenwespe zum Vorbild. Andere *Phidippus*-Arten sind möglicherweise „Möchtegern"-Ameisenwespennachahmer, doch oft ist nur das Männchen auffällig gefärbt, während Weibchen und Jungtiere im Vergleich eher unauffällig sind.

Zwei Beispiele für Wespenmimikry bei Springspinnen sind geradezu unglaublich. *Depreissia decipiens* lebt hoch im Blätterdach des Regenwalds auf Borneo. Der Stiel, der Cephalothorax und Abdomen verbindet, ist stark verlängert und erweckt den Eindruck, es handle sich um eine soziale Wespe wie eine *Belonogaster*-Art. Die malaiische *Orsimia formica* ist eine „umgekehrte" Ameisenwespenimitatorin. Ihr zweilappiger Hinterleib bildet „Kopf" *und* „Thorax" der Wespe, die verlängerten Spinnwarzen wiederum erscheinen als (falsche) Antennen.

Wespenvorbild
Weibliche Ameisenwespen wie diese *Dasymutilla occidentalis* können schmerzhaft stechen und werden daher von vielen harmlosen Arthropoden nachgeahmt, von Laufkäfern bis zu Plattbauchspinnen.

9

Wespenfeinde
Ein Stachel löst nicht alle Probleme

Wespen sind nicht unbesiegbar

Wespen besitzen zwar ein stabiles Exoskelett und oft einen Giftstachel, doch sind auch sie nicht unbezwingbar. In allen Lebensphasen sind sie durch zahlreiche Feinde gefährdet und Risiken ausgesetzt: Sie können Prädatoren, Parasiten und Pathogenen zum Opfer fallen, aber auch abiotischen Faktoren wie starker Hitze oder Kälte.

In den meisten Ökosystemen gibt es zahlreiche Wirbeltiere, die Wespen nachstellen. Vögel sind in der Lage, so gut wie alle Insekten zu erbeuten, und recht geschickt darin, einem Stachel auszuweichen. Einige Arten räubern die Nester Sozialer Faltenwespen sogar komplett aus. Auch Säuger machen sich teilweise über ganze Völker her, und Eidechsen verputzen gelegentlich adulte oder juvenile Wespen. Auch wir Menschen gehören natürlich zu den „Wespenkillern". Durch Schädlingsbekämpfung, Gartenarbeit oder die Erschließung neuer Gewerbe- oder Wohngebiete werden die Nester solitärer und sozialer Wespen zerstört und dadurch Nachwuchs und Ausbreitung verunmöglicht.

Die größte Gefahr droht Wespen jedoch in der Regel von anderen Wirbellosen. Eine große Zahl anderer Insekten, aber auch zahlreiche Spinnen, Milben und Fadenwürmer warten nur darauf, sie zu attackieren. Einige Feinde sind hinterlistiger und hartnäckiger als andere. Gewisse Fleischfliegen aus der Unterfamilie Miltogramminae etwa stellen eine ständige Bedrohung für den Nachwuchs von Solitärwespen dar: Sie belauern das Wespenweibchen, während es sein Nest anlegt, und nutzen die erste Gelegenheit, um ihre Larven dort abzusetzen.

Wespen müssen sich jedoch auch oft vor anderen Wespen in Acht nehmen. Die winzigen *Melittobia*-Arten (Überfamilie Erzwespen) etwa sind häufige Parasitoide, die die hilflosen, unreifen Stadien viel größerer Wespen überwältigen. Parasitoide Wespen, die wehrhafte Tiere wie Spinnen jagen, riskieren wiederum, selbst zum Opfer zu werden und zwischen den Kiefern ihrer Beute zu enden. Auch andere Parasiten oder Parasitoide können für Wespen zur Gefahr werden. Nur wenige davon sind wohl so seltsam und rätselhaft wie die Fächerflügler (Strepsiptera) – Entomolog:innen wissen nicht einmal genau, in welche phylogenetische Verwandtschaft sie sie stellen sollen. Diese bizarren Insekten deformieren sogar das Abdomen ihres Wirts.

Die Vorstellung, dass Wespen auch krank werden können, sich also infizieren, erkranken und sterben können, mag im ersten Moment seltsam erscheinen. Doch sämtliche Insekten werden von Krankheitserregern wie Pilzen, Bakterien und Viren befallen. Gelegentlich werden derartige Krankheitserreger auch absichtlich eingesetzt, um Schadinsekten zu kontrollieren.

Schlagfalle
Eine Feldwespe ist zwischen die Fänge einer Venusfliegenfalle geraten. Diese fleischfressende Pflanze wächst auf nährstoffarmen Böden in Moorgebieten und muss ihre Versorgung mit Stickstoff und Phosphor auf diese Weise aufbessern.

Wirbeltiere, die Wespen fressen

Die Brut (Eier, Larven und Puppen) von Wespen stellt für eine ganze Reihe von Vögeln, Säugern und für einige Eidechsen einen begehrten Eiweißhappen dar. Doch auch adulte Wespen werden gefangen, und für alle Tiere, die den Wespenstichen trotzen, stellen die Nester Sozialer Faltenwespen eine reiche Proteinquelle dar.

Wespenfresser
Der südostasiatische Rotbartspint ist ein Experte, wenn es darum geht, Wespen zu fangen und zu töten. Er lebt in Lichtungen im Regenwald.

Wespen sind nicht gerade für fliegerische Ausweichmanöver bekannt, und oft bemerken sie Fressfeinde wie Vögel erst dann, wenn es zur Flucht zu spät ist. Tyrannen, Tangaren, Würger, Ameisenvögel, Krähen, Stare, Pirole, Spottdrosseln, Hüttensänger, Spatzen, Grasmücken, Meisen und Bienenfresser gehören zu den Vögeln, die nachweislich Wespen fressen. Vogelschnäbel sind zwar unempfindlich gegen Wespenstiche, der restliche Vogelkörper jedoch nicht. Etliche Vögel entfernen daher erst den Stachel, bevor sie Wespen verschlucken. Spechte brechen gelegentlich Pflanzengallen auf, um an die Wespenlarven im Inneren zu gelangen.

Tangaren, Cayenneweih, Rotkehlkarakara und Wespenbussard wagen sogar, komplette Nester von Sozialen Faltenwepsen zu attackieren. Der Wespenbussard gräbt die Erdnester von Sozialen Faltenwespen (vor allem Kurzkopfwespen) aus. Dank seiner dichten Gesichtsbefiederung ist er vor Stichen relativ gut geschützt. Der Rothkehlkarakara wiederum attackiert das Nest so lange, bis die Wespen aufgeben und fliehen. Seine Nahrung kann zu mehr als 75 Prozent aus Wespenbrut bestehen; der Rest besteht vorwiegend aus Tausendfüßern.

Auch viele Säuger greifen Wespennester an. Bären, Dachse, Stinktiere und manchmal auch Waschbären sind besonders geschickt darin, Wespennester in gemäßigten Regionen Nordamerikas und in Europa auszugraben und aufzureißen. In den Tropen der Neuen Welt hat man Fledermäuse in Brasilien dabei beobachtet, wie sie die Brut von Feldwespen fraßen, und in Panama haben Panama-Kapuzineraffen die Nester von *Polybia*-Wespen ausgeraubt. Auch Nagetiere fressen sich in Pflanzengallen hinein und plündern Wespennester.

Unter den Reptilien sind die wichtigsten Fressfeinde von Wespen Geckos, vor allem in tropischen und subtropischen Regionen. Skinke, Stachel- und Zaunleguane sowie gelegentlich auch Krötenechsen fressen ebenfalls Wespen, und zwar sowohl erwachsene Insekten als auch die Brut. Ochsenfrösche und andere Amphibien verschlingen manchmal einzelne adulte Wespen.

Soziale Faltenwespen versuchen Angriffe von Wirbeltieren zu verhindern, indem sie ihre Nester in Hohlräumen verstecken, außer Reichweite anlegen oder sie an instabilen Strukturen anheften, die das Gewicht eines schweren Prädators nicht tragen. Manchmal versuchen Wespen, einen potenziellen Feind durch „Anrempeln“ mit Kopfstößen zu vertreiben. Einige Arten versprühe zudem Gift aus ihrem Stachel und richten den Strahl dabei auf die Augen des Angreifers.

Kühner Angriff
Ein Rotkehlkarakara plündert in Panama ein Nest Sozialer Faltenwespen (oben). Die Hoffnung auf saftige Wespenlarven und -puppen ist für räuberische Wirbeltiere so verlockend, dass sie auch Stiche in Kauf nehmen.

Stechender Snack
Eine Mauereidechse *(Podarcis muralis)* in Italien hat eine Wespe gefangen (rechts).

Wirbellose Wespenfresser

Ameisen, Gottesanbeterinnen, Raubfliegen: Wespen müssen ständig auf der Hut vor anderen Wirbellosen sein, die ihnen nach dem Leben trachten. Dabei stören sich ihre Feinde, Gliederfüßer wie sie, aufgrund ihres Exoskeletts weniger an ihren Stichen als räuberische Wirbeltiere. Doch auch gegen solche Angreifer haben Wespen Möglichkeiten zur Gegenwehr gefunden.

Attacke aus der Luft
Eine Quelljungfer (Art: *Cordulegaster diastatops*) hat eine Echte Blattwespe (Tenthredinidae) gefangen und will ihre Beute nun in Ruhe verzehren.

Räuberische Wanderameisen der Neuen Welt (wie *Eciton* und andere Gattungen) sind berüchtigt dafür, die Nester staatenbildender Wespen zu plündern und Eier, Larven und Puppen als Nahrung für ihre eigenen Larven davonzuschleppen. Angesichts der Übermacht der Angreifer geben die Wespen ihr Nest auf und gründen anderenorts einen neuen Staat. Die meisten Ameisenarten versuchen Wespennester auszurauben, wenn sich die Gelegenheit bietet. Feldwespen, die neue Staaten solitär gründen (Gattung *Mischocyttarus, Polistes* und *Ropalidia*), schützen sich, indem sie immer wieder eine Substanz aus ihren Abdominaldrüsen auf den Stiel auftragen, an dem das Nest aufgehängt ist. Diese Substanz zerstört offenbar die Duftspuren, die Ameisen bei der Nahrungssuche legen, um später weitere Arbeiterinnen zur Futterquelle zu lotsen.

Ein Blütenbesuch, das Putzen auf einem Blatt – so etwas kann für eine Wespe fatal sein. Gut getarnte Gottesanbeterinnen (Mantiden), Raubwanzen und Spinnen lauern regungslos im Hinterhalt, um unvorsichtige Insekten zu fangen. Gottesanbeterinnen sind so kräftig, dass sie eine Beute nur zu packen brauchen und dann schon mit dem Fressen beginnen können. Raubwanzen (Familie Reduviidae) können einem Opfer rasch per Stechrüssel Gift injizieren und es so bewegungsunfähig machen. Krabbenspinnen (Tomisidae) verhalten sich ähnlich und immobilisieren ihre Beute mithilfe ihrer Giftklauen.

Auch Fluginsekten stellen Wespen nach. Libellen können Wespen blitzschnell in der Luft ergreifen. Auch Raubfliegen (Asilidae) packen ihre Opfer oft im Flug, injizieren ihnen jedoch zusätzlich mit einem messerartigen Rüssel lähmendes Gift, um die Beute danach in Ruhe verzehren zu können. Wanzen, Fliegen und Spinnen, die nicht über die kauend-beißenden Mundwerkzeuge von Ameisen und Gottesan-

beterinnen verfügen, müssen Enzyme zur extraintestinalen Verdauung in ihre Beute spritzen, um das Gewebe des Opfers zu verflüssigen und anschließend „aufzuschlürfen".

Der schlimmste Feind einer Wespe ist unter Umständen eine andere Wespe. Hornissen und eine in Nordamerika verbreitete Wespenart, *Dolichovespula maculata*, jagen regelmäßig kleinere Soziale Faltenwespen. Kleinere Solitärwespen wiederum fallen gelegentlich Bienenwölfen *(Philanthus)* zum Opfer. Der weibliche Bienenwolf legt unterirdisch einen mehrkammerigen Bau an und stattet jede Kammer normalerweise mit einer gelähmten Biene aus – eine Wespe tut's zur Not allerdings auch.

Tödlicher Stechrüssel
Eine brasilianische Raubwanze (oben links) hat einer Wespe mit ihrem Stechrüssel lähmendes Gift und Verdauungsenzyme injiziert und sie getötet.

Roter Räuber
Eine Raub- oder Jagdfliege, *Sarcophaga* sp. (oben rechts), hat eine kleine Wespe getötet. Viele Raubfliegen sehen *ähnlich* wie Wespen aus.

Gefräßige Gottesanbeterin
Eine Mantide frisst eine Wespe, die sie mit ihren bedornten, blitzschnell zuschlagenden Fangarmen gepackt hält (unten).

FOKUS AUF

Stylopidae

Diese Parasiten mit den seltsamen Flügeln sind so eigenartig, dass sie entweder als Käfer klassifiziert oder als eigene Ordnung betrachtet wurden. Heute werden sie in die Ordnung Strepsiptera (Fächerflügler) gestellt, die neun Familien mit rund 600 Arten umfasst. Die Gattungen *Xenos, Pseudoxenos, Paraxenos, Paragiaxenos* und *Eupathocera* (Familie Stylopidae) attackieren allesamt Wespen.

Deformierter Hinterleib
Diese weibliche Feldwespe, *Polistes fuscatus*, ist von mehreren Stylopiden befallen, die zwischen ihren Abdominalsegmenten hervorlugen.

Ein Männchen mit Fächerflügel
Bei diesem kleinen Stylopidenmännchen sind die auffälligen Antennen gut zu erkennen. Sie sind vollgepackt mit Rezeptoren, die auf von den Weibchen freigesetzte Sexualpheromone abgestimmt sind. Das *Xenos-vesparum*-Männchen ist ein guter Flieger und kann Weibchen aufspüren, die dauerhaft in ihrem Wespenwirt leben.

Wie bei allen Fächerflüglern sind bei den Stylopiden nur die Männchen geflügelt. Ihr erstes Flügelpaar ist zu Schwingkölbchen reduziert, das zweite groß und breit. Die Männchen haben große Augen und gegabelte oder anderweitig abgewandelte Antennen. Sie leben nur wenige Stunden, maximal einen Tag, und nehmen keine Nahrung auf.

Mithilfe ihrer Antennen lokalisieren die Männchen das Pheromon, das die Weibchen abgeben. Das Weibchen hockt flügel- und beinlos und mit nur rudimentären Augen zwischen den Abdominalsegmenten ihres Wespenwirts. Nur der harte Kopf und das Vorderteil des Thorax (Prothorax) des Parasiten ragen aus dem Wirt hervor; der Rest des weichen Körpers kann den größten Teil des Wirtsabdomens ausfüllen.

Mithilfe seiner Genitalien durchsticht das Männchen die Kutikula des weiblichen Brutkanals, eine Eindellung zwischen Kopf und Prothorax (sog. hypodermische Insemination). Die Larven schlüpfen im Körper ihrer Mutter aus dem Ei und gelangen als aktive Planidien zu Hunderten durch den Brutkanal ins Freie. Gewöhnlich geschieht dies, wenn der Wirt auf Blüten oder anderen Objekten landet, die wahrscheinlich von anderen Wespen besucht werden. Dann klammern sich die Larven an einem neuen Wespenweibchen fest und lassen sich in sein Nest tragen.

Einmal im Nest, bohren sich eine oder mehrere Planidien in eine Wespenlarve und ernähren sich von deren Blut (Hämolymphe). Die Stylopidenlarve wächst nur langsam und synchron mit dem Wirt heran, sodass beide sich etwa zur gleichen Zeit verpuppen. In den letzten Tagen des wirtseigenen Puppenstadiums (oder kurz nach dem Schlüpfen der Imago) zwängt sich das Puppenstadium des Stylopiden zwischen die Abdominalsegmente des Wirts. Adulte Männchen schlüpfen, Weibchen verbleiben im Wirt.

Stylopiden töten ihren Wirt nur in Ausnahmefällen, rufen aber seltsame Effekte hervor. Weibliche Wespen, die „stylopsiert" sind, legen nur selten Nester an oder gehen auf Jagd. Sie können anatomische Merkmale von Männchen entwickeln, stylopsierte männliche Wespen hingegen weibliche Merkmale. Beide Geschlechter weisen zudem oft eine geringere Körpergröße und/oder deformierte Körperteile auf.

Wirbellose Parasiten und Parasitoide

Viele Wespen leben parasitisch oder parasitoid. Umgekehrt nutzen viele Tiere Wespen als Wirte. Ob Milben, Käfer, Fliegen oder andere Wespen – es gibt zahlreiche Schmarotzer, vor denen es sich in Acht zu nehmen gilt.

Einfallsreiche Verteidigung
Das Weibchen von *Deuteragenia ossarium*, einer Wegwespe mit dem inoffiziellen Namen „Beinhaus-Wespe", wehrt potenzielle Nestparasitoide dadurch ab, dass es die zuletzt angelegte Vorkammer der Brutzelle (ganz links) mit toten stinkenden Rossameisen füllt. Der Geruch schreckt alle Feinde ab.

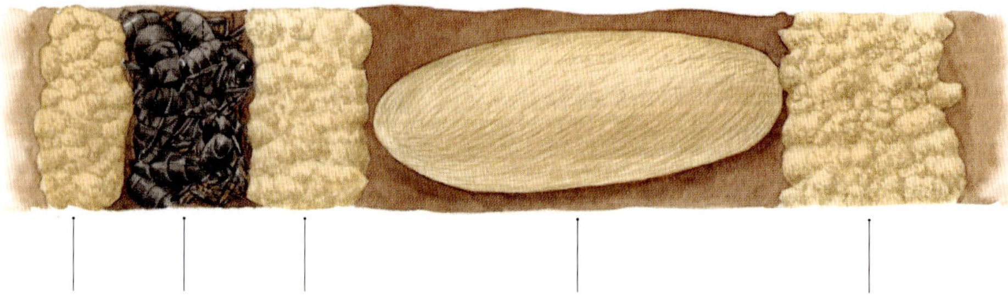

Winziger blinder Passagier
Das erste Larvenstadium eines Fächerkäfers klammert sich an den Mundwerkzeugen einer Wegwespe fest. Im Nest angekommen, ernährt sich der Käfer von den Nachkommen seiner Wirtin.

Milben können als Aasfresser, Kleptoparasiten oder Parasiten in Wespennestern leben. Einige Arten, wie *Pyemotes ventricosus*, sind Generalisten, die mit fast jedem Insekt „zurechtkommen". Im Wespennest ernähren sie sich von Eiern, Larven oder Puppen der Wespen oder den Vorräten für den Nachwuchs. Auf der anderen Seite stehen Milben, die an einen speziellen Wirt gebunden sind. Adulte *Ensliniella*- und *Vespacarus*-Milben saugen Hämolymphe bei den Larven Solitärer Faltenwespen der Gattung *Allodynerus* bzw. *Parancistrocerus*, bringen sie aber nicht um. *Kennethiella*-Milben werden von weiblichen Larven ihrer Wespenwirte (Unterfamilie Eumeninae) getötet, nicht jedoch von den männlichen Larven und können daher später bei der Paarung der Imagines auf adulte Weibchen übertragen werden.

Speckkäfer (Familie Dermestidae) leben gewöhnlich als Aasfresser in Wespennestern, doch einige ernähren sich auch von Wespeneiern, -larven und -puppen, vor allen bei Wespen, deren Brutzellen linear angeordnet sind, z. B. in Schilfhalmen. Weibliche Fächerkäfer (Ripiphoridae) legen ihre Eier an Blüten und Knospen ab. Die aktiven Larven, die daraus schlüpfen, klammern sich an ein Wespenweibchen, das die Blüte besucht, fliegen mit ihm zum Nest und befallen die Brutzellen. Jede Käferlarve ernährt sich zunächst als Endoparasitoid, arbeitet sich dann aus dem verpuppten Wirt heraus und frisst ihn von außen auf, bevor sie sich selbst verpuppt und ihren Lebenszyklus vollendet.

Viele Wollschweber (Bombyliidae) sind Parasitoide oder Kleptoparasitoide (Brutschmarotzer) bei Solitärwespen. Die Weibchen dieser Fliegen stehen gewöhnlich im Schwirrflug vor einem Wespennest und befördern ihre Eier mit schwungvollen Bewegungen der Hinterleibsspitze hinein. Die geschlüpften Fliegenlarven müssen die Larven ihres Wirts aktiv aufsuchen und dann abwarten, dass diese ins Vorpuppenstadium eintreten, bevor sie zu fressen beginnen. Buckelfliegen (Phoridae) schleichen sich in Nester ein und legen dort ihre Eier ab. Ihre Larven ernähren sich von Beutevorräten, die dort für die Larven ihres Wirts gelagert sind; gelegentlich fressen sie auch die Larven selbst.

Ganze Wespenfamilien und -gattungen leben als Parasitoide oder Kleptoparasiten auf anderen Wespen. Wenn man Wespennester in Hohlräumen längere Zeit beobachtet, kann man häufig einer ganzen Palette von Parasitoiden begegnen, darunter Goldwespen (Chrysididae), Ameisenwespen (Mutillidae), Schmalbauchwespen (Gasteruptiidae), Erzwespen (Leucospidae), Schlupfwespen (Ichneumonidae) und zahlreichen sehr kleinen Hymenopteren.

Viren, Pilze und andere Krankheitserreger

Wir sind nicht die einzigen Lebewesen, die unter Bakterien-, Virus- oder Pilzinfektionen leiden. Wespen sind davor ebenfalls nicht gefeit. Wie Krankheitserreger (Pathogene) ihren Wespenwirt beeinflussen, ist jedoch noch weitgehend ungeklärt.

Viren sind Zellparasiten mit einem DNA- oder RNA-Genom und einer Proteinhülle (Kapsid). Viren entern eine Zelle und sorgen dafür, dass die Zelle das Virus so lange repliziert, bis sie platzt und die Viren freisetzt. Nucleopolyhedroviren (NPVs) vermehren sich im Zellkern und rufen akute tödliche Erkrankungen hervor. Vor allem bei Pflanzenwespen kann eine Infektion zu einem rapiden Populationsrückgang führen.

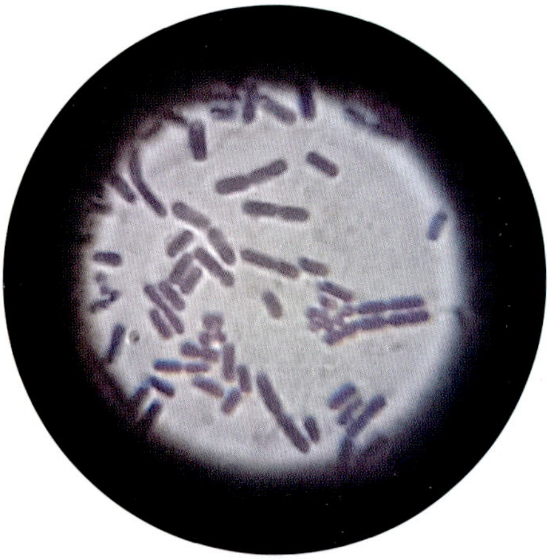

Beim Flügeldeformationsvirus (Deformed Wing Virus, DWV) handelt es sich wahrscheinlich um einen Komplex eng verwandter Viren. Bislang ist DWV in sieben sozialen und einer solitären *Vespidae*-Art nachgewiesen worden. Kurz- und Langkopfwespen können sich bei der Jagd auf infizierte Honigbienen anstecken.

In der parasitoiden Puppenerzwespe *(Pteromalus puparum)* wurde 2017 ein Virus der Ordnung Mononegavirales entdeckt. Das Virus verlängert das Leben der Wespen, verringert aber die Zahl der weiblichen Nachkommen. In parasitoiden Wespen werden zunehmend Viren gefunden, die den Wespen helfen, ihre Wirte zu manipulieren.

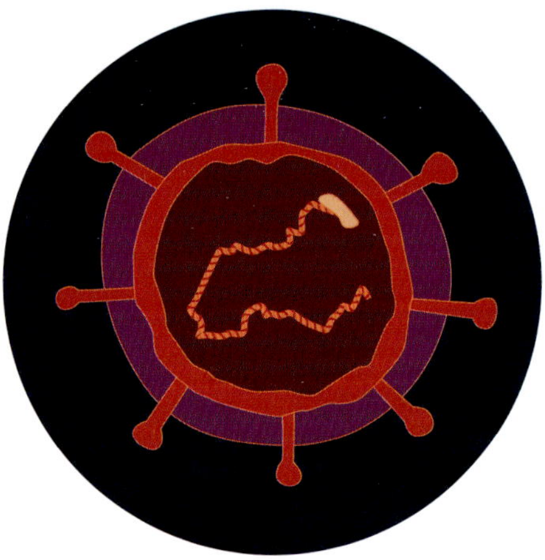

Etliche Arten der Gattungen *Bacillus* spp. und *Serratia* spp. sind insektenpathogene Bakterien. Ihr Vorhandensein bei Wespen könnte auf infizierte Beute für die Wespenbrut zurückgehen. Rund 70 Prozent aller Insekten sind mit *Wolbachia*-Bakterien infiziert. *Wolbachia* manipuliert vor allem die Geschlechtsbestimmung des Wirts. Die Ausbreitung verläuft über das weibliche Geschlecht.

Infizierte Insektenweibchen stecken stets ihren Nachwuchs an. Bei einigen Insekten führt die Paarung nicht infizierter Weibchen und infizierter Männchen zum Absterben der Eier. In

Pilzfruchtkörper
Eine tropische Art der Familie Vespidae (oben) ist durch einen insektenpathogenen (entomophagen) Pilz getötet worden. Die Fruchtkörper des Pilzes brechen nun durch die Gelenkmembranen im Exoskelett des Wirts. Die herausgeschleuderten Sporen werden weitere Insekten infizieren.

Going viral
Bakterien (links oben, Blick durchs Mikroskop: Bakterienzellen) und Viren (links unten, schematisch: Virus in einer Wirtszelle) überwältigen ihren Wirt durch ihre rapide Vermehrung. Viren entern Wirtszellen und zwingen sie, virale DNA oder RNA zu produzieren, statt ihre normalen Funktionen auszuüben.

anderen Fällen schlüpft aus den Eiern infizierter Weibchen ausschließlich weiblicher Nachwuchs. Bei vielen parasitoiden Wespen fördert *Wolbachia* die Jungfernzeugung (Parthenogenese), indem sie bewirkt, dass sich die Chromosomenzahl verdoppelt; so können die Weibchen unbefruchtete Eier legen, aus denen wieder Weibchen schlüpfen.

Zu den mit Wespen assoziierten pathogenen Pilzen zählen *Aspergillus flavus* und *Beauveria* spp., Letzere vor allem in Sozialen Faltenwespen. *Ophiocordyceps,* eine Schlauchpilzgattung, hat einen Lebenszyklus, der als Vorbild für *Science-Fiction*-Storys taugt. Die Wespen infizieren sich meist im Flug oder bei Kontakt mit Wassertropfen mit den Sporen. Die bekannteste *Ophiocordyceps*-Art schafft „Zombie-Ameisen". Geht man davon aus, dass derselbe Mechanismus auch bei Wespen funktioniert, so bildet der Pilz einen „chemischen Cocktail", der auf das Wespengehirn wirkt und den Wirt dazu bringt, sich in rund ein Meter Höhe an einer Pflanze festzubeißen. Dort fördern hohe Temperaturen und Luftfeuchtigkeit die Entwicklung des Pilzes. Schließlich beginnen aus jeder Körperöffnung sowie zwischen den Beingelenken und Körpersegmenten des Wirts Myzel und Fruchtkörper herauszuwachsen.

IM PORTRÄT

Miltogramminae-Fliegen

Sarcophagidae: Miltogramminae

Auch Wespen werden verfolgt, unter anderem von hartnäckigen Fliegen, die ihnen bis zum Nest folgen und dort eindringen. Zu diesen ungeladenen Gästen gehören die Miltogramminae, eine Unterfamilie der Fleischfliegen (Sarcophagidae). Jede Art hat ihre eigene Vorgehensweise, um die Schutzmaßnahmen solitärer Wespen zu unterlaufen.

Familie Sarcophagidae (Fleischfliegen)
Unterfamilie Miltogramminae

ARTEN	ca. 600
VERBREITUNG	weltweit mit Ausnahme der Antarktis
GRÖSSE	3–5 mm
ERSTAUNLICH	Weibchen setzen Larven statt Eier ab

Lebensgröße

Hartnäckig
Was Miltogramminae-Fliegen an Größe fehlt, machen sie mit Ausdauer wett. Immer wieder nähern sie sich einem Wespennest, bis es ihnen gelingt, ihre Larven dort abzusetzen.

Die Miltogramminae sind eine Unterfamilie der Fleischfliegen (Sarcophagidae) und parasitische Opportunisten. Die Art *Senotainia trilineata* beispielsweise, wurde bei mindestens 44 Arten bodennistender Wespen aus vier Familien nachgewiesen. *Amobia floridensis* ist darauf spezialisiert, Wespen zu ihren Lehmnestern zu folgen und parasitiert mindestens sieben Arten der Crabronidae und fünf Arten der Eumeninae.

Statt Eier zu legen, setzt das Miltogramminae-Weibchen eine Larve (Made) ab, die rasch in das Wirtsnest eindringt. Verschiedene Arten benutzen dabei verschiedene Strategien. Viele sind „Lochsucher“ oder „Lochbeobachter“. Diese Fliegen haben kleine Augen und vergrößerte Antennen. Sie nehmen ihren Wirt und sein Nest wahrscheinlich optisch und olfaktorisch wahr und orientieren sich an aufgewühltem Sand, offenen Erdhöhlen und den Nestaktivitäten der Wespen. *Metopia luggeri* lokalisiert ein aktives Nest, lauert in der Vegetation und wartet auf eine Gelegenheit, ihre Larve abzusetzen.

Fliegenweibchen der Gattung *Phrosinella* sind gewiefte Einbrecherinnen und graben sich durch die Wand von verschlossenen Erdhöhlen. Fleischfliegen der Gattung *Senotainia* haben vorn und in der Mitte ihrer Augen vergrößerte Facetten, um ihre Wirte optisch besser verfolgen zu können. Den beutebeladenen Wespenweibchen folgen sie dann bis zum Nesteingang und platzieren ihre Larve auf deren Beute. *Hilarella, Sphenometopa* und *Taxigramma* wiederum sind „Stalker“ und „Lauerer“. Sie halten nach Wespen Ausschau, die mit Beute in ihr Nest kriechen oder beginnen, es zu verschließen, und schießen dann herbei, um ihre Larve auf der Schwelle des Erdbaus abzulegen.

Einmal im Nest des Wirts, sucht die Fliegenlarve nach Nahrung. Entweder tötet sie das Ei bzw. das erste Larvenstadium ihres Wirts auf der Stelle oder sie frisst erst einmal die Vorräte, die die Wespe für ihre Brut gesammelt hat, sodass diese verhungert. Sobald die Fliegenlarve ausgewachsen ist, baut sie aus ihrer letzten Larvenhaut ein kapselartiges Puparium und verpuppt sich. Wenn die Imago schlüpft, beginnt der Zyklus aufs Neue.

Wespen haben jedoch Gegenstrategien entwickelt. So versuchen etwa viele bodennistende Wespen Miltogramminae-Fliegen dadurch zu täuschen, dass sie Höhlen anlegen, die blind enden.

Geduld ist Trumpf
Miltogramminae-Fliegen sind eine ständige Bedrohung für die Nester der meisten Solitärwespen (links). Sobald irgendwo eine Wespe ein Nest gräbt, finden sich rasch mehrere dieser winzigen Parasitoiden ein und warten auf ihre Chance.

Unter Beobachtung
Eine Miltogramminae-Fliege beobachtet eine Solitärwespe beim Ausheben ihres Nests.

IM PORTRÄT

Kleine Plagegeister im Nest

Gattung *Melittobia*

Wenn es bei Wespen etwas ähnlich Lästiges gäbe wie bei uns Schaben im Haus, dann könnte es sich um parasitoide Wespen der Gattung *Melittobia* aus der Familie Eulophidae handeln. Es gibt 13 Arten, doch nur von drei Arten ist der Lebenszyklus bekannt. Diese Wespen sind notorisch inzüchtig, haben überlappende Generationen, zeigen Sexualdimorphismus – und verhalten sich wirklich seltsam.

Bizarrer Polymorphismus
Abgebildet sind ein „normales" Männchen und ein „normales" Weibchen, ebenso ein blindes Männchen mit Stummelflügeln und ein kurzflügeliges Weibchen. Die kurzflügeligen Individuen stellen die zweite Generation dar, die von der „normalen" ersten Generation erzeugt wird.

Wespen und Bienen sind die Hauptwirte von *Melittobia*, doch diese weniger als 2 mm großen Wespen sind so anpassungsfähig, dass sie fast jeden Insektenwirt nutzen können.

Ein *Melittobia*-Weibchen kann Lehmnester, Nestverschlüsse und die Wände von Brutzellen durchtunneln, um an die reife Wirtslarve zu gelangen, die es sucht. Es sticht die Larve wiederholt mit seiner Legeröhre an und trinkt über Tage hinweg die austretende Hämolymphe, bis es schließlich seine Eier ablegt. Die ersten Dutzend Larven, die schlüpfen, entwickeln sich ektoparasitisch. Ihre Entwicklung ist nach 2 bis 3 Wochen abgeschlossen, sie sehen aber nicht aus wie ihre Eltern. Diese rasch wachsende Generation besteht aus weniger als drei blinden Männchen (mit noch kürzeren Stummelflügeln als normal) und zahlreichen Weibchen mit kurzen Flügeln. Die Geschwister paaren sich. Danach legen Mütter und Töchter gemeinsam Eier. Der Nachwuchs beider Generationen zehrt den Wirt vollständig auf und bringt nach rund 90 Tagen eine „normale" Generation mit langflügeligen Weibchen und „normalen" Männchen hervor.

Obwohl es so viele Weibchen gibt, kämpfen die Männchen häufig um sie – manchmal sogar bis zum Tod. Sie setzen zudem ein Pheromon frei und balzen mit vollem Körpereinsatz. Die Weibchen signalisieren ihre Bereitschaft zur Paarung erst nach Ende des Balzrituals.

Wie verlassen die *Melittobia*-Weibchen das Nest? Nun, sie beißen sich durch. Zumindest bei einigen Arten sticht das Weibchen erst in die Nestwand. Mit dem Gift werden auf chemischem Weg andere Weibchen angelockt, um dann an dieser Stelle gemeinsam den Durchbruch zu schaffen. Die Männchen krabbeln unter Umständen in ein benachbartes Wirtsnest oder warten auf die Ankunft neuer Weibchen.

Gattung *Melittobia*

ARTEN	13
VERBREITUNG	weltweit mit Ausnahme der Antarktis
GRÖSSE	< 2 mm
ERSTAUNLICH	Bei diesen Wespen herrscht zügellose Inzucht.

Lebensgröße

„Normal“ ist relativ
Ein „normales“ *Melittobia*-Weibchen hat lange, funktionsfähige Flügel und ist die Verbreitungsform dieses winzigen Parasitoids aus der Familie Eulophidae, die zu den Erzwespen gehört. Zahlreiche Grabwespen und in Hohlräumen nistende Solitärwespen können parasitiert werden.

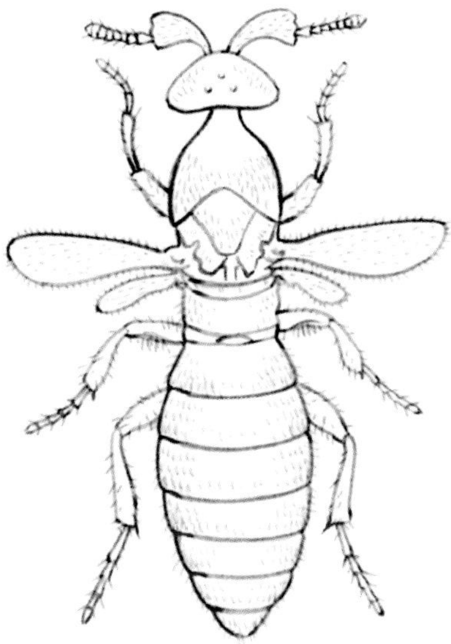

Männchen
normale Form

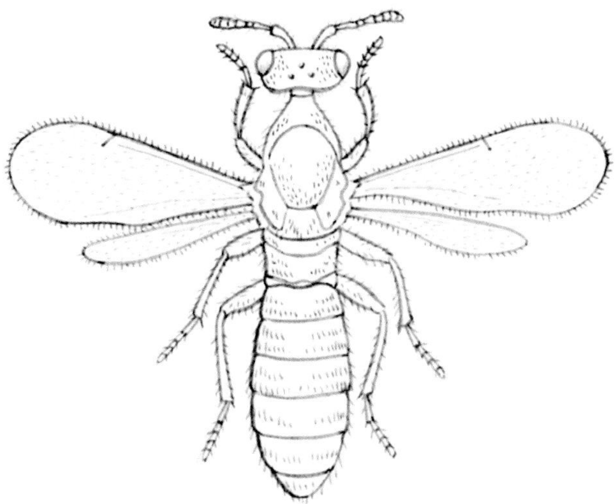

Weibchen
normale Form

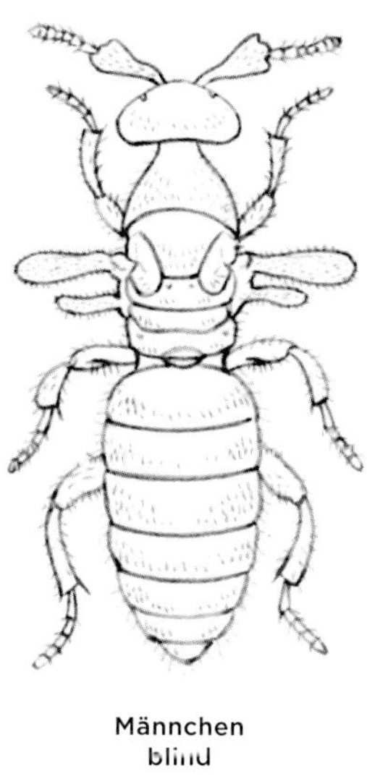

Männchen
blind

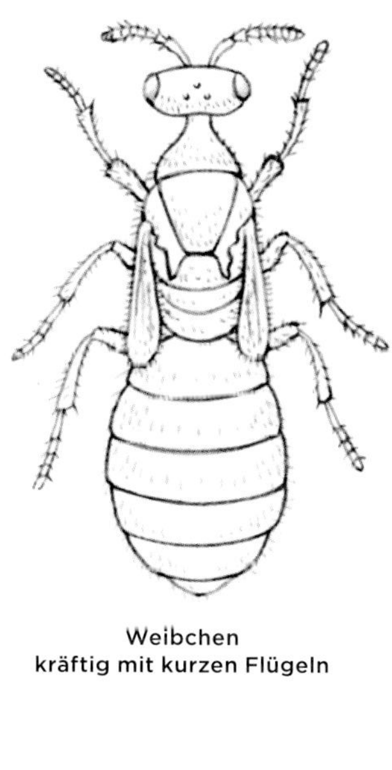

Weibchen
kräftig mit kurzen Flügeln

10

Wespen und Menschen
Eine ambivalente Beziehung

Verbündete, Geächtete oder beides?

Wir Menschen haben zu Wespen ein ambivalentes Verhältnis. Das Kriegerische der Wespen wird in unserer patriarchalen Kultur sehr geschätzt – dabei wird gerne vergessen, dass die Wespen, die uns als Vorbild dienen, allesamt Weibchen sind. Green Hornet hätte eigentlich ein weiblicher Superheld sein müssen. Trotzdem verabscheuen wir Kurz- und Langkopfwespen, weil sie unsere verstädterte Lebensweise ausnutzen.

Diese Ambivalenz – einerseits Respekt, insbesondere vor den sozialen Wespen, andererseits Panik vor diesen Stechinsekten – ist weltweit in etlichen Kulturen verbreitet. Es wimmelt von Mythen und Aberglauben. In Kunst, Literatur und Unterhaltung dienen Wespen oft als Symbole und verkörpern dabei sowohl unsere besten als auch unsere schlechtesten Eigenschaften. Bezeichnend für unsere Wahrnehmung von Wespen ist auch der Ausdruck „in ein Wespennest stechen", denn für viele von uns sind Wespen Tiere, die permanent gereizt und angriffslustig sind.

Die Beschäftigung mit Wespen hat aber auch viel Positives gebracht. Wespen wurden für die Wissenschaft in den Weltraum geschickt und standen bei Erfindungen oder Verbesserungen bereits existierender Produkte Pate. Wespen haben sogar Eckdaten in Verhaltensforschung (Ethologie) und chemischer Ökologie geliefert. Etliche Wespenarten werden in der biologischen Schädlingsbekämpfung eingesetzt, um in Landwirtschaft und Privatgärten weniger toxische Pestizide verwenden zu müssen. Allmählich wird anerkannt, wie wichtig Wespen sind, damit natürliche wie auch von Menschen geschaffene Ökosysteme erhalten und nachhaltig genutzt werden können.

Wespenphobie und Angst vor Wespen sind jedoch immer noch weit verbreitet und eine ständige Herausforderung für die wissenschaftliche Forschung und Öffentlichkeit. Häufig werden Schädlingsbekämpfer beauftragt, da man die betreffenden Wespenarten falsch bestimmt oder ihre Lebensweise nicht richtig verstanden hat. Aus Furcht oder Abneigung ist man gar nicht bereit, vorbeugende Schritte oder alternative ungiftige Kontrollmaßnahmen gegen Wespen in Erwägung zu ziehen. Auch kurzzeitige Belästigungen, wie Ansammlungen von Solitärwespen, werden nicht toleriert.

Menschen mit mehr Naturkenntnis lehnen die früher übliche Intoleranz inzwischen jedoch ab und akzeptieren Wespen stattdessen auf eine Weise, die noch vor zehn Jahren undenkbar gewesen wäre. Im Garten ersetzen viele ihren Rasen durch heimische Bäume, Sträucher und Wildblumen, um die heimische Fauna, von Vögeln bis zu Bienen, besser zu fördern. Bei einer Blattlausinvasion warten sie häufiger ab, bevor sie die chemische Keule einsetzen, da man inzwischen weiß, dass parasitoide Wespen und etliche Fressfeinde das Problem vermutlich in den Griff bekommen. Es werden „Bienenhotels" angebracht, die von heimischen solitären Wildbienen, aber auch von Solitärwespen genutzt werden, die sich ihrerseits von Gartenschädlingen ernähren.

Vermutlich können sich die Beziehungen zwischen Menschen und Wespen in Zukunft deutlich verbessern, falls wir Fachleuten zuhören und vertrauen. Es gibt nichts Besseres als detaillierte Untersuchungen, um die Bedeutung anderer Lebewesen für die menschliche Gesellschaft zu unterstreichen.

Wie wir lernen, die Wespen zu lieben
Dank mehr Aufklärung wandelt sich die öffentliche Wahrnehmung von Wespen derzeit zum Besseren. Einige Menschen engagieren sich dabei stärker als andere und kaufen oder bauen „Insektenhotels", die auch von parasitoiden Solitärwespen gern genutzt werden.

Wespen in Religion und Mythologie

Wespen sind oft das Objekt von Verehrung und von Mythen, und auch darin spiegelt sich unsere ambivalente Einstellung zu ihnen wider. Immer wieder tauchen die Themen Kriegsführung, Zauberkräfte und Fruchtbarkeit auf.

In schamanistischen Kulturen stehen traditionell eher Wirbeltiere im Vordergrund, doch auch Kurz- und Langkopfwespen, Hornissen und andere spielen eine wichtige Rolle. Typisch ist zum Beispiel die Gestaltwandlung (Transformation): Die Seele eines sibirischen Schamanen kann sich gelegentlich in Form einer Wespe manifestieren, während ein mongolischer Schamane eine Wespe als Tracht für seine äußere Seele wählen kann.

In der Kosmologie der Warao oder „Boots-Leute" – eines indigenen Volks im Orinoko-Delta, Venezuela – spielt das mythische Haus des Schwalbenweihs eine Rolle; es trägt das Nest einer honigsammelnden Feldwespe *(Brachygastra lecheguana)* sowie den Hoden eines Menschenmannes. *Ono* bezeichnet bei den Warao eine Wespe, bedeutet gleichzeitig aber Hoden und spielt auf die Fruchtbarkeit des Insekts an. Wespennest und Hoden ähneln sich in der Farbe und im inneren Aufbau. Die einzelnen Hodenläppchen sind durch Scheidewände geteilt, die an die geschichteten Waben im Nest erinnern. Bei *Brachygastra lecheguana* existieren viele fortpflanzungsfähige Weibchen, die in unterschiedlichen Bereichen des Nests verteilt sind; ebenso beherbergt das Haus des Schwalbenweihs fünf Gottheiten: *Kanobo Mawari*, den Schöpfervogel und Schirmherrn der Licht-Schamanen, die „Schwarze Biene" *(Trigona hyalinata)*, die „Blaue Biene" *(Trigona capitata)*, eine Termitenart *(Nasutitermes corniger)* und eine aggressive soziale Wespenart *(Agelaia fulvofasciata)*.

Den Gegner mithilfe von Wespen besiegen – diese Vorstellung findet sich in verschiedenen Mythen und Religionen. In der Bibel werden Hornissen an drei Stellen erwähnt: Jedes Mal wurden die Insekten um Hilfe gebeten, um die Feinde der Kinder Israels zu vertreiben. Die Krieger mancher nordamerikanischen Stämme verbrannten Wespen und rieben das Gesicht

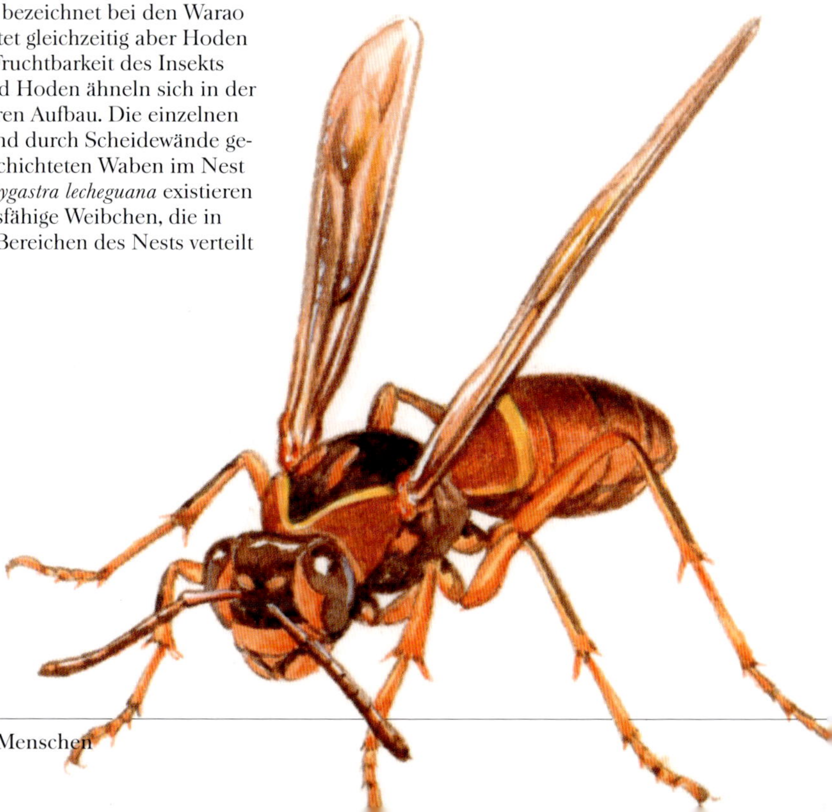

Gute Beschützer
Eine Feldwespe (rechts und ganz rechts) zählt zu den Beschützern der vier Himmelsrichtungen bei den Warao (Orinoko-Delta, Venezuela).

Biblische Figur
Hornissen (unten) werden in der Bibel als Verbündete des Reiches Israel erwähnt und vertrieben als Beschützer die Feinde Israels.

„Boots-Leute"
In der kosmologischen Welt der Warao, eines indigenen Volks im Orinoko-Delta, Venezuela, spielen der Schwalbenweih und die honigsammelnde *Brachygastra lecheguana* eine wichtige Rolle.

mit der Asche ein, um dieselbe Wehrhaftigkeit wie Wespen zu erlangen, denn sie glaubten, dies werde ihre Aggressivität und Kampfeskünste steigern. Wie kamen Wespen überhaupt dazu zu stechen? Nach einer Legende der Yurok in Kalifornien, USA, gelangten Wespen an ihr Gift, indem sie die Glut einer mythischen brennenden Pfeilspitze verzehrten. Wespen und Feuer gehören anscheinend zusammen.

Die Wespe war ein heiliges Symbol der Pharaonen und diente in den Hieroglyphen gelegentlich als alternative Übersetzung für „Biene". Auch bei den Maya in Mittelamerika stand die Wespe in hohem Ansehen. So wurde der Planet Venus unter anderem als „Wespen-Stern" *(Xux Ek)* bezeichnet. Bei den Hopi im Südwesten der USA zählt eine Hornisse oder *Tatangaya* zu den *Kachina,* übernatürlichen Geisterwesen, die die Stammesaktivitäten lenken.

Wespen werden oft als Waffen dargestellt. Im *Popol Vuh,* dem Buch des Schöpfungsmythos der Quiché-Maya, findet sich eine legendenhafte Schilderung eines Sieges, den die Quiché erzielten, indem sie auf den Rat persönlicher Schutzgeister (Naguale) hin große Gefäße mit Hornissen, kleinen Wespen, Käfern und Schlangen füllten. Diese Gefäße wurden inmitten der Feinde platziert, und ihre „Ladung" führte zur Flucht der Feinde. Bei einer anderen Gelegenheit erwachten gemalte Wespen plötzlich zum Leben und stachen die Feinde – ebenfalls im *Popol Vuh* geschildert.

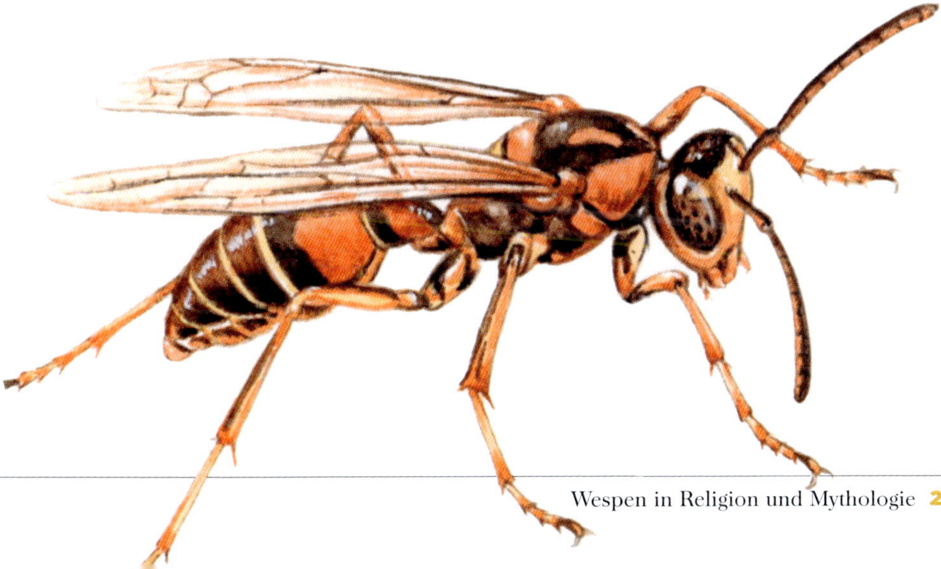

Wespen in Brauchtum und Aberglauben

Viele Sprichwörter, Bauernregeln, Fabeln und Volksmärchen von einst und jetzt drehen sich um Wespen. Oft werden darin ihre Fähigkeiten und ihre Bedeutung als gutes oder schlechtes Omen übertrieben.

Zukunftsorakel
Auf den britischen Inseln dienten „Galläpfel“ (Eichengallen) als Zukunftsorakel. Je nachdem, welches „Krabbeltier“ man im Inneren fand, musste man in der Zukunft mit guten, schlechten oder ganz schlechten Ereignissen rechnen.

„Dirt Dauber"
Mud oder Dirt Dauber sind Grabwespen, die Lehmnester bauen (rechts eine Mörtelwespe der Gattung *Sceliphron*), und gelten als fleißig. In den südlichen USA ist „Dirt Dauber" jedoch zum Synonym für einen dümmlichen Besserwisser geworden.

In Südamerika heißt es bei manchen indigenen Völkern, die Menschheit habe von den Wespen die Kunst des Töpferns und der Lehmbauten erlernt. Ein Volksmärchen aus den südlichen USA stellt es jedoch anders dar: Eine Hornisse begegnete zufällig einer zierlichen „Dirt-Dauber-Wespe", die gerade ihr Lehmnest baute, und wollte ihr zeigen, wie man es „richtig" macht. Die Wespe lehnte ab; dasselbe passierte, als die Hornisse ihr bei der Konstruktion der „Haustür" helfen wollte. Stattdessen begab sich die Wespe in ihr Nest und befestigte die Tür so, dass sie sich selbst im Nest einschloss. Folglich ist ein „Dirt Dauber" jemand, der alles besser weiß, aber gleichzeitig ignorant ist.

Seit Jahrtausenden hält sich der Aberglaube, dass Wespen Glück bringen. Ein Brauch, der mindestens auf das 1. Jahrhundert n. Chr. zurückgeht, empfiehlt, im Frühling die erste Wespe zu töten, um Glück und Schutz vor Feinden zu erlangen. An anderer Stelle ergeht es den Wespen besser, so wie im Sprichwort: „Wenn eine Wespe ins Haus fliegt, folgt das Glück nach." In manchen ländlichen Regionen der südlichen USA (Arkansas, Missouri) hängt man in Blockhäusern oft leere Papiernester von sozialen Wespen auf, um Glück ins Haus zu bringen. Auf dem Ozark-Plateau hefteten die jungen Frauen sich früher ein kleines Papiernest ans Unterkleid, um ihre Attraktivität zu steigern. Immer wieder Fruchtbarkeitssymbole …

Nach einem europäischen Aberglauben erkennt man beim Öffnen eines Gallapfels (Eichengalle) anhand der „Bewohner", was die Zukunft bringt: Eine „Fliege" sagt Überfluss voraus, ein „Wurm" (Larve) bedeutet Not, eine Spinne den Tod. Bereits im Papyrus Ebers (ca. 1550 v. Chr.) wird der medizinische Einsatz von Eichengallen beschrieben, in der Volkmedizin wurden diese bis weit ins 19. Jahrhundert eingesetzt.

Mancherorts gelten Wespen auch als Wetterpropheten. So heißt es in Nordamerika: „Wenn Hornissen ihr Nest nah am Boden bauen, gibt es einen strengen Winter." In den südöstlichen USA beobachtet man die „Dirt Dauber" (Grabwespen, die Lehmnester bauen): Bauen sie ihr Nest in Bodennähe, so wird das Jahr trocken, bauen sie es weiter oben, so muss man mit mehr Regen als gewöhnlich rechnen. Und im deutschsprachigen Raum gibt es eine Bauernregel, die besagt: „Wenn im Oktober noch viele Wespen fliegen, werden wir strengen Winter kriegen."

Ameisenwespen (oder Spinnenameisen) haben ihre eigene Mythologie. Größere Arten werden in verschiedenen Teilen der USA als „Kuh-Killer" oder „Maultier-Killer" bezeichnet – Grund ist der äußerst schmerzhafte Stich der Wespenweibchen.

Papiernest
Die Nester von Feldwespen (Papierwespen) werden in Naturzentren und Blockhäusern zur Dekoration aufgehängt; sie sind aber auch ein Fruchtbarkeitssymbol. Auf dem Ozark-Plateau hefteten junge Frauen sich früher ein Papiernest ans Unterkleid.

Wespen in Geschichte, Tradition und Populärkultur

Die Grenzen zwischen historischen Fakten und Legende sind in der Wespenliteratur oft fließend; manches schlägt bereits eine Brücke zur Unterhaltungsliteratur. Wie wir zu Wespen stehen – sei es positiv oder negativ –, verrät jedenfalls viel über uns selbst.

Wespen als Nahrung
Die Larven und Puppen mancher sozialer Wespenarten gehören in Asien verbreitet zur menschlichen Ernährung. Insekten werden inzwischen ernsthaft als nachhaltige alternative Nahrungsquelle für die Menschheit in Erwägung gezogen.

Ein interessanter Aspekt ist die Verwendung und Bedeutung des englischen Akronyms W.A.S.P. In Nordamerika bezieht es sich traditionell auf weiße angelsächsische Protestanten *(White Anglo-Saxon Protestant)*, heutzutage – zumindest in den USA – ein abwertender Begriff für extrem privilegierte Menschen mit britischen Vorfahren, deren sozialer und wirtschaftlicher Erfolg weitgehend auf Beziehungen und Heiraten innerhalb ihrer Klasse beruht. WASPs sind der Inbegriff von Establishment-Politik.

Zieht man The Free Dictionary zurate, dann findet man unter WASP zahlreiche Akronyme: von der Heavy-Metal-Band „We Are Sexual Perverts" (vielleicht gar nicht so unpassend, wenn man bedenkt, dass Wespen teilweise „abnorme" Fortpflanzungsstrategien entwickelt haben) über die „World Association for Social Psychiatry" bis zu den „Women Airforce Service Pilots", einer US-Organisation ziviler Pilotinnen, die im 2. Weltkrieg Flugzeuge für die US-Airforce testeten und Pilot:innen ausbildeten. Sie waren weiblich, kämpferisch und sie flogen … tatsächlich „wespenhaft".

Vespa
Nicht nur in italienischen Städten, sondern auch andernorts ist dieser Motorroller ein beliebtes Fortbewegungsmittel. Als Namensgeberin diente die Wespe (italienisch *Vespa*); tatsächlich erinnern die schnittige Karosserie und das Motorengeräusch an Wespen.

Der Verzehr von Insekten ist nicht nur bei Tieren, sondern auch bei Menschen üblich. Bis auf Europa hat man früher auf allen besiedelten Kontinenten die Nester sozialer Wespen gesammelt, um Larven und Puppen zu ernten – heutzutage geschieht das allerdings nur noch selten. In Japan hat der Verzehr von Wespen, der zuerst 1715 dokumentiert wurde, vermutlich aber länger existiert, bis heute überdauert: Im Dorf Kushihara (heute Teil von Ena) sammelt man kleine Erdnester von *Vespula flaviceps* (einer Kurzkopfwespe) und zieht sie in speziellen Wespenhütten auf. Die Wespen erhalten rohe Fleischstücke als Nahrung, die Nester vergrößern sich bis zur Ernte der saftigen Larven und Puppen im Herbst.

Am 3. November findet alljährlich *hebo matsuri*, das Wespenfestival, statt. In China verzehrt man die Brut mehrerer Hornissenarten (*Vespa* spp.), ferner der nachtaktiven Wespe *Provespa barthelemyi* und der Feldwespenart *Polistes sagittarius*. In Laos, Thailand und auf Kalimantan (Borneo, Indonesien) stehen andere soziale Wespenarten auf dem Speisezettel.

Mit Maskottchen schlagen wir schließlich den Bogen zu Populärkultur und Unterhaltung; als Markenzeichen haben sie durchaus auch wirtschaftlichen Wert. So verklagte das Georgia Institute of Technology (USA) im April 1998 das Baseballteam „Salt Lake Buzz" wegen Markenrechtsverletzung, die das Maskottchen des Instituts, die Wespe „Buzz", betraf. Im Oktober 2001 änderte Team „Buzz" seinen Namen in „Bees" und zahlte 600 000 $ Schadenersatz, während dem Institute of Technology über 700 000 $ an Prozesskosten entstanden waren.

Wespentaille
Auf diesem Foto von Camille Clifford (etwa 1906) ist die Sanduhrfigur, eine Modeerscheinung der damaligen Zeit, gut zu erkennen.

Wespen in Literatur, Kunst und Unterhaltung

Unsere traditionelle Gut-gegen-Böse-Wahrnehmung von Wespen setzt sich auch in ihrer fiktionalen Darstellung fort. Realistische Abbildungen und Beschreibungen nehmen den Extremen die Spitze und fördern die Faszination und Beschäftigung mit diesen aufregenden Insekten.

Jean-Henri Fabre
Der berühmte „Vater der Entomologie" (oben) untersuchte viele Insektenarten seiner französischen Heimat. Fabre (1823–1915) schrieb zahlreiche wissenschaftliche und populärwissenschaftliche Werke, nicht nur über Insekten.

Zu den frühesten und erlesensten Stücken zählen die „Bienen von Malia", ein Goldanhänger (2000 bis 1700 v. Chr.), der aus der minoischen Nekropole von Chrysolakkos (Malia, Kreta) stammt. Die beiden Insekten des Anhängers stellen vermutlich jedoch nicht Bienen dar, sondern eher die Gelbköpfige Dolchwespe *(Megascolia maculata)*. Der Anhänger befindet sich heute im Archäologischen Museum in Heraklion (Kreta).

Maria Sibylla Merian (1647–1717), Naturforscherin, Entomologin und Malerin, stellte in ihren Werken oft die Beziehungen zwischen Insekten, vor allem Schmetterlingsraupen, und ihren Wirtspflanzen dar. Sie war eine Pionierin der Insektenforschung; ein Teil ihres Werks entstand auf einer selbstständigen Forschungsreise ins tropische Surinam. Auch berühmte Vogelmaler bildeten Wespen ab: John James Audubon in seinen Skizzenbüchern und in *Birds of America* (Rotschwanz-Waldsänger bei der Wespenjagd) sowie John Gould in *The Birds of Great Britain* (Wespenbussard mit Wespennest).

Hier einige Insektenkünstler des 20. Jahrhunderts: Der Franzose E. A. Séguy (1877–1951) stellte Insekten im Stil von Art nouveau und Art déco dar, vor allem in stilisierten Motiven auf Textilien und Tapeten. Walter Linsenmaier (1917–2000), ein Schweizer Entomologe und Kunstmaler, bildete Insekten gerne in ihrer natürlichen Umgebung ab und wurde zu einem Experten für Goldwespen. Der Franzose Bernard Durin (1940–1988) schuf hyperrealistische Porträts von Insekten, die geradezu von der Leinwand herunterzukrabbeln scheinen.

Der berühmte französische Entomologe Jean-Henri Fabre war wohl der erste Wissenschaftler, der die Insektenwelt der breiteren Allgemeinheit näherbrachte. Seine lebendige, spannende Erzählweise – häufig vermenschlichte er seine

Verworfen
Eine Episode aus Lewis Carrolls „Alice hinter den Spiegeln" schaffte es nicht bis ins gedruckte Buch, da John Tenniel sich weigerte, es zu illustrieren. Das Cover zeigt das Treffen zwischen Alice und einem ältlichen „Wesperich".

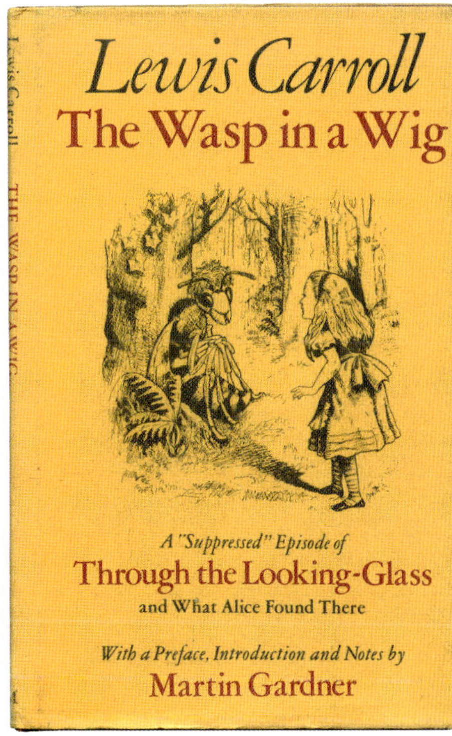

Subjekte – und sein ansteckender Enthusiasmus machten ihn zu einem überaus beliebten Autor.

„Der Wesperich mit der Perücke" wurde von Lewis Carroll für sein Buch *Alice hinter den Spiegeln* (1871) geschrieben. Die Episode wurde dann aber gestrichen und der Text erst 1977 wiederentdeckt. Der Künstler John Tenniel hatte sich geweigert, ihn zu illustrieren; obwohl sich vier weitere Künstler bereit erklärten, wurde die Episode nie veröffentlicht. Sie beschreibt ein Treffen zwischen Alice und einem ältlichen, leicht reizbaren „Wesperich", der Alices Tröstungsversuche zunächst undankbar zurückweist.

In der Musik spielen Wespen eine geringere Rolle, Bienen und Ameisen dagegen eine größere. Der amerikanische Entomologe Joseph Coelho hat umfassende Dokumentationen über Insekten in der Rock- und Volksmusik veröffentlicht, bis hin zu den Namen von Bands, Alben und Titeln.

Gary Larson arbeitete ursprünglich als Entomologe, bevor er mit *The Far Side* seine wahre Berufung als Cartoonist fand. Larson vermenschlichte seine Insekten häufig – was laut Charles L. Hogue in die kunstgeschichtliche Kategorie „Bugfolk" fällt – und fand viele Nachahmer, einige davon sehr kreativ und erfolgreich.

Eigener Stil
„Was im Himmel ...?" „Mir egal, wenn du es seltsam findest. Streifen sind sowieso überbewertet." Die vermenschlichten Wespen des Kanadiers Devon Henderson sind ein zeitgenössisches Beispiel für „Bugfolk". Daneben fertigt Devon auch wissenschaftliche Illustrationen an.

Wespen als Schädlinge und invasive Arten

Wespen sind insgesamt zwar sehr nützlich, doch zugegebenermaßen auch für negative wirtschaftliche, physische und psychische Auswirkungen verantwortlich. Wenn wir uns darum bemühen, lassen sich diese Folgen jedoch abschwächen oder verhindern.

Endstation
Eine Wespenfalle mit zahlreichen Opfern. Sie enthält einen besonderen chemischen Lockstoff, sodass außer Kurzkopfwespen (Gattung *Vespula*) kaum andere Insekten umkommen.

Schädlinge – das ist unser Name für alle Organismen, die wir als Konkurrenten um unsere Ressourcen, als Gesundheitsgefahr oder Bedrohung für unsere Wirtschaftsinteressen empfinden. Wir verbinden „Lästling" mit Schädling und fahren ein Arsenal an Bekämpfungsmitteln auf, das meist in keinem Verhältnis zum angerichteten Schaden steht. Dazu kommt, dass die moderne industrielle Landwirtschaft mit ihren Monokulturen das Auftreten von Schädlingen begünstigt. Unsere Lust auf exotische Pflanzen und Importe aus Übersee macht das Ganze noch schlimmer, indem gebietsfremde Arten eingeführt werden.

Äcker mit Körnerfrüchten und Nussplantagen sind besonders anfällig für einen Befall durch Halmwespen (Cephidae) und bestimmte Erzwespen (Familien Eulophidae und Torymidae). In der Forstwirtschaft richten Holzwespen (Siricidae) Schaden an. Wenn Soziale Faltenwespen das reife Obst umschwirren, können die Erntearbeiter gestochen werden. Für die lokale Tourismus- und Freizeitindustrie ist es fatal, wenn die Gäste beim Campen, Picknicken etc. ständig von Wespen belästigt werden. Massenentwicklungen von Kurz- und Langkopfwespen treten regelmäßig auf und können zum Problem werden.

Wespenstiche sind normalerweise nur lästig; Schmerzen, Schwellung und Juckreiz sind lokal begrenzt und bessern sich innerhalb weniger Stunden. Ein Stich in Zunge oder Rachenraum hat ein anderes Kaliber, da die Atemwege zuschwellen können und Erstickungsgefahr besteht. Menschen mit hypersensiblem Immunsystem sind noch stärker gefährdet. Allergien gegen Insektengifte bedeuten, dass jeder Stich lebensbedrohlich sein kann, wenn das Opfer einen anaphylaktischen Schock erleidet. Inzwischen gibt es jedoch entsprechende Notfallsets mit Adrenalin-Autoinjektor.

Schädlingskontrolle
Ein Schädlingsbekämpfer (oben) entfernt ein Wespennest aus einer Mauerspalte. In solchen Situationen ist professionelle Hilfe nötig, doch außerhalb von Wohnhäusern sollte man Wespen als geachtete, willkommene Gäste ansehen.

Vorsicht!
Wespen lieben alles Süße; bei einer Mahlzeit im Freien sollten Sie daher keine Dosengetränke servieren. Nach einem Stich können Zunge oder Rachen lebensbedrohlich anschwellen!

Wespen können auch zu starkem psychischem Stress führen. Spheksophobie, die übersteigerte Angst vor Wespen, ist eine Unterkategorie der Entomophobie, der übermäßigen Angst vor allen Insekten. Zum Glück gibt es professionelle Beratungs- und Therapiemöglichkeiten, die den Betroffenen oft dabei helfen, zu ihren normalen Tagesaktivitäten zurückzukehren.

Viele Wespenarten haben ihr Verbreitungsgebiet erweitert und im Rahmen des globalen Handels neue Erdteile erobert. Das müsste nicht sein; bisher sind wir jedoch nicht bereit, die Zusatzkosten zu tragen, die durch gründlichere Kontrollen im Importhafen sowie andere Vorsorgemaßnahmen entstehen. Im September 2019 wurde eine Kolonie der Asiatischen Riesenhornisse *(Vespa mandarinia)* in Nanaimo (British Columbia, Kanada) entdeckt und zerstört. Ein einzelnes totes Individuum, das nichts mit dem kanadischen Nest zu tun hatte, wurde im Dezember 2019 bei Blaine (Washington, USA) gefunden; schließlich entdeckte und beseitigte man im Oktober 2020 in Blaine eine ganze Kolonie dieser „Mörder-Hornissen“. Unsichere Aussichten – könnte die Riesenhornisse sogar zur Gefahr für die Bienenhaltung in Nordamerika werden?

Invasiv
Die Haus-Feldwespe (*Polistes dominula*, links) ist eine der zahlreichen Wespenarten, die ausgehend von ihrem heimischen Lebensraum „fremde“ Ökosysteme besiedelt haben. Dort können sie zu großen Schäden für Menschen, Nutzpflanzen oder Wälder führen und heimische Arten verdrängen.

Wespen in Wissenschaft und Technik

Wespen haben einiges zur Förderung der menschlichen Zivilisation beigetragen – als Inspiration für Erfindungen, als Objekt der wissenschaftlichen Forschung und als Werkzeug in Medizin und Schädlingsbekämpfung.

Wespen an Bord
Bei mindestens einer Raumfähren-Mission war eine lebende Hornissenkolonie für wissenschaftliche Experimente mit an Bord. 1992 kamen die Wespen leider um.

Cai Lun gilt als Erfinder des Papiers, er wurde vermutlich aber nicht durch Papierwespen inspiriert. Papier wurde in China bereits vor Cai Lun genutzt, und zu Luns Zeiten stellte man es aus Hadern (Lumpen aus Hanf, Leinen, Baumwolle) und anderen Pflanzenfasern her. Machen wir einen Zeitsprung ins 18. Jahrhundert, als ein Mangel an Baumwolle und Leinen in Europa zur Papierknappheit führte. René-Antoine Ferchault de Réaumur, französischer Physiker und Naturforscher, nahm sich 1719 die Papiernester von Wespen als Vorbild zur kommerziellen Papierproduktion und schlug, angeblich als Erster, den Einsatz von Holzbrei vor.

Die tanninreichen Eichengallen lassen sich mehrfach nutzen: Die schwarze Eisengallustinte enthielt Eisensalze und Gallotannin. Gallustinten wurden seit der Antike bis weit ins 19. Jahrhundert verwendet. Die alten Griechen nutzten Aleppo-Gallen – aus der ostmediterran-westasiatischen Aleppo-Eiche gewonnen – zum Färben von Wolle; Plinius der Ältere erwähnt sie als Haarfärbemittel. In Somalia nutzt man Gallen, um eine Tinte zum Tätowieren herzustellen.

Agrarhelfer
In einem Insektarium werden die Eier von Agrarschädlingen, die mit parasitoiden Wespen infiziert sind, auf spezielle Kärtchen aufgebracht. Diese bringt man zur biologischen Schädlingskontrolle auf dem Feld oder im Gewächshaus aus.

Papierinspiration
Eine Kahlgesichtige Wespe *(Dolichovespula maculata)* (unten) schabt Holzfasern ab und zerkaut sie zu Holzbrei, aus dem sie ihr Nest baut. Vermutlich wurde die Papierherstellung, wie wir sie heute kennen, durch Beobachtung von Feldwespen (Papierwespen) beeinflusst.

Gallen, Wespennester und die Wespen selbst wurden früher volksmedizinisch genutzt, doch zum Glück hat die Medizin inzwischen Fortschritte gemacht. Angeblich probierte Kleopatra Wespengift an Gefangenen aus. Im Fachgebiet der Chemischen Ökologie geht es erfreulicherweise humaner zu: Verschiedenste aus Wespengift gewonnene Verbindungen zeigen großes pharmakologisches Potenzial. Eine Substanz aus dem Gift von *Polybia paulista* (einer brasilianischen sozialen Wespe) greift Tumorzellen an, indem sie an tumorspezifischen Stellen der Zellmembran andockt, woraufhin diese undicht wird.

Niko Tinbergen, Karl von Frisch und Konrad Lorenz erhielten 1973 den Nobelpreis für Physiologie oder Medizin für ihre bahnbrechende Forschung zum Verhalten von Tieren, die zur Begründung der Ethologie oder Verhaltensforschung beigetragen hat. Tinbergens wichtigstes Forschungsobjekt war der Bienenwolf *(Philanthus triangulum)*. Von Frisch erforschte wiederum dessen Beute, die Honigbiene. Zur Laborforschung mit Wespen zählt auch ein misslungenes japanisches Experiment mit Orientalischen Hornissen, das 1992 an Bord der *Endeavour* stattfand.

Wespen können sogar zur Aufklärung von Kriminalfällen beitragen. Bei einem Fall in Tennessee (USA) ging es um einen Schädel, der im Inneren ein Feldwespen-Nest enthielt. Anhand von Entwicklungszustand und Alter des Nests konnten die Forensiker zurückrechnen und den Todeszeitpunkt bestimmen; dieser fiel mit dem Verschwinden des Opfers zusammen.

Ein Heim für Wespen

Im Buch *Wasp Farm* von Howard E. Evans gibt es ein Kapitel „How to Attract Waps and Why“ („Wie und warum man Wespen anlockt“) – ein Beweis für den Humor des Autors und sein Engagement für diese faszinierenden Stechinsekten.

Wohnungsnot
Solitärwespen leiden unter echtem Wohnungsmangel, daher ist es sinnvoll, künstliche Nisthilfen anzubringen. Hier sitzt das Männchen einer Grabwespenart (*Trypoxylon* sp.) am Eingang eines Nests, das seine Partnerin in einer Papprőhre angelegt hat.

Wie wir wohl alle aus Erfahrung wissen, ist es weniger schweißtreibend, Terrasse und Garten umzumodeln als die eigene geistige „Landschaft". Gerade deshalb ist es besser, sich erst zu informieren, statt impulsiv zu handeln und gleich zum Insektengift zu greifen oder eine Pflanze, die man nicht kennt, sofort auszureißen. Im Zweifelsfall sollte man die Ortsgruppen etwa von NABU, BUND oder ähnlichen Naturschutzorganisationen um Hilfe bitten.

Beginnen kann man zum Beispiel mit einer gewissen „Unkrauttoleranz". Das bedeutet nicht, dass invasive Neophyten, wie etwa das allergene Beifußblättrige Traubenkraut *(Ambrosia artemisiifolia),* toleriert werden müssen – derartige Pflanzen gehören nicht in den Garten. Viele weitere Pflanzen, die sich spontan ansiedeln, sind jedoch heimisch und sollten gefördert werden.

Es hilft auch, wenn bei Insektenschäden nicht sofort überreagiert wird. Wir unterschätzen die Pflanzen massiv: ihre Verteidigungsfähigkeit, ihre Fähigkeit, Parasitoide zur Hilfe zu rufen, und ihre Regenerationsfähigkeit trotz Herbivorie. Hier sind heimische Pflanzen den exotischen Kultursorten in jeder Hinsicht überlegen. Außerdem geht ein Insektenbefall meist relativ schnell vorüber.

Auch Wespen leiden unter Wohnungsnot. Vielleicht können Sie ein Bienenhotel bauen oder kaufen. Einfache Holzblöcke mit Bohrlöchern unterschiedlichen Durchmessers oder Bündel aus hohlen Pflanzenstängeln sind am besten. Man bringt sie mindestens einen Meter über dem Boden an, nach Osten oder Süden ausgerichtet – und mit etwas Glück siedeln sich Solitärbienen an, die die Pflanzen bestäuben, und parasitoide Stechwespen, die den Garten von gefräßigen Raupen und anderen unerwünschten Insekten befreien.

Zugegeben – es ist eine Herausforderung, Soziale Faltenwespen davon abzuhalten, unmittelbar am und im Haus zu brüten. Trockenmauern und Steingärten locken Königinnen an, die nach Nistmöglichkeiten suchen; man sollte sich daher genau überlegen, ob und wo man solche Bauelemente einsetzt. Vernünftig ist es auch, beim Grillen nur Getränke in durchsichtigen Trinkgläsern anstelle von Getränkedosen oder dunklen/undurchsichtigen Flaschen anzubieten; so passiert es seltener, dass Wespen verschluckt werden.

Dave Goulson empfiehlt in seinem Buch *Wildlife Gardening: Die Kunst, im eigenen Garten die Welt zu retten,* unsere Umwelt zu schonen und die Artenvielfalt im eigenen Garten zu fördern, sodass ein Netzwerk aus Schutzgebieten entsteht, das der Natur und damit auch den Wespen hilft.

Nektar für Wespen?
Arbeiterinnen von *Vespula squamosa*, einer Kurzkopfwespe aus den USA, sammeln sich an einem Nektarspender für Kolibris (oben). Wespen sind zwar oft lästig, erbeuten aber auch Schadinsekten, die in unseren Gärten ansonsten zur Plage würden.

Willkommener Besucher
Eine Mauer- oder Mörtelwespe (*Sceliphron* sp.) (unten) trinkt Nektar aus einer Blüte. Manche Wespen sind als Bestäuber aktiv. In jedem Fall sind sie Gartennützlinge, die andere, eventuell schädliche Insekten kontrollieren.

11

Das Wespen-Familienalbum

Ein Mikrokosmos der Vielfalt

Faszinierende Vielgestaltigkeit

Die folgenden Seiten sind nicht als Bestimmungshilfe für die Wespen der Welt gedacht. Die Liste der nachfolgend aufgeführten Familien ist auch nicht vollständig, sondern umfasst einfach jene, denen wir häufig begegnen, die wirtschaftlich wichtig sind oder die in diesem Buch bislang nicht erwähnt wurden. Sie werden im Folgenden in taxonomischer Ordnung vorgestellt, von den „primitiven" Blattwespen bis zu den „höher entwickelten" sozialen Wespen.

Derzeit gibt es etwa 83 anerkannte Wespenfamilien, doch das wird sich wohl wieder ändern. Die Familie Trachypetidae etwa wurde 2020 beschrieben. Zuvor rechnete man ihre Arten der Familie Braconidae zu. Da die Forschung immer mehr zu evolutionären Zusammenhängen zwischen Wespenfamilien herausfindet, werden ständig Familien zusammengefasst oder in eine oder mehrere aufgeteilt. Genau darum geht es bei der Taxonomie, der im steten Wandel begriffenen Klassifikation der Lebewesen.

Da die Klassifikation also alles andere als statisch ist, sind viele Zahlenangaben zu Gattungen und Arten im Folgenden aus mehreren Quellen zusammengefasst, oft als Schätzung. Was heute stimmt, kann dabei natürlich morgen schon wieder falsch sein.

Es gibt um ein Vielfaches mehr Insekten- als beispielsweise Vogelarten. Die äußeren Merkmale von Vögeln sind meist konsistent und helfen bei der Identifizierung. Anders bei den Wespen: Mimikry führt oft dazu, dass man nicht gleich sagen kann, ob man eine Wespe, eine Fliege, einen Nachtfalter oder ein anderes Insekt vor sich hat. Lassen Sie sich bei der Wespenbeobachtung nicht entmutigen, auch wenn Sie anfangs noch vieles lernen müssen. Holen Sie sich Rat bei einer Entomologin oder einem Entomologen oder nehmen Sie das eine oder andere Bestimmungsbuch zu Hilfe. Erfreuen Sie sich einfach an Ihren Beobachtungen und dokumentieren Sie diese. Gut möglich, dass Sie damit Neues zum kollektiven Wissen beisteuern können – wir wissen bislang so wenig!

Familie Xyelidae

WEITERE NAMEN	Keine
VERBREITUNG	Holarktisch, gesamte Nordhalbkugel (5 Gattungen, 63 Arten)
SOLITÄR ODER SOZIAL?	Solitär
MERKMALE	Klein (3–15 mm, meist 3–4 mm); typische Antennen: erstes Flagellum-Segment am längsten und dicksten; Ovipositor der Weibchen sichtbar
ÄHNLICHE WESPEN	Braconidae, Ichneumonidae
LEBENSRAUM	Wälder
NEST	Keines
BEDEUTUNG	Keine wirtschaftliche Bedeutung

Xyelidae gelten als die primitivsten Wespen mit weitaus mehr ausgestorbenen als rezenten Arten. Heute lebende Arten finden sich fast ausschließlich in gemäßigten Regionen, eine einzige in der Neotropis. Larven fressen in Kiefern-Pollenzapfen, in Knospen und Schossen von Fichten oder an Laub sommergrüner Bäume. Adulttiere selten zu beobachten; versammeln sich im Frühjahr manchmal an Kiefern-Pollenzapfen oder Weidenkätzchen.

Familie Pamphiliidae

WEITERE NAMEN	Gespinstblattwespen, Kotsackblattwespen
VERBREITUNG	Gemäßigte Regionen Nordamerikas und Eurasiens (13 Gattungen, 297 Arten)
SOLITÄR ODER SOZIAL?	Solitär; manche Arten als Larven gesellig
MERKMALE	Oft farbenfroh; großer, flacher, runder oder eckiger Kopf; Antennen lang, sehr schlank; netzförmige Flügeläderung
ÄHNLICHE WESPEN	Andere Pflanzenwespen-Familien
LEBENSRAUM	Überwiegend Wälder, auch Bäume im Siedlungsbereich
NEST	Keines; Larven bilden bei manchen Arten gemeinsame Wohngespinste.
BEDEUTUNG	Wenige Arten als gelegentliche Forstschädlinge

Obwohl hübsch und recht weit verbreitet, sind die Pamphiliidae wenig erforscht. Sie sind meist nahe ihrer Wirtsbäume anzutreffen, besonders in Nadelwäldern. Adulttiere sind nur bei genauem Hinsehen zu entdecken; Larven bilden bei manchen Arten auffällige Gespinste, in denen sich auch Kot und Pflanzenteile ansammeln.

Familie Argidae

WEITERE NAMEN	Bürstenhornblattwespen
VERBREITUNG	Alle Kontinente außer Antarktika (60 Gattungen, 913 Arten)
SOLITÄR ODER SOZIAL?	Solitär; Larven fressen oft gesellig
MERKMALE	Klein (3–10 mm); drittes Segment der Antennen (Flagellum) nicht in Flagellomere unterteilt, bei Männchen aber oft gegabelt oder anders modifiziert; Färbung oft schwarz und rot oder orange
ÄHNLICHE WESPEN	Tenthredinidae, Pergidae, Diprionidae, Crabronidae
LEBENSRAUM	Verschiedenste Lebensräume, auch urbane Gebiete
NEST	Keines
BEDEUTUNG	Einzelne Arten gelten als Schädlinge an Bäumen, Sträuchern oder Krautpflanzen.

Argidae zählen zu den am häufigsten zu beobachtenden Pflanzenwespen, besonders auf Doldenblütlern. Die raupenähnlichen Larven fressen oft gesellig an Blättern von vielerlei Pflanzen. *Schizocerella pilicornis* miniert in Blättern des Portulaks. Zwei Arten werden zur biologischen Bekämpfung bestimmter Unkräuter eingesetzt. Larven einiger Arten spinnen gemeinsame Kokons; die Weibchen anderer Arten betreiben Brutpflege.

Familie Cimbicidae

WEITERE NAMEN	Knopf- oder Keulenhornblattwespen
VERBREITUNG	Holarktisch, gesamte Nordhalbkugel sowie Südamerika (16 Gattungen, 182 Arten)
SOLITÄR ODER SOZIAL?	Solitär
MERKMALE	Groß (bis zu 30 mm), robust, Antennenenden keulenartig verdickt
ÄHNLICHE WESPEN	Verwechslung eher mit großen Bienen oder Hornissen
LEBENSRAUM	Überwiegend gemäßigte Wälder, Auengebiete
NEST	Keines
BEDEUTUNG	Selten als Schädlinge sommergrüner Bäume

Cimbicidae sind beeindruckend groß und fliegen mit lautem Brummton. Männchen beanspruchen manchmal Reviere mit Ansitzen, wie einzeln stehende Sträucher. Von diesen aus verfolgen sie Weibchen oder männliche Rivalen. Männchen haben vergrößerte, modifizierte Hinterbeine. Beide Geschlechter mit großen Mandibeln. Gelegentlich werden Zweige durch Benagen der Rinde „geringelt“. Larven werden oft mit großen Raupen verwechselt.

Familie Diprionidae

WEITERE NAMEN	Buschhornblattwespen
VERBREITUNG	Holarktisch, gesamte Nordhalbkugel, eingeschleppt in Australien (11 Gattungen, 136 Arten)
SOLITÄR ODER SOZIAL?	Solitär; Larven fressen oft gesellig
MERKMALE	Klein (meist 6–12 mm); Antennen meist bei Weibchen „gesägt", bei Männchen kammartig „gefiedert"; entfernen sich selten von ihren Wirtsbäumen
ÄHNLICHE WESPEN	Andere Pflanzenwespen-Familien
LEBENSRAUM	Nadelwälder, aber auch auf Zierkoniferen in Siedlungsräumen zu finden
NEST	Keines
BEDEUTUNG	Zirben-Buschhornblattwespe *(Diprion similis)* in Nordamerika als eingeschleppter Kiefernschädling bedeutsam

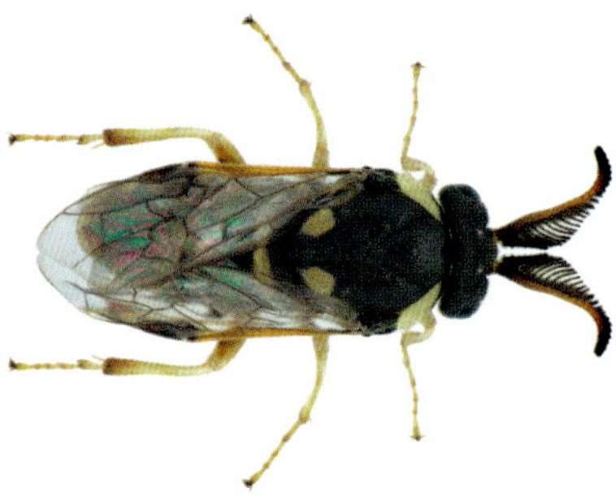

Buschhornblattwespen fressen als Larven ausschließlich an Nadelbäumen; viele sind Forstschädlinge. Meist schwächen sie die Bäume und hemmen ihr Wachstum, aber ohne sie abzutöten. Trotz intensiver Forschung ist die Abgrenzung der Arten bis heute schwierig.

Familie Pergidae

WEITERE NAMEN	Keine
VERBREITUNG	Australien, Südamerika, östliches Nordamerika, eingeschleppt in Südafrika (60 Gattungen, 442 Arten)
SOLITÄR ODER SOZIAL?	Solitär; Larven mancher Arten gesellig umherstreifend
MERKMALE	Sehr variabel; Identifizierung schwierig
ÄHNLICHE WESPEN	Argidae; einige Arten der Pergidae imitieren perfekt die Vespidae
LEBENSRAUM	Variabel
NEST	Keines
BEDEUTUNG	Versehentlich gefressene Larven einiger Arten sind (oft tödlich) giftig für Vieh; manche Arten sind Ernteschädlinge und/oder invasiv.

Die Pergidae umfassen die Pflanzenwespen Australiens und Südamerikas; sie kommen zwar auch anderswo vor, doch hier in der größten Vielgestaltigkeit. Sehr unterschiedlich sind die Fressgewohnheiten der Larven. Die meisten fressen Laub sommergrüner Bäume; Larven der Gattung *Perreyia* aber suchen in Gruppen am Boden nach welken oder abgestorbenen Blättern. Die Weibchen mancher Arten der Gattungen *Pseudoperga, Philomastix* und *Cladomacra* beschützen ihre Gelege, oft auch ihre Larven. Die Weibchen mancher *Cladomacra*-Arten sind flügellos.

Familie Tenthredinidae

WEITERE NAMEN	Echte Blattwespen
VERBREITUNG	Alle Kontinente außer Antarktika (ca. 400 Gattungen, > 5500 Arten)
SOLITÄR ODER SOZIAL?	Solitär; Larven mancher Arten fressen gesellig
MERKMALE	Sehr variabel; Identifizierung schwierig
ÄHNLICHE WESPEN	Viele Arten imitieren Vespidae, Pompilidae, Crabronidae, Ichneumonidae, Braconidae.
LEBENSRAUM	Variabel; größte Vielfalt in Wäldern und Feuchtgebieten
NEST	Keines; einige Arten sind Gallbildner.
BEDEUTUNG	Etliche Arten gelten als Schädlinge von Bäumen und Sträuchern.

Die Echten Blattwespen sind weit verbreitet; manche Arten imitieren Echte Wespen. Die Larven fressen meist an Blättern, können sich aber auch als Gallbildner, Blattminierer oder (selten) Bohrer ernähren. Sie ähneln meist Raupen; manche sind dick und wachsartig bereift oder von Filamenten bedeckt. Manche erscheinen schleimig, ähnlich einer Nacktschnecke. Adulte Echte Blattwespen sind im Frühjahr und Frühsommer am zahlreichsten und auffälligsten, etwa im Unterwuchs von Wäldern, an Blüten in Feld und Wiese oder im Garten. Viele Arten gelten als Schädlinge, wenn wir ihre Wirtspflanze selbst nutzen.

Familie Cephidae

WEITERE NAMEN	Halmwespen
VERBREITUNG	Holarktisch, gesamte Nordhalbkugel (21 Gattungen, 160 Arten)
SOLITÄR ODER SOZIAL?	Solitär
MERKMALE	Klein, schlank, zigarrenförmig
ÄHNLICHE WESPEN	Siricidae, Xiphydriidae (aber deutlich kleiner), Braconidae, Ichneumonidae
LEBENSRAUM	Grasland, Weiden, Waldränder
NEST	Keines; Larven sind Bohrer
BEDEUTUNG	Einige sind Ernteschädlinge, andere Gartenschädlinge

Halmwespen sind nicht selten, werden aber oft übersehen oder nicht erkannt. Die extrem schlanken Tiere sind zudem praktisch unsichtbar, wenn sie kopfüber an einem Halm oder Trieb sitzen. Die Larven bohren in Grashalmen oder in verholzenden Pflanzen, daher gelten sie oft als Schädlinge.

Familie Siricidae

WEITERE NAMEN	Holzwespen
VERBREITUNG	Holarktisch, gesamte Nordhalbkugel; eingeschleppt in Neuseeland, Tasmanien, Südafrika und Südamerika (20 Gattungen, 124 Arten)
SOLITÄR ODER SOZIAL?	Solitär
MERKMALE	Groß bis sehr groß; Körper walzen- oder zigarrenförmig; Kopf quaderförmig; Weibchen besitzen einen kräftigen Legebohrer mit zwei Sägeborsten.
ÄHNLICHE WESPEN	Vespidae, Crabronidae
LEBENSRAUM	Wälder
NEST	Keines; Larven bohren in Holz
BEDEUTUNG	Einige Arten gelten als Forstschädlinge; wenige Arten sind in manchen Ländern invasiv.

Holzwespen sind groß und laut und daher kaum zu übersehen. Die Larven sind typische Holzbohrer. Die Weibchen krümmen sich zur Eiablage ins Holz stark auf und deponieren dabei auch einen symbiotischen Pilz, der der Larve voraus ins Holz dringt und die enthaltene Cellulose vorverdaut. Die Larve ernährt sich streng genommen von diesem Pilz. Einige Holzwespenarten treten invasiv auf, besonders in Nord- und Südamerika, Südafrika und Australien.

Familie Xiphydriidae

WEITERE NAMEN	Schwertwespen
VERBREITUNG	Östliches Nordamerika, Bergland des westlichen Nordamerika, Nordeuropa, Ostasien, Australien und Neuseeland; vereinzelte Vorkommen in tropischen Regionen Mittel- und Südamerikas (28 Gattungen, 146 Arten)
SOLITÄR ODER SOZIAL?	Solitär
MERKMALE	Ähneln kleinen Holzwespen, Kopf jedoch rund, nicht eckig
ÄHNLICHE WESPEN	Siricidae, Pamphiliidae, Crabronidae
LEBENSRAUM	Wälder
NEST	Keines; Larven bohren in Holz
BEDEUTUNG	Keine wirtschaftliche Bedeutung

Die Schwertwespen zählen zu den seltensten Hautflüglern, daher ist über ihre Wirte, Artenvielfalt und geografische Verbreitung nur wenig bekannt. Am ehesten findet man sie neben Holzwespen und in Holz bohrenden Käfern auf frisch gefälltem Holz, Sturmholz und frisch abgebrochenen Ästen.

Familie Orussidae

WEITERE NAMEN	Keine
VERBREITUNG	Auf allen Kontinenten außer Antarktika weit verbreitet
SOLITÄR ODER SOZIAL?	Solitär
MERKMALE	Klein (5–14 mm); kugeliger Kopf mit auffallenden, tief angesetzten Antennen, die wie ein Spazierstock aussehen; Körper kompakt und zylindrisch
ÄHNLICHE WESPEN	Oft Verwechslung mit Ameisen, auch mit Tenthredinidae, Crabronidae, Ichneumonidae
LEBENSRAUM	Selten bis lokal häufig in Wäldern und an Ufern, wo es Holz bohrende Insektenlarven gibt
NEST	Keines
BEDEUTUNG	Keine wirtschaftliche Bedeutung

Diese Wespen ähneln im Körperbau Pflanzenwespen, leben aber als Parasitoide. Meist findet man sie auf gefällten Stämmen oder stehendem Totholz, wo die Weibchen nach Larven von Prachtkäfern (Buprestidae) oder anderen Holz bohrenden Insekten suchen. Sie legen ihr Ei eher in den Fraßgang der Wirtslarve als auf diese selbst. Die geschlüpfte Larve folgt zunächst ihrem Wirt und ernährt sich von dessen Ausscheidungen, bis sie ihn erreicht und sich dann als Ektoparasitoid ernährt. Adulttiere können dank eines kräftigen Muskels, der einen der Flugmuskeln ersetzt, springen.

Familie Stephanidae

WEITERE NAMEN	Manchmal als Kronenwespen bezeichnet
VERBREITUNG	Alle Kontinente außer Antarktika, besonders vielfältig in den Subtropen (11 Gattungen, 342 Arten)
SOLITÄR ODER SOZIAL?	Solitär
MERKMALE	Extrem schlanker Körper; kugeliger Kopf mit „Krone“ aus kleinen Höckern an der Oberseite. Sichtbarer „Hals“, Femur am hinteren Beinpaar verdickt und gezähnt; Weibchen mit langem Ovipositor
ÄHNLICHE WESPEN	Aulacidae, Ichneumonidae, Braconidae
LEBENSRAUM	Wälder und Ufer, wo es Holz bohrende Insektenlarven gibt
NEST	Keines
BEDEUTUNG	Keine wirtschaftliche Bedeutung

In gemäßigten Zonen begegnet man „Kronenwespen“ eher vereinzelt. Die Larven sind Ektoparasitoide an Larven von Holz bohrenden Käfern, meist Prachtkäfern. Mindestens eine Art *(Schletterius cinctipes)* ist ein Parasitoid der Holzwespen; sie wurde in Tasmanien zur biologischen Bekämpfung der dort ebenso exotischen Blauen Fichtenholzwespe *(Sirex noctilio)* eingeführt. Größte Artenvielfalt in den Tropen.

Familie Trigonalidae

WEITERE NAMEN	Keine
VERBREITUNG	Nord- und Südamerika, Europa, Asien, Australien (16 Gattungen, 92 Arten)
SOLITÄR ODER SOZIAL?	Solitär
MERKMALE	Keine Merkmale für die sichere Bestimmung im Feld
ÄHNLICHE WESPEN	Vespidae, Crabronidae, Tenthredinidae, Ichneumonidae
LEBENSRAUM	Variabel; größte Vielfalt im Unterholz von Wäldern
NEST	Keines
BEDEUTUNG	Funde selten, Bedeutung unbekannt

Die Trigonalidae sind die vielleicht am seltensten zu beobachtenden Wespen. Die Weibchen legen Hunderte, ja oft Tausende winziger, hartschaliger Eier an die Unterseite von Blättern. Diese werden unbeschädigt von Raupen oder Pflanzenwespenlarven mitgefressen. In deren Körper schlüpfen die Larven und suchen sodann nach einem anderen Parasitoiden, ihrem eigentlichen Wirt. Ist keiner vorhanden, warten sie, bis einer auftaucht. Diese hyperparasitoide Lebensweise ist oft genug erfolgreich. Bei manchen Trigonalidae muss die Raupe, die sie verzehrt hat, sogar an eine Echte Wespe verfüttert werden, ihre angestrebte Wirtsart.

Familie Aulacidae

WEITERE NAMEN	Keine
VERBREITUNG	Alle Kontinente außer Antarktika (2 Gattungen, 185 Arten)
SOLITÄR ODER SOZIAL?	Solitär
MERKMALE	Hinterleib setzt hoch am Thorax an; Ovipositor am Ende oft abwärts gebogen
ÄHNLICHE WESPEN	Ichneumonidae, Braconidae, Gasteruptiidae
LEBENSRAUM	Wälder und Waldränder, wo es Holz bohrende Insektenlarven gibt
NEST	Keines
BEDEUTUNG	Keine wirtschaftliche Bedeutung

Die Aulacidae sind verbreiteter als vielfach angenommen, doch ihre Ähnlichkeit mit den Schlupfwespen und ihre Mimikry bestimmter stechender Parasitoide bewirkt, dass sie im Feld oft nicht erkannt werden. Die Larven sind Parasitoide bei Prachtkäfern, Bockkäfern und Schwertwespen. Sie sind daher meist an frisch gefällten Bäumen und nahe Sägewerken zu finden, ebenso dort, wo kurz zuvor der Wald gebrannt hat. Rinnen an der Innenseite der Coxae (der obersten Beinsegmente) helfen, den Legebohrer während der Eiablage zu lenken und zu stabilisieren.

Familie Evaniidae

WEITERE NAMEN	Hungerwespen
VERBREITUNG	Alle Kontinente außer Antarktika (21 Gattungen, 449 Arten)
SOLITÄR ODER SOZIAL?	Solitär
MERKMALE	Klein; Hinterleib beilförmig oder dreieckig, seitlich abgeflacht, setzt hoch am Thorax an
ÄHNLICHE WESPEN	Oft mit Ameisen verwechselt, auch mit kleinen Sphecidae bzw. Crabronidae
LEBENSRAUM	In freier Natur dort, wo es Schaben gibt; *Evania appendigaster* auch in Innenräumen
NEST	Keines
BEDEUTUNG	Wichtiger Parasitoid an Eikapseln von Hausschaben

Hungerwespen sind so niedlich, wie Wespen nur sein können. Ihr Hinterleib wippt beim Laufen auf und ab, sie scheinen also tanzend auf der Suche nach Eikapseln von Schaben zu sein. Der Entwicklungszyklus von *Evania appendigaster* ist auf S. 102 dargestellt. Die einzelne Larve verspeist zahlreiche Eier ihres Schaben-Wirts, daher gelten sie eher als Beutegreifer denn als Ektoparasitoide. *Prosevania fuscipes* wird inzwischen vielerorts zur Bekämpfung von Schaben im Haus eingesetzt.

Familie Gasteruptiidae

WEITERE NAMEN	Schmalbauchwespen
VERBREITUNG	Alle Kontinente außer Antarktika (6–9 Gattungen, 496 Arten)
SOLITÄR ODER SOZIAL?	Solitär
MERKMALE	Kopf sitzt auf einem „Hals"; verdickte Tibiae am hinteren Beinpaar („Gichtwespen"); Ovipositor bei manchen Arten mit weißer Spitze, Länge variiert je nach Art
ÄHNLICHE WESPEN	Aulacidae, Ichneumonidae, Braconidae
LEBENSRAUM	Variabel; oft auf Doldenblütlern in der Feldmark und im Unterholz sowie an Bruthöhlen von Wirtsarten
NEST	Keines
BEDEUTUNG	Manchmal als Schädlinge an Nisthilfen für Solitärbienen, die zur Bestäubung eingesetzt werden

Die Schmalbauchwespen könnten ebenso gut „Giraffenwespen" heißen, besitzen sie doch ein verlängertes vorderes Thoraxsegment (Propleura), das einen „Hals" bildet. Die Weibchen lassen im Flug die Beine hängen und erinnern an eine rückwärts fliegende Stechmücke. Sie legen mit ihrem Legebohrer Eier in die Nester solitärer Wespen und Bienen in länglichen Hohlräumen und hohlen Ästen. Die Larve frisst das Ei bzw. die Larve des Wirts sowie deren Futtervorrat. Manche Larven warten auch ab, bis die Wirtslarve ihren Vorrat verzehrt hat, und fressen sie erst dann.

Familie Ceraphronidae

WEITERE NAMEN	Keine
VERBREITUNG	Alle Kontinente außer Antarktika (15 Gattungen, 304–360 Arten)
SOLITÄR ODER SOZIAL?	Solitär
MERKMALE	Winzig (1–3 mm); geflügelt, kurzflügelig oder flügellos
ÄHNLICHE WESPEN	Andere „Mikro-Hymenopteren"
LEBENSRAUM	Variabel; viele Arten leben im Boden
NEST	Keines
BEDEUTUNG	Wenig bekannte Familie, Bedeutung unbekannt

Zu den bekannten Wirten von Ceraphroniden-Larven zählen Gallmückenlarven, Raupen, Flor- und Skorpionsfliegenlarven, Schmierläuse und Fransenflügler. Manche wachsen in Fliegenpuppen heran, einige wenige sind Hyperparasitoide von Brackwespenlarven. Stets parasitieren die Ceraphronidae im Körperinneren. Adulttiere leben meist im Erdboden.

Familie Pelecinidae

WEITERE NAMEN	Keine
VERBREITUNG	Nordamerika östlich der Rocky Mountains, Südamerika (1 Gattung, 3 Arten)
SOLITÄR ODER SOZIAL?	Solitär
MERKMALE	Groß (Weibchen 70 mm, Männchen 20 mm); Abdomen der Weibchen extrem lang und dünn, zum Halbkreis gebogen; Tibiae der Hinterbeine verdickt; Männchen selten; Ähnlichkeit mit Sphecidae
ÄHNLICHE WESPEN	Eventuell bestimmte Ichneumonidae, Sphecidae
LEBENSRAUM	Unterholz von Wäldern, Waldränder
NEST	Keines
BEDEUTUNG	Keine wirtschaftliche Bedeutung

Die Weibchen dieser seltenen Wespen sehen besonders spektakulär aus; ihr Hinterleib ist sehr lang und schlank. Im Erdboden spüren sie beispielsweise Larven von Blatthornkäfern der Gattung *Phyllophaga* auf. Ihre Larven entwickeln sich als Endoparasitoid und überwintern vermutlich im ersten Larvenstadium. Die Verpuppung erfolgt außerhalb des Wirts, aber an dessen Unterseite geheftet. Etliche Populationen dieser Wespen scheinen sich parthenogenetisch fortzupflanzen, also ohne Befruchtung durch Männchen. Folglich sind Männchen eher selten zu finden.

Familie Proctotrupidae

WEITERE NAMEN	Zehrwespen
VERBREITUNG	Alle Kontinente außer Antarktika (ca. 28 Gattungen, 403 Arten)
SOLITÄR ODER SOZIAL?	Solitär; Larven mancher Arten aber gesellige Parasitoide
MERKMALE	Klein (3–10 mm); Hinterleibsspitze bei Weibchen abwärts gebogen, mit dem Thorax oft über einen kurzen, kräftigen Petiolus (Hinterleibsstiel) verbunden
ÄHNLICHE WESPEN	Einige Arten ähneln Pompilidae, Crabronidae oder geflügelten Ameisenmännchen.
LEBENSRAUM	Meist in Feuchtgebieten und schattigen Lebensräumen
NEST	Keines
BEDEUTUNG	Keine wirtschaftliche Bedeutung

Die Larven der meisten Zehrwespen sind Endoparasitoide von Fliegen- und Käferlarven in oberen Bodenschichten oder zerfallendem Totholz. Bei manchen Arten befallen mehrere Larven ein Wirtstier. Die Verpuppung findet außerhalb des Wirts statt, die Puppe haftet aber an dessen Bauch. Adulte Männchen wandern weiter ab als Weibchen; Letztere findet man oft auf dem oder im Erdboden.

Familie Diapriidae

WEITERE NAMEN	Keine
VERBREITUNG	Alle Kontinente außer Antarktika (ca. 190 Gattungen, > 2000 Arten)
SOLITÄR ODER SOZIAL?	Solitär
MERKMALE	Winzig (1–8 mm, durchschnittlich 2–4 mm); Antennen entspringen aus einem Gesichtshöcker; Hinterleib meist gestielt; Ovipositor verborgen
ÄHNLICHE WESPEN	Ähnlichkeit vor allem mit Ameisen, auch mit Bethylidae, Braconidae und anderen „Mikro-Hymenopteren"
LEBENSRAUM	Meist feuchte, schattige Lebensräume, wie Unterholz, Feuchtgebiete und Erdboden
NEST	Keines
BEDEUTUNG	Keine wirtschaftliche Bedeutung

Diapriidae sind klein, aber ungeheuer vielfältig. Normalerweise bekommt man sie nicht zu Gesicht, obwohl manche nachts an Schwarzlicht gehen. Die meisten entwickeln sich als Endoparasitoide von Fliegen. Das Ei wird auf der Made abgelegt und verlässt diese erst wieder als neues Adulttier, sie komplettieren also ihren Entwicklungszyklus innerhalb der Fliegenpuppe. Andere Arten werden, vor allem in den Tropen, eher mit Ameisen oder Termiten in Verbindung gebracht.

Familie Platygastridae

WEITERE NAMEN	Keine
VERBREITUNG	Alle Kontinente außer Antarktika (236 Gattungen, 5385 Arten)
SOLITÄR ODER SOZIAL?	Solitär
MERKMALE	Winzig (1–4 mm, meist nur bis 2 mm); Geschlechtsdimorphismus häufig, auch Polymorphismus kommt vor; geflügelt, kurzflügelig oder flügellos
ÄHNLICHE WESPEN	Andere „Mikro-Hymenopteren"
LEBENSRAUM	Variabel; viele finden sich im Boden oder auf Blüten
NEST	Keines
BEDEUTUNG	Gelegentlich zur Schädlingsbekämpfung in der Landwirtschaft eingesetzt; hier besteht großes Potenzial.

Zu dieser Familie gehört die Unterfamilie Scelioninae (vormals Familie Scelionidae). Man schätzt die Artenzahl der Platygastridae auf mehr als 7000; etliche neu entdeckte Arten sind noch nicht beschrieben, viele sicher noch unentdeckt. Allgemeines zu Entwicklungszyklen lässt sich kaum sagen; sie sind (zumindest anfangs) meist Ei-Parasitoide bei Insekten und Spinnen. Arten der Unterfamilie Platygastrinae sind vorwiegend auf Gallmücken spezialisiert. Bei manchen Arten ernähren sich die Larven erst bei der Präpuppe oder Puppe der Wirte als Endoparasitoide.

Familie Cynipidae

WEITERE NAMEN	Gallwespen
VERBREITUNG	Alle Kontinente außer Antarktika, größte Vielfalt und Vielzahl in Europa und Nordamerika (74 Gattungen, 1412 Arten)
SOLITÄR ODER SOZIAL?	Solitär
MERKMALE	Klein (1–8 mm), kompakt, „buckelig" mit kleinem Kopf; Geschlechtsdimorphismus; manche Arten saisonal dimorph; geflügelt oder flügellos
ÄHNLICHE WESPEN	Andere „Mikro-Hymenopteren", Ameisen
LEBENSRAUM	Wälder, Savannen, Gärten mit Vorkommen der Wirtspflanzen
NEST	Bilden Pflanzengallen, vor allen an Eichen
BEDEUTUNG	Heute nur geringe wirtschaftliche Bedeutung, gelegentlich „kosmetische" Schäden an Wirtspflanzen; ökologische Bedeutung, da Gallen verschiedene weitere Arten ernähren

Die Gallwespen sind und werden bestens erforscht. Jahrhundertelang nutzte man Gallen als Nahrung, in der Volksmedizin und zur Herstellung von Tinte und Farbstoffen. Der Wechsel von sich sexuell bzw. parthenogenetisch fortpflanzenden Generationen bei manchen Arten stellt Forschende bis heute vor Rätsel. In gemäßigten Zonen sieht man Gallwespen vor allem als Adulttiere in Herbst und Winter. Nicht alle Arten erzeugen Gallen; manche dringen als Einmieter (Inquilinen) in Gallen anderer Arten ein, schaden aber ihren Wirten nicht.

Familie Figitidae

WEITERE NAMEN	Keine
VERBREITUNG	Alle Kontinente außer Antarktika (148 Gattungen, 1571 Arten)
SOLITÄR ODER SOZIAL?	Solitär
MERKMALE	Identifikation im Feld schwierig, Kennzeichen nicht auf Anhieb sichtbar
ÄHNLICHE WESPEN	Fast identisch mit vielen Cynipidae
LEBENSRAUM	Je nach Wirtsart variabel; oft an Dung oder faulenden Früchten
NEST	Keines, manche schlüpfen aber aus Gallen.
BEDEUTUNG	Keine wirtschaftliche Bedeutung

Zu den Figitidae gehört die Unterfamilie Eucoilinae (vormals Familie Eucoilidae). Alle Arten sind Parasitoide anderer Insekten, manche auf Gallwespen spezialisiert. Weitere Wirte sind die Larven von Netzflüglern (Chrysopidae und Hemerobiidae) und Schwebfliegen (Syrphidae) sowie Larven und Puppen anderer Fliegen. Figitidae sind Endoparasitoide oder zunächst Endo- und dann Ektoparasitoide.

Familie Ibaliidae

WEITERE NAMEN	Dornwurmwespen (Gattung *Ibalia*)
VERBREITUNG	Nord- und Mittelamerika, Westeuropa, Japan, Australien, Neuseeland (3 Gattungen, 20 Arten)
SOLITÄR ODER SOZIAL?	Solitär
MERKMALE	Groß (bis zu 30 mm); Hinterleib dünn, seitlich abgeflacht
ÄHNLICHE WESPEN	Ichneumonidae, Braconidae
LEBENSRAUM	Meist Wälder, wo es Holz bohrende Larven gibt
NEST	Keines
BEDEUTUNG	Keine wirtschaftliche Bedeutung

Wie viele parasitoide Wespen, die mit Holz bohrenden Insektenlarven assoziiert sind, sieht man die Ibaliidae selten, höchstens auf frisch gefälltem oder geworfenem Holz. Wirte sind die Larven der Holzwespen (Siricidae) und der Zedernholzwespe (Anaxyelidae). Die Larven beginnen als Endoparasitoide, beenden ihren Fraß aber als Ektoparasitoide. Ibaliidae sind die weitaus größten Vertreter der Cynipoidea (Gallwespenartigen).

Familie Agaonidae

WEITERE NAMEN	Feigenwespen
VERBREITUNG	Alle Kontinente außer Antarktika (20–30 Gattungen, ca. 70 Arten)
SOLITÄR ODER SOZIAL?	Solitär, Larven in Feigen jedoch gesellig
MERKMALE	Winzig; ausgeprägter Geschlechtsdimorphismus
ÄHNLICHE WESPEN	Andere „Mikro-Hymenopteren"
LEBENSRAUM	Variabel, je nach Standort der Wirtsbäume
NEST	Keines, Entwicklung innerhalb einer Feige
BEDEUTUNG	Obligate, exklusive Bestäuber der meisten Feigen

Zum komplexen Entwicklungszyklus der Feigenwespen siehe S. 90–91. Die Larven fressen in einer Samenanlage einer Feige und erzeugen dort eine Galle. Die larvenähnlichen, flügellosen Männchen bleiben zeitlebens in „ihrer" Feige. Blüten, in die kein Wespenei gelegt wurde, entwickeln sich zu keimfähigen Samen. Rund die Hälfte der Feigenarten ist zweihäusig, es gibt also weibliche und männliche Pflanzen. Bei ihnen entstehen nur in den männlichen „Früchten" Gallen. Manche Arten der Agaonidae sind Parasitoide anderer Feigenwespen und werden wohl zukünftig anderen Familien zugeordnet. Sie besitzen meist lange Legebohrer und erreichen ihre Wirte von außerhalb der Feige. Wieder andere Arten bewirken während ihres Lebenszyklus keine Befruchtung der Pflanze.

Familie Aphelinidae

WEITERE NAMEN	Keine
VERBREITUNG	Alle Kontinente außer Antarktika (29–43 Gattungen, 1078–1311 Arten)
SOLITÄR ODER SOZIAL?	Solitär
MERKMALE	Winzig (2 mm oder kleiner); keine für die Feldbestimmung brauchbaren Merkmale
ÄHNLICHE WESPEN	Andere „Mikro-Hymenopteren", besonders Trichogrammatidae und Encyrtidae; Braconidae
LEBENSRAUM	Variabel, je nach Lebensraum ihrer Wirte; Einsatz auf Äckern und in Obstgärten
NEST	Keines
BEDEUTUNG	Massenhafte Züchtung zur biologischen Schädlingsbekämpfung

Diese Wespen zeigen komplizierte Entwicklungszyklen. Viele Arten dienen der Bekämpfung von Schild-, Schmier-, Blatt- und Mottenschildläusen. Andere befallen Eier von Nachtfaltern, Kurzfühlerschrecken und Fliegen (oder Fliegenlarven und -puppen). Wieder andere befallen als Hyperparasitoide die Larven von „Mikro-Hymenopteren" unter den Erz- oder Zikadenwespen. Bei manchen Arten entwickeln sich Weibchen und Männchen in verschiedenen Wirten. Selten sind Männchen Parasitoide von Weibchen derselben Art. Die Larven leben endo- oder ektoparasitoid oder beides nacheinander.

Familie Chalcididae

WEITERE NAMEN	Schenkelwespen (nur Gattung *Chalcis*)
VERBREITUNG	Alle Kontinente außer Antarktika (85–90 Gattungen, ca. 1470 Arten)
SOLITÄR ODER SOZIAL?	Solitär, doch in einem Wirtstier können sich zahlreiche Larven entwickeln.
MERKMALE	Klein (2,5–9 mm), aber für „Mikro-Hymenopteren" recht groß; Femora des hinteren Beinpaares stark verdickt, oft gezähnt
ÄHNLICHE WESPEN	Leucospidae
LEBENSRAUM	Variabel, je nach Lokalisation der Wirte
NEST	Keines
BEDEUTUNG	Keine wirtschaftliche Bedeutung

Adulte Chalcididae nutzen ihre verdickten Hinterschenkel zum Springen oder für Kämpfe unter Weibchen; *Lasiochalcidia igiliensis* hält damit die beachtlichen Kiefer von „Ameisenlöwen" (Larven von Ameisenjungfern) offen, um diesen ein Ei in den Schlund zu legen. Die Larven sind meist Endoparasitoide von Schmetterlingspuppen oder reifer Fliegenlarven. Wenige befallen Käfer oder andere Hautflügler. Weibchen legen ihre Eier auf die Eier oder Larven der Wirte, die Larven schlüpfen dann aus deren Puppe.

Familie Encyrtidae

WEITERE NAMEN	Keine
VERBREITUNG	Alle Kontinente außer Antarktika, die meisten Inseln der Weltmeere (493–506 Gattungen, ca. 4100 Arten)
SOLITÄR ODER SOZIAL?	Solitär
MERKMALE	Klein (1–4 mm); langer Sporn an Tibiae des mittleren Beinpaares; manche Arten bunt gefärbt mit Flügelstreifung
ÄHNLICHE WESPEN	Andere „Mikro-Hymenopteren", Ameisen
LEBENSRAUM	Variiert je nach Lokalisation der Wirte
NEST	Keines
BEDEUTUNG	Große Bedeutung für die Bekämpfung schädlicher Schildläuse; manche Arten zu diesem Zweck in andere Länder eingeführt

Mindestens die Hälfte aller Encyrtidae-Arten sind Endoparasitoide unreifer Schild- oder Schmierläuse, manche auch bei adulten Schildläusen. Viele andere sind gesellige Endoparasitoide in Raupen und entwickeln sich als solche aus nur einem Ei (Polyembryonie). Wieder andere Arten sind Parasitoide anderer Insekten, Milben, Zecken oder Spinnen. Wenige sind Hyperparasitoide anderer „Mikro-Hymenopteren", Braconidae oder Dryinidae, die in anderen Insekten leben. Die Arten verpuppen sich meist im Wirtskörper; manche bilden eine Hülle im Tracheensystem des noch lebenden Wirts.

Familie Eucharitidae

WEITERE NAMEN	Keine
VERBREITUNG	Alle Kontinente außer Antarktika; größte Vielfalt in den Tropen und Subtropen (57–68 Gattungen, ca. 430 Arten)
SOLITÄR ODER SOZIAL?	Solitär
MERKMALE	Klein (2–5,4 mm); Antennen oft kamm- oder fächerförmig; am Thorax oft Buckel oder Dornen. Hinterleib ungewöhnlich klein, über langen Hinterleibsstiel (Petiolus) mit dem Thorax verbunden.
ÄHNLICHE WESPEN	Einige andere „Mikro-Hymenopteren"
LEBENSRAUM	Je nach Lokalisation der Wirtsameisen
NEST	Keines
BEDEUTUNG	Keine wirtschaftliche Bedeutung, aber potenzielle Nutzung zur Bekämpfung invasiver Ameisenarten

Soweit bekannt, sind die Eucharitidae reine Ameisen-Parasitoide. Die Larven fressen innen oder außen an Ameisenlarven oder -puppen, je nach Art. Die Larven einiger Arten können springen.

Familie Eulophidae

WEITERE NAMEN	Keine
VERBREITUNG	Alle Kontinente außer Antarktika, die meisten Inseln der Weltmeere (ca. 330 Gattungen, 4969–5197 Arten)
SOLITÄR ODER SOZIAL?	Solitär; Larven mancher Arten gesellig
MERKMALE	Keine Merkmale, die der Identifikation im Feld dienen können
ÄHNLICHE WESPEN	Andere „Mikro-Hymenopteren"
LEBENSRAUM	Je nach Lokalisation der Wirte
NEST	Keines
BEDEUTUNG	Manche Arten zur biologischen Bekämpfung von Schadinsekten eingesetzt

Die allermeisten Eulophidae-Arten sind nicht spezialisierte Parasitoide von verborgen lebenden Insektenlarven, insbesondere von Blattminierern. Zu den Wirten zählen Larven von Fliegen, Nachtfaltern und Käfern. Manche Eulophidenlarven sind räuberisch und fressen z. B. Spinnengelege oder Gallmückenlarven. Diese Familie umfasst die größte Vielfalt an parasitoiden Lebensweisen und Wirtsarten von allen „Mikro-Hymenopteren". Einige wenige ernähren sich von Pflanzen oder sind Gallbildner. Mehr zu Eulophidae der Gattung Melittobia auf S. 194.

Familie Eupelmidae

WEITERE NAMEN	Keine
VERBREITUNG	Alle Kontinente außer Antarktika, die meisten Inseln der Weltmeere (ca. 50 Arten, > 930 Arten)
SOLITÄR ODER SOZIAL?	Solitär; manche als Larven gesellig
MERKMALE	Klein (< 10 mm); Körper oft schlank und länglich, manche Arten metallisch schillernd; Flügel bei manchen Arten stark reduziert
ÄHNLICHE WESPEN	Andere „Mikro-Hymenopteren", besonders Encyrtidae, Pteromalidae
LEBENSRAUM	Je nach Lokalisation der Wirte; oft auf stehendem Totholz zu beobachten
NEST	Keines
BEDEUTUNG	Keine wirtschaftliche Bedeutung

Die Mitglieder der Unterfamilie Eupelminae zeigen starke Abwandlungen in der Mitte des Thorax, die für gutes Sprungvermögen sorgen. Im Tod kontrahieren sich die entsprechenden Muskeln, sodass sich die Tiere stark rückwärts biegen und der Kopf fast den Hinterleib berührt. Individuen der Gattung *Metapelma* suchen auf stehendem Totholz nach Holz bohrenden Käferlarven als Wirte. Die Vielfalt der Wirte und Entwicklungszyklen ist ähnlich der der Eulophidae. Einige leben sogar als Hyperparasitoide an anderen parasitoiden Wespenlarven im Körper eines Insekten-Primärwirts.

Familie Eurytomidae

WEITERE NAMEN	Keine
VERBREITUNG	Alle Kontinente außer Antarktika (80–97 Gattungen, ca. 1500 Arten)
SOLITÄR ODER SOZIAL?	Solitär; wenige Arten als Larven gesellig
MERKMALE	Klein (1–4 mm); keine Merkmale, die der Identifikation im Feld dienen können
ÄHNLICHE WESPEN	Andere „Mikro-Hymenopteren"
LEBENSRAUM	Variabel, je nach Lokalisation der Wirte
NEST	Keines
BEDEUTUNG	Einige „Samenwespen" sind bedeutende Ernteschädlinge

Die Eurytomidae sind derart vielgestaltig, dass sie mit Angehörigen aller anderen Familien der „Mikro-Hymenopteren" verwechselt werden können. Ebenso vielfältig sind ihre Entwicklungszyklen. Die Larven leben meist verborgen. Die Samen fressenden Arten beschränken sich meist auf Leguminosen und Doldenblütler. Stängelbohrer befallen Gräser und einige krautige Pflanzen; manche bilden Stängelgallen, die die Blütenentwicklung hemmen. Manche Arten sind als Larven Ektoparasitoide von Gallwespenlarven und unreifen Stadien anderer Gallbildner. Einige davon ernähren sich zuvor von der Galle selbst, bevor sie auf das Wirtsinsekt übergehen. Einige wenige Erytomidae sind fakultative Hyperparasitoide und können an anderen Ektoparasitoiden parasitieren.

Familie Leucospidae

WEITERE NAMEN	Falten-Erzwespen
VERBREITUNG	Alle Kontinente außer Antarktika (4 Gattungen, 134–151 Arten)
SOLITÄR ODER SOZIAL?	Solitär
MERKMALE	Groß (4–17 mm); auffällig gefärbt, meist schwarz und gelb oder rot; Flügel in Ruhe längs gefaltet; Ovipositor der Weibchen über den Hinterleibsrücken nach vorn gebogen; Femur des hinteren Beinpaars stark verdickt, gezähnt
ÄHNLICHE WESPEN	Chalcididae, Vespidae
LEBENSRAUM	Variabel, je nach Vorkommen der Wirte; auffällige Blütenbesucher
NEST	Keines
BEDEUTUNG	Manchmal als Schädlinge an Nisthilfen für Solitärbienen, die zur Bestäubung eingesetzt werden

Die Leucospidae zählen zu den größten „Mikro-Hymenopteren" und sind leicht mit solitären Faltenwespen zu verwechseln. Die einzigartige Gliederung des Hinterleibs und Form des Ovipositors erlauben dem Weibchen, auch durch dichte Substrate hindurch Larven von Solitärbienen oder auch parasitoide Stechwespen in ihren Niststätten zu erreichen. Die Leucospidae-Larve eliminiert zunächst konkurrierende Parasitoide, um sich dann als Ektoparasitoid von den Körpersäften des Wirts zu ernähren.

Familie Mymaridae

WEITERE NAMEN	Zwergwespen
VERBREITUNG	Alle Kontinente außer Antarktika, die meisten Inseln der Weltmeere (96–117 Gattungen, ca. 1450 Arten)
SOLITÄR ODER SOZIAL?	Solitär; manche Arten als Larven gesellig
MERKMALE	Winzig (meist < 1 mm); keine Flügeladern; Flügel oft lang bewimpert und häufig paddelförmig oder gar fädig reduziert, manche Arten flügellos
ÄHNLICHE WESPEN	Andere „Mikro-Hymenopteren"
LEBENSRAUM	Variabel je nach Lokalisation der Wirte, auch aquatische Lebensräume
NEST	Keines
BEDEUTUNG	Manche Arten finden verbreitet Einsatz zur Bekämpfung von Pflanzenschädlingen.

Zwergwespen könnten, so heißt es, durch ein Nadelöhr fliegen, so winzig sind sie. Alle Arten sind Endoparasitoide in Eiern anderer Insekten. Die meisten Zwergwespen wählen die Wirtseier nach Lebensraum und Lokalisation und haben keinen speziellen Wirt. Typischerweise werden Eier befallen, die teilweise oder ganz in Pflanzengewebe verborgen sind. Die meisten Arten überwintern als reife Larven im Wirtsei. Dort findet auch die Verpuppung statt.

Familie Perilampidae

WEITERE NAMEN	Keine
VERBREITUNG	Alle Kontinente außer Antarktika (17 Gattungen, 284–292 Arten)
SOLITÄR ODER SOZIAL?	Solitär
MERKMALE	Klein (1,3–5,5 mm) und kompakt; Abdomen pyramidenförmig; Thorax oft mit gestauchter Form; viele Arten metallisch grün oder blau
ÄHNLICHE WESPEN	Oft Verwechslung mit Kuckuckswespen der Familie Chrysididae, manchmal mit metallisch gefärbten Bienen
LEBENSRAUM	Variabel je nach Vorkommen der Wirte; auffällige Blütenbesucher; in der Nähe von Blattlauskolonien
NEST	Keines
BEDEUTUNG	Keine wirtschaftliche Bedeutung

Die meisten Perilampidae sind Hyperparasitoide. Zu den Primärwirten zählen u. a. Raupen, Pflanzenwespenlarven, Nymphen von Kurzfühlerschrecken, Florfliegen und andere Hautflügler. Wirte sind Larven von Raupenfliegen, Schlupf- oder Brackwespen. Einige Perilampidae können den Primärwirt direkt nutzen; andere sind Parasitoide bestimmter Holz bohrender Käfer. Die Weibchen legen zahlreiche Eier in oder an Pflanzengewebe, und die aktiven geschlüpften Larven (Planidiumlarven) müssen sich an einem anderen Insekt festklammern, bei dem es sich hoffentlich um einen Wirt oder einen Transporteur zum Wirt handelt. Bei Erfolg dringt die Larve auf der Suche nach einem anderen Parasitoiden in den Wirt ein.

Familie Pteromalidae

WEITERE NAMEN	Keine
VERBREITUNG	Alle Kontinente außer Antarktika, die meisten Inseln der Weltmeere (ca. 630 Gattungen, ca. 3600 Arten)
SOLITÄR ODER SOZIAL?	Solitär; manche Arten als Larven gesellig
MERKMALE	Klein bis sehr klein (1–48 mm); oft metallisch glänzend, vielfältige Körperformen; geflügelt oder flügellos
ÄHNLICHE WESPEN	Viele andere „Mikro-Hymenopteren“
LEBENSRAUM	Variabel je nach Lokalisation der Wirte
NEST	Keines
BEDEUTUNG	Oft zur biologischen Bekämpfung von Ernteschädlingen eingesetzt; *Pteromalus puparum* manchmal als Schädling in Schmetterlingsfarmen

Die Pteromalidae sind eine Familie unterschiedlichster Wespen, die sich taxonomisch schlecht anderswo einordnen lassen; entsprechend hoch ist die Vielfalt der äußeren Erscheinungsbilder und Lebenszyklen. Die meisten Arten sind idiobionte Parasitoide, hemmen also durch ihren Stich den Wirt in seiner Entwicklung. Manche Arten legen ihr Ei in die Larve des Wirts; die Nachkommen schlüpfen dann aus dessen Puppe. Viele attackieren Gallbildner oder Wirte, die in Stängeln oder Holz bohren oder Blätter minieren. *Pteromalus puparum* befällt Schmetterlingspuppen. Erstaunlich viele Pteromalidenlarven leben räuberisch von Insekteneiern. Praktisch jedes Insekt kann für Pteromalidae zum Wirt werden.

Familie Torymidae

WEITERE NAMEN	Keine
VERBREITUNG	Alle Kontinente außer Antarktika, viele Inseln der Weltmeere (68–82 Gattungen, > 900 Arten)
SOLITÄR ODER SOZIAL?	Solitär
MERKMALE	Klein (1–7,5 mm ohne Legebohrer); viele Arten metallisch schillernd, Ovipositor oft lang und aufwärts gerichtet
ÄHNLICHE WESPEN	Andere „Mikro-Hymenopteren"
LEBENSRAUM	Variabel; viele Arten mit Gallen assoziiert
NEST	Keines; Schlupf erfolgt oft aus Gallen
BEDEUTUNG	Einige „Samenwespen" als Schädlinge an Feldfrüchten und Obst

Die am häufigsten beobachteten Torymidae sind jene der mit Gallen assoziierten Unterfamilie Toryminae. Die meisten sind primäre Ektoparasitoide an Präpuppen und Puppen der Gallbildner. Wenige sind Inquilinen („Untermieter") und fressen nur am Gallgewebe; andere fressen Galle und Wirt. Einige Torymidae sind Parasitoide an Präpuppen von Grabwespen der Unterfamilie Crabroninae (Familie Crabronidae). Es ist unmöglich, hier die ganze Vielfalt an Entwicklungszyklen dieser Familie wiederzugeben.

Familie Trichogrammatidae

WEITERE NAMEN	Keine
VERBREITUNG	Alle Kontinente außer Antarktika, viele Inseln der Weltmeere (98 Gattungen, > 880 Arten)
SOLITÄR ODER SOZIAL?	Solitär; manche Arten als Larven gesellig
MERKMALE	Winzig (0,3–1,2 mm)
ÄHNLICHE WESPEN	Mymaridae
LEBENSRAUM	Variabel je nach Wirtsart, auch aquatische Lebensräume
NEST	Keines
BEDEUTUNG	Hoch wirksam in der biologischen Bekämpfung von Schädlingen in Landwirtschaft und Gartenbau, daher kommerzielle Züchtung und Vermarktung

Die Trichogrammatidae sind Ei-Parasitoide bei anderen Insekten, besonders Tag- und Nachtfaltern, Wanzen, Käfern, Fransenflüglern, Netzflüglern und anderen Wespen. Manche befallen aquatische Wirte, wie Libellen und Wasserkäfer. Die Weibchen mancher Trichogrammatidae bleiben so lange auf den adulten weiblichen Wirten, bis diese Eier legen (phoretische Eiablage). Geeignete Wirte werden vor allem per Berührung und Geruch identifiziert. Die winzigen Wespen werden meist mit dem Wind verbreitet. *Megaphragma mymaripenne* ist so klein, dass sie über nur 7400 Neurone ohne Nucleus verfügt.

Familie Braconidae

WEITERE NAMEN	Brackwespen
VERBREITUNG	Alle Kontinente außer Antarktika, die meisten Inseln der Weltmeere (1057 Gattungen, 17600–19205 Arten)
SOLITÄR ODER SOZIAL?	Solitär; manche Arten als Larven gesellig
MERKMALE	Meist klein (2–15 mm ohne Ovipositor); Flügeläderung, wenn sichtbar, sehr typisch; Flagellum (Geißel) der Antennen in viele kleine Flagellomere gegliedert
ÄHNLICHE WESPEN	Ichneumonidae
LEBENSRAUM	Fast überall; oft an Blüten, Laub und Totholz zu sehen
NEST	Keines
BEDEUTUNG	Mehrere Arten finden Einsatz in der biologischen Bekämpfung von Schädlingen wie Apfelwickler und Kleinem Kohlweißling.

Die parasitären Mechanismen bei den Braconidae sind äußerst komplex. Die meisten sind koinobiontische Endoparasitoide, die somit dem Wirt eine Weiterentwicklung erlauben. Viele legen Eier in das Wirtsei, doch die Entwicklung erfolgt erst in der Wirtslarve. Viele andere sind idiobiontische Ektoparasitoide: Das Weibchen lähmt den Wirt temporär mit seinem Stich, legt sein Ei ab, und die geschlüpfte Larve beginnt sofort, am Wirt zu fressen. Häufige Wirte sind Raupen, Käfer und Fliegen sowie Blattläuse und andere hemimetabole Insekten. Manche Brackwespen infizieren ihren Wirt mit einem Polydnavirus, um dessen Verhalten zu steuern (siehe S. 95). Die Marienkäfer-Brackwespe *(Dinocampus coccinellae)* wütet im Körper eines Marienkäfers und macht ihn dann zu einem „Zombie"-Bewacher ihres Kokons.

Familie Ichneumonidae

WEITERE NAMEN	Echte Schlupfwespen, Darwin-Wespen
VERBREITUNG	Alle Kontinente außer Antarktika, die meisten Inseln der Weltmeere (1575 Gattungen, ca. 24025 Arten)
SOLITÄR ODER SOZIAL?	Solitär, jedoch oft mehr als eine Larve pro Wirt
MERKMALE	Klein bis sehr groß (3–42 mm ohne Legebohrer); typische Flügeläderung (*oben mittig* im Vorderflügelpaar oft eine „pferdekopfförmige" Zelle); Flagellum (Geißel) der Antennen in viele kleine Flagellomere gegliedert
ÄHNLICHE WESPEN	Braconidae, Aulacidae, Gasteruptidae, Sphecidae, Pompilidae
LEBENSRAUM	Fast überall; besonders Wälder und Waldränder
NEST	Keines
BEDEUTUNG	Natürliche Gegenspieler vieler Schadinsekten

Diese größte Familie der Hymenoptera weist vielerlei Wirtsarten und parasitoide Entwicklungszyklen auf. Die meisten Schlupfwespen sind Endoparasitoide von Raupen und Pflanzenwespenlarven, doch werden Larvenstadien vieler anderer Insekten befallen, etwa Käfer, Fliegen, andere Wespen, Kamelhals- und Köcherfliegen. Erstaunlich viele Arten sind Ektoparasitoide an Spinnen. Manche (wie *Reclinervellus nielseni*) manipulieren die Spinne, sodass sie ein besonderes Netz anfertigt, auf dem die Larve dann einen frei hängenden, vor Feinden geschützten Kokon spinnt. Einige wenige sind Räuber an Eikokons von Spinnen oder Pseudoskorpionen. Bei einer Konferenz beschlossen Ichneumonidae-Fachleute 2019 „Darwin-Spinnen" als neuen Populärnamen für diese Familie.

Familie Bethylidae

WEITERE NAMEN	Plattwespen
VERBREITUNG	Alle Kontinente außer Antarktika, die meisten Inseln der Weltmeere (84 Gattungen, 2340 Arten)
SOLITÄR ODER SOZIAL?	Solitär; Weibchen mancher Arten bewachen den Nachwuchs
MERKMALE	Klein (1–20 mm); viele Arten flügellos, ameisenähnlich; schwarz oder braun
ÄHNLICHE WESPEN	Verwechslung mit Ameisen wahrscheinlicher
LEBENSRAUM	Variabel; auch in Kornsilos, Wohnhäusern
NEST	Keines; manche Arten verstecken ihre Wirte in Hohlräumen.
BEDEUTUNG	Manche Arten bedeutsam für biologische Bekämpfung von Vorratsschädlingen wie Motten und Käfern

Plattwespen sind zwar verbreitet, aber Sichtungen sind eher selten. Als Wirte dieser Stechwespen sind nur Raupen und Käferlarven bekannt, besonders solche von Vorratsschädlingen. Einige wenige befallen verborgen lebende Wirte, wie Holzbohrer, Bodenbewohner, Blattkäferlarven, die ein Gehäuse tragen, und Wicklerraupen. Manche Bethylidae schleppen ihre immobilisierten Wirte in ein Versteck. Die Weibchen weniger Gattungen bewachen ihre kleinen Gelege und die daraus geschlüpften Larven.

Familie Chrysididae

WEITERE NAMEN	Goldwespen
VERBREITUNG	Alle Kontinente außer Antarktika, viele Inseln der Weltmeere (81 Gattungen, ca. 2500 Arten)
SOLITÄR ODER SOZIAL?	Solitär
MERKMALE	Klein (3–18 mm), meist < 6 mm; meist metallisch grün, blau, kupfer- oder bronzefarben und/oder rot schillernd; Hinterleib unterwärts eingebuchtet, Rückencuticula sehr hart; einige Arten flügellos
ÄHNLICHE WESPEN	Perilampidae; viele metallisch schillernde Bienen
LEBENSRAUM	Fast überall; ländliche ebenso wie urbane Gebiete
NEST	Keines, aber an Nestern von anderen Wespen
BEDEUTUNG	Keine wirtschaftliche Bedeutung

Goldwespen rollen sich bei Gefahr ein und präsentieren ihre harte Rückencuticula (Bild). Bei den bekannteren Arten besteht die Legeröhre aus mehreren Endsegmenten des Hinterleibs und ist ausfahrbar. Ihre Eier legen sie in Nester solitärer Wespen oder Bienen. Die Larven sind Kleptoparasitoide, fressen also die Vorräte des Wirts, oder Parasitoide. Die Unterfamilien Amiseginae und Loboscelidiinae glänzen nicht metallisch, sind ungepanzert und Ei-Parasitoide von Gespenstschrecken. Die Cleptinae sind Parasitoide an Präpuppen bestimmter Pflanzenwespen (Diprionidae und Tenthredinidae).

Familie Sphecidae

WEITERE NAMEN	Grabwespen
VERBREITUNG	Alle Kontinente außer Antarktika, die meisten Inseln der Weltmeere (19 Gattungen, 724 Arten)
SOLITÄR ODER SOZIAL?	Solitär; Weibchen nisten oft in enger Nachbarschaft
MERKMALE	Groß (10–30 mm), schmaler Hinterleibsstiel (Petiolus) zwischen Thorax und Abdomen; Tibiae des mittleren Beinpaars mit zwei Spornen an der Spitze
ÄHNLICHE WESPEN	Einige Ichneumonidae, Aulacidae, Gasteruptiidae, Stephanidae, Pelecinidae, Vespidae und Crabronidae
LEBENSRAUM	Fast überall, auch im urbanen Siedlungsraum
NEST	Selbstgegrabene Röhren im Boden, vorhandene Hohlräume, frei gebaute Lehmnester
BEDEUTUNG	Wichtige Prädatoren schädlicher Raupen und Kurzfühlerschrecken; Bestäuber

Die Sphecidae sind solitäre, parasitoide Stechwespen. Das Weibchen gräbt eine Röhre als Nest, nutzt einen bestehenden Hohlraum oder modelliert Lehmnester, die mehrere Kammern enthalten können. Die Beute variiert je nach Gattung und Art, vor allem sind es Spinnen, Schaben, Grillen, Lang- und Kurzfühlerschrecken sowie Raupen. Adulte Grabwespen sind häufige Blütenbesucher und schätzen den Honigtau von Blattläusen und verwandten Insekten. Bei manchen Arten verbringen die Individuen die Nacht gemeinsam, etwa an Pflanzen gehängt oder dicht gedrängt in Verstecken.

Familie Crabronidae

WEITERE NAMEN	Grabwespen
VERBREITUNG	Alle Kontinente außer Antarktika, die meisten Inseln der Weltmeere (242 Gattungen, ca. 8700 Arten)
SOLITÄR ODER SOZIAL?	Solitär, einige wenige primitiv sozial; Weibchen mancher Arten nisten in großen Ansammlungen
MERKMALE	Klein bis sehr groß (1,5–45 mm); sehr variable Form und Färbung erschweren die Bestimmung
ÄHNLICHE WESPEN	Vespidae, Sphecidae, Tenthredinidae, Pompiliidae
LEBENSRAUM	Fast überall
NEST	Gänge im Boden, bestehende Hohlräume, frei modellierte Lehmnester; manche Arten als Kleptoparasitoide oder Parasitoide in Nestern anderer Wespen
BEDEUTUNG	Mäßige Bedeutung in der biologischen Schädlingsbekämpfung, als Gegenspieler invasiver Arten (*Cerceris fumipennis* beim Asiatischen Eschenprachtkäfer)

Die Crabronidae sind die diverseste Familie der parasitoiden Stechwespen und stellen die Klassifikation vor einige Probleme. Einst ordnete man sie den Sphecidae zu; manche Fachleute betrachten Unterfamilien der Crabronidae als Familien. Der Bienenwolf *(Philanthus triangulum)* ist nur einer der Vertreter dieser variablen Familie mit ihren vielfältigen Entwicklungszyklen. Viele Arten zeigen ausgefeilte Verhaltensweisen bei Partnerwerbung, Wirtssuche und Nestbau.

Familie Mutillidae

WEITERE NAMEN	Ameisenwespen, Spinnenameisen
VERBREITUNG	Alle Kontinente außer Antarktika, viele Inseln der Weltmeere (210 Gattungen, ca. 4300 Arten)
SOLITÄR ODER SOZIAL?	Solitär
MERKMALE	Klein bis mittelgroß (3–25 mm), Geschlechtsdimorphismus: Weibchen flügellos, Männchen meist mit Flügeln; oft dicht behaart; tagaktive Arten leuchtend gefärbt
ÄHNLICHE WESPEN	Chyphotidae, Bradynobaennidae, Myrmosidae, einige Tiphiidae, Thynnidae
LEBENSRAUM	Fast überall, besonders auffällig in Wüsten, Dünen und anderen trockenen Landschaften
NEST	Keines, aber parasitoid in Nestern anderer Wespen und Bienen
BEDEUTUNG	Keine wirtschaftliche Bedeutung; Stich der Weibchen sehr schmerzhaft

Das flauschige Äußere vieler Ameisenwespen steht im krassen Gegensatz zum heftigen Stich der Weibchen. Sie sind die auffälligsten flügellosen Wespen; viele wüstenbewohnende Arten sind allerdings dämmerungs- oder nachtaktiv. Die Männchen sind oft größer und fliegen in geringer Höhe auf der Suche nach Weibchen umher. Ihre Larven sind meist Ektoparasitoide der Larven oder Puppen anderer Solitärwespen oder -bienen, doch sind auch andere Wirte bekannt. Mehr zu Ameisenwespen auf S. 82.

Familie Tiphiidae

WEITERE NAMEN	Rollwespen
VERBREITUNG	Alle Kontinente außer Antarktika, viele Inseln der Weltmeere (24 Gattungen, 350 Arten)
SOLITÄR ODER SOZIAL?	Solitär
MERKMALE	Klein (25 mm und weniger) und gedrungen; oft behaart; Beine mit Dornen besetzt
ÄHNLICHE WESPEN	Thynnidae, einige Scoliidae, Mutillidae, Myrmosidae, Chyphotidae, Bradynobaenidae
LEBENSRAUM	Fast überall
NEST	Keines
BEDEUTUNG	Bedeutsam in der biologischen Bekämpfung des Japankäfers

Tiphiidae sind manchmal zahlreich auf Blüten anzutreffen, vor allen in ariden Lebensräumen. Die Larven sind Ektoparasitoide an Larven von Blatthornkäfern (Engerlingen). Weibchen mancher Arten sind flügellos. Sie suchen grabend nach Wirten, lähmen diese kurzzeitig durch Stiche und legen ihr Ei an ihnen ab. Die Art *Tiphia vernalis* wurde 1925 aus Korea und China in die USA eingeführt, um den eingeschleppten Japankäfer zu bekämpfen.

Familie Thynnidae

WEITERE NAMEN	Keine
VERBREITUNG	Australien, Ostasien, Nord- und Südamerika (63–75 Gattungen, > 222 Arten)
SOLITÄR ODER SOZIAL?	Solitär; Männchen schlafen oft in großer Zahl nahe beieinander
MERKMALE	Klein (< 30 mm); ausgeprägter Geschlechtsdimorphismus; Weibchen vieler Arten flügellos
ÄHNLICHE WESPEN	Tiphiidae, Sphecidae, Crabronidae, Vespidae
LEBENSRAUM	Fast überall; am besten zu beobachten in offenem Gelände
NEST	Keines
BEDEUTUNG	Keine wirtschaftliche Bedeutung

Die Thynnidae wurden 2008 von der Familie Tiphiidae abgetrennt. Die meisten Arten finden sich in Australien; Arten der Gattung *Myzinum* kommen in Nordamerika vor. Die Larven sind meist Ektoparasitoide an Käferlarven im Erdboden, besonders von Blatthornkäfern. *Methocha*-Arten sind Parasitoide von Sandlaufkäfer-Larven, was von den flügellosen Weibchen Mut und Geschicklichkeit erfordert. Die Männchen mancher Arten praktizieren phoretische Kopulation.

Familie Scoliidae

WEITERE NAMEN	Dolchwespen
VERBREITUNG	Alle Kontinente außer Antarktika, die meisten Inseln der Weltmeere (143 Gattungen, 560 Arten)
SOLITÄR ODER SOZIAL?	Solitär; Männchen schlafen oft in lockeren Gruppen
MERKMALE	Klein bis riesig (< 10 bis 50 mm); Flügel irisierend mit vielen feinen Riffeln am äußeren Drittel der Vorderflügel; Beine stark bedornt; Körper robust, oft behaart, oft farbenfroh; Geschlechtsdimorphismus
ÄHNLICHE WESPEN	Tiphiidae
LEBENSRAUM	Fast überall
NEST	Keines
BEDEUTUNG	Keine wirtschaftliche Bedeutung, aber geschätzt als Gegenspieler von Rasen schädigenden Käfern

Die unterschiedlichsten und auffälligsten Vertreter der Scoliidae finden sich in den Tropen, wo manche enorme Größen erreichen. Oft besteht ein ausgeprägter Geschlechtsdimorphismus; Männchen haben oft einen Pseudostachel am Hinterleib und viel längere Antennen als die Weibchen. Alle Larven sind Ektoparasitoide an Blatthornkäfer- oder selten auch Rüsselkäferlarven.

Familie Pompilidae

WEITERE NAMEN	Wegwespen
VERBREITUNG	Alle Kontinente außer Antarktika, die meisten Inseln der Weltmeere (125 Gattungen, 4855 Arten)
SOLITÄR ODER SOZIAL?	Solitär
MERKMALE	Klein bis riesig (< 10–50 mm); langbeinig, zwei lange Dornen an den Tibiae des letzten Beinpaares
ÄHNLICHE WESPEN	Ichneumonidae, Braconidae, Sphecidae, Crabronidae, Tenthredinidae
LEBENSRAUM	Fast überall
NEST	Selbst gegrabene Röhre, vorhandener Hohlraum, frei modellierte Lehmtönnchen
BEDEUTUNG	Keine wirtschaftliche Bedeutung

Wegwespen laufen so viel umher, wie sie umherfliegen. Unermüdlich suchen die Weibchen mit zuckenden Flügeln und Antennen scheinbar nervös nach Beute; da sie Spinnen jagen, wirkt das mehr als verständlich. Meist lähmt die Wespe eine Spinne dauerhaft mit einem einzigen Stich und schleppt sie dann in das vorbereitete Nest. Das kann selbst gegraben oder ein bestehender Hohlraum sein. Sie legt dann ein einziges Ei ab, verschließt das Nest und beginnt von vorn. Wegwespen der Gattung *Evagetes* und der Unterfamilie Ceropalinae jagen nicht, sondern sind Kleptoparasiten in den Nestern anderer Wegwespen.

Familie Sapygidae

WEITERE NAMEN	Keulenwespen
VERBREITUNG	Nord- und Südamerika, Europa, Teile von Afrika und Asien (12 Gattungen, 66 Arten)
SOLITÄR ODER SOZIAL?	Solitär
MERKMALE	Klein (ca. 5–9 mm) und schlank; schwarz mit weißer oder gelber Bänderung
ÄHNLICHE WESPEN	Thynnidae, Crabronidae, Vespidae
LEBENSRAUM	Die meisten Lebensräume, in denen Wirtsbienen und -wespen vorkommen
NEST	Keines, aber oft an Nestern von Solitärbienen
BEDEUTUNG	Manchmal als Schädlinge an Nisthilfen für Solitärbienen, die zur Bestäubung eingesetzt werden

Die Larven aller bekannten Sapygidae sind Ekto- oder Kleptoparasitoide von Solitärbienen und solitären Faltenwespen, die in bestehenden oder selbst gegrabenen Röhren im Boden nisten. Die hübschen Adulttiere warten in der Nähe aktiver Nester geduldig auf eine Gelegenheit, heimlich ein Ei hineinzulegen. Keulenwespen besuchen auch Blüten, um Nektar aufzunehmen.

Familie Vespidae

WEITERE NAMEN	Soziale Faltenwespen, Solitäre Faltenwespen/Lehmwespen, Töpferwespen, Honigwespen, Feldwespen, Echte Wespen (Kurz- und Langkopfwespen, Hornissen)
VERBREITUNG	Alle Kontinente außer Antarktika (268 Gattungen, 4932 Arten)
SOLITÄR ODER SOZIAL?	Solitär, primitiv sozial oder sozial
MERKMALE	Klein bis sehr groß; Gesicht meist dreieckig, Flügel in Ruhe längs gefaltet (außer Masarinae), oft leuchtend gefärbt
ÄHNLICHE WESPEN	Sphecidae, Crabronidae, Tenthredinidae
LEBENSRAUM	Fast überall, auch ländliche oder urbane Siedlungsräume
NEST	Solitäre Arten in Niströhren im Boden, bestehenden Hohlräumen, frei modellierten Lehmnestern; soziale Arten in Nestern aus Lehm oder Papier
BEDEUTUNG	Im Siedlungsraum, in Obsthainen, an Bienenstöcken oft als Schädlinge oder Lästlinge

An diese Wespen denken wir sofort, wenn wir das Wort „Wespe“ hören. Die Familie bietet das ganze Verhaltensspektrum von parasitoiden Stechwespen und das komplexe Sozialverhalten von Raubinsekten, die ihre Larven mit Beute füttern. Erstaunlich ist, dass wir meist nicht gestochen werden; das geht wohl eher auf die Nachsicht der Wespen mit uns zurück als auf unsere Nachsicht mit ihnen.

Wespen beobachten

Sie haben die Liebe zu Wespen entdeckt und möchten sie in Ihrer Freizeit beobachten? Die folgenden Tipps sorgen dafür, dass Sie das gefahrlos und erfolgreich tun können.

- Prüfen Sie, ob Sie gegen Insektengifte allergisch sind, und ergreifen sie entsprechende Vorsichtsmaßnahmen.
- Beschaffen Sie sich die richtige Ausrüstung, wie ein Fernglas mit kurzer Brennweite, Notizbuch und Stift, Insektennetz, geeignete Sammelbehälter, Bestimmungshilfen, Kamera und/oder Smartphone sowie ggf. ein GPS-Gerät. Zur Beobachtung der Nester von Echten Wespen empfiehlt sich vielleicht ein Spektiv.
- Halten Sie Beobachtungen mit Fotos oder Videos fest. Notieren Sie Datum und Ort Ihrer Beobachtungen so exakt wie möglich (Land, Bundesland, Landkreis, Ort oder besser: Koordinaten). Teilen Sie Ihre Beobachtungen über Beobachtungsplattformen wie inaturalist, naturgucker.de, naturbeobachtung.at, pronatura.ch oder andere.
- Beim Fang und Präparieren von Wespen sind die rechtlichen Bestimmungen zu beachten. Richtig durchgeführt, ist das Sammeln von großem wissenschaftlichem Wert und oft die einzige Möglichkeit, eine beobachtete Art sicher zu bestimmen. Ziehen Sie am besten auch eine Fachperson zurate.
- Manche Wespen sind nachtaktiv. Schalten Sie die Außenbeleuchtung ein, um sie anzulocken, oder schaffen Sie sich eine Schwarzlicht-Lampe an.
- Bauen Sie eine angemessen ausgestattete Nisthilfe. Solitäre Faltenwespen (Vespidae: Eumeninae), manche Wegwespen (Pompilidae) und Grabwespen (Sphecidae, Crabronidae) nutzen gern das Angebot. Goldwespen (Chrysididae), Keulenwespen (Sapygidae), Schmalbauchwespen (Gasteruptiidae), Falten-Erzwespen (Leucospidae) und andere Parasitoide wiederum werden versuchen, die hier nistenden Solitärbienen und -wespen zu befallen.
- Die Aktivität vieler „Papierwespen" (Feld-, Langkopf- und Kurzkopfwespen) lässt sich gut aus der Nähe beobachten, wenn man ihre Körpersprache beachtet. Nehmen Sie Abstand, wenn sich eine Wespe aufrichtet und die Flügel spreizt. Nutzen Sie Fernglas oder Spektiv.
- Solitärwespen, die man unterwegs von einem Sandweg auffliegen sieht, richten wahrscheinlich gerade ihr Nest ein. Hier lohnt es sich, innezuhalten und sie zu beobachten.
- Achten Sie auf Wespenmännchen, die auf prominenter Warte oder am Boden sitzen. Diese kehren oft immer wieder an diese Stelle zurück.
- Wespen schätzen breite, sonnenbeschienene Blätter, um zu pausieren und sich zu putzen. Am Teichufer oder an Pfützen nehmen sie Wasser auf.
- Gallen, besonders solche an Eichen, sind interessante Beobachtungsobjekte. Legen Sie Exemplare ohne Ausschlupföffnung in einen geeigneten Behälter und beobachten Sie die weitere Entwicklung.
- Genießen Sie es, die Natur als Ganzes zu betrachten – Wespen existieren schließlich nicht in einem leeren Raum!

Unter Beobachtung
Eine Wespe lugt aus der Deckung hervor. Wespen registrieren uns viel aufmerksamer als wir sie. Ein bisschen Neugierde unsererseits kann uns lebenslang staunen und so manches entdecken lassen.

Glossar

Abdomen (Hinterleib) Drittes, hinteres Teilstück des Insektenkörpers. Bei Wespen scheinbares Abdomen plus Propodeum, das das erste Hinterleibssegment bildet, aber mit dem Thorax verwachsen ist. Siehe Metasoma, Gaster. Enthält die Verdauungs-, Exkretions- und Fortpflanzungsorgane.

Aculeata (Stechwespen oder -immen) Informelle Teilordnung der Apocrita (Taillenwespen), die alle Stechwespen, Bienen und Ameisen umfasst. Gilt nicht als formelle taxonomische Kategorie.

Aggregation Ansammlung normalerweise solitär lebender Individuen, die den falschen Eindruck erweckt, die Art sei sozial.

Apocrita (Taillenwespen) Unterordnung der Hymenoptera (Hautflügler), die alle Wespen, Bienen und Ameisen umfasst, aber nicht Pflanzenwespen, Holzwespen und ihre Verwandten (Symphyta, Pflanzenwespen).

Aposematismus Selbstverteidigung durch auffällig bunte Färbung, die anderen Tieren signalisiert, dass der Träger dieser Farben schlecht schmeckt, giftig ist oder sticht.

Arbeiterin Weibchen einer sozialen (staatenbildenden) Wespenart, das sich nicht fortpflanzt, sei es aus physiologischen Gründen (unterentwickelte Ovarien), weil es einen untergeordneten sozialen Rang bekleidet oder aus beiden Gründen.

Batessche Mimikry Ähnlichkeit zwischen einer harmlosen „schmackhaften" Art und einer giftigen oder wehrhaften Art in Erscheinungsbild, Verhalten oder beidem.

Bienenwolf Solitäre Wespe der Gattung *Philantus*.

biologische Bekämpfung Einsatz von Insekten, Viren, Bakterien und anderen Pathogenen durch den Menschen zur Kontrolle von Schadinsekten.

Bracovirus Virus, das sich im Genom einiger Brackwespen (Braconidae) findet und das Immunsystem und/oder Nervensystem des Wirts so manipuliert, dass es den Nachkommen der parasitoiden Wespen zum Vorteil gereicht. Ein Polydnavirus.

Brut Eier, Larven und Puppen einer Wespe, vor allem die gemeinsame Brut in einem Nest sozialer Wespen.

Calyx Erweiterung des Eileiters (Oviduct), in die sich die Eierstöcke (Ovarien) öffnen. Dort vermehren sich Bracoviren bei einigen weiblichen Brackwespen.

Carapax Harte Bedeckung der Körperoberseite verschiedener Tiergruppen; bei Spinnen chitinöser Rückenschild.

Chalcidoidea (Erzwespenartige) Überfamilie, die die meisten Familien aller kleinen, nicht stechenden parasitoiden Wespen umfasst.

Dominanzhierarchie Rangordnung unter den Weibchen sozialer Wespen in einem Staat. Das dominanteste Weibchen ist in der Regel das einzige Individuum, das sich fortpflanzt. Siehe Königin.

Echte Wespen (Vespinae) Soziale Wespe der Gattung *Vespula* (Kurzkopfwespen), *Dolichovespula* (Langkopfwespen) (gemeinsam in Nordamerika als *yellowjackets* bezeichnet), *Vespa* (Hornissen) sowie eine tropische Gattung.

Ektoparasitoid Parasitoid, der von außen am Körper seines Wirts frisst. Ein äußerlich sichtbarer Parasitoid.

Endoparasitoid Parasitoid, der seinen Wirt von innen auffrisst. Ein äußerlich nicht sichtbarer Parasitoid.

eusozial Soziale Lebensweise, die mit Arbeitsteilung (auch bei der Fortpflanzung) und überlappenden Generationsfolgen in einem Staat einhergeht.

Gaster Abschnitt des Hinterleibs einer Wespe ohne Propodeum. Siehe Metasoma.

Geschlechtsdimorphismus Deutlich erkennbarer körperlicher Unterschied zwischen beiden Geschlechtern jenseits offensichtlicher Unterschiede in den Genitalien. Zu diesen Unterschieden können Größe, Fehlen von Flügeln und Modifikationen von Augen oder Antennen gehören.

Haplodiploidie Geschlechtsbestimmungsmechanismus bei allen Hautflüglern; dabei haben die Weibchen, die aus befruchteten Eiern stammen, zwei Chromosomensätze (sind also diploid), während Männchen, die aus unbefruchteten Eiern stammen, nur einen einzigen Chromosomensatz haben und haploid sind.

Herbivore Pflanzenfresser.

holometabol Insekten, die eine vollständige Metamorphose vom Ei über Larven- und Puppenstadium bis zum Adulttier (Imago) durchlaufen.

Hymenoptera (Hautflügler) Taxonomische Ordnung, die alle Wespenfamilien sowie Bienen und Ameisen umfasst.

Hyperparasitoid Parasitoid eines Parasitoiden. Ein sekundärer Parasitoid.

idiobiontischer Parasitoid Weiblicher Parasitoid, der bei der Eiablage seinen Wirt durch einen Giftstich dauerhaft lähmt und an der weiteren Entwicklung hindert.

Inquiline („Einmieter") Ungeladene Gäste, die in den Behausungen anderer Arten (Gallen, Bohrgängen, Nestern) leben, ihren Wirt aber gewöhnlich nicht schädigen.

Insektarium Anlage zur Zucht von Nutzinsekten, die der Schädlingsbekämpfung dienen.

Juvenilhormon (JH) Wichtiges Hormon, das Wachstum und Entwicklung von Insekten steuert. Ist JH vorhanden, so manifestiert sich dies als fortlaufend unreifes Stadium des Insekts. Sinkt der JH-Spiegel oder fehlt das Hormon völlig, so folgt der Übergang zum nächsten Stadium im Lebenszyklus bzw. zur Imago.

Kladogramm Diagramm, das aufgrund von DNA- oder RNA-Sequenzierungen vermutete verwandtschaftliche Beziehungen zwischen separaten taxonomischen Organismengruppen darstellt, mit oder ohne Ergänzung durch erkennbare körperliche Merkmale. Nicht mit einem Stammbaum gleichzusetzen.

Kleptoparasitoid Parasitoid, der Nahrung stiehlt, die von einem Elternorganismus seines Wirts für den Wirt gesammelt wurde. Führt zum Tod des Wirts.

koinobionter Parasitoid Parasitoid, der seinem Wirt nach der Ablage seiner Eier in den Wirtskörper gestattet, weiter zu wachsen, zu fressen und sich zu bewegen (manchmal, nachdem er den Wirt kurzzeitig gelähmt hat).

Königin Sich fortpflanzendes weibliches Mitglied eines Staates/Volkes. Eine Königin kann größer sein als andere Weibchen, steht aber auf jeden Fall an der Spitze der Rangordnung (Hierarchie).

Kropf Magenähnliches inneres Organ zur Speicherung von Nektar und anderen Flüssigkeiten bei einer erwachsenen (adulten) Wespe. Der Inhalt des Kropfes wird bei sozialen Wespen im Allgemeinen wieder hochgewürgt, um Larven oder Nestgenossinnen zu füttern.

Larvenstadium Phase zwischen den Häutungen von Insektenlarven. Das erste Larvenstadium ist dasjenige, das aus dem Ei schlüpft, das zweite Larvenstadium folgt auf die erste Häutung, und so fort.

Lek Ort, an dem sich Männchen zusammenfinden, um um Weibchen zu werben (Balz).

Mesosoma Bei Wespen der eigentliche Thorax plus Propodeum (erstes Segment des Hinterleibs).

Metasoma Hinterleib einer Wespe ohne Propodeum. Siehe Gaster.

Mimikry: Nachahmer Organismus, der sich zum Zweck der Selbstverteidigung äußerlich und/oder durch sein Verhalten als ein anderer Organismus (Vorbild) ausgibt. **Vorbild** Organismus, der schlecht schmeckt, giftig oder wehrhaft ist und als Schablone für die Evolution von Nachahmern dient.

Morphe Individuelle Varianten innerhalb einer Art.

Müllersche Mimikry Geteilte körperliche und/oder verhaltensphysiologische Merkmale verwandter und nicht verwandter Arten, die giftig oder wehrhaft sind.

Omnivore Allesfresser.

Ovipositor (Legeröhre, Legebohrer) Organ eines Insektenweibchens, das zur Eiablage dient. Dabei kann es sich um teleskopartig ausschiebbare Segmente des Abdomens handeln oder um einen klingen-, speer- oder stabförmigen Körperanhang, der aus der Abdomenspitze ragt.

Parasit Organismus, der einen anderen Organismus als Wirt benötigt, um sich zu ernähren und heranzuwachsen, ohne seinen Wirt zu töten.

Parasitoid Parasit, der seinen Wirt stets tötet.

Parthenogenese (Jungfernzeugung) Erzeugung lebensfähiger Nachkommen durch ein Weibchen ohne Befruchtung durch ein Männchen.

Petiolus (Stielchen oder Hinterleibsstiel) Stielartiges zweites Abdominalsegment , das den Gaster mit dem Propodeum verbindet. Siehe Metasoma.

phoretische Kopulation Paarungsverhalten einiger Wespen, bei dem das größere geflügelte Männchen mit dem kleineren flügellosen Weibchen umherfliegt. Häufiges Verhalten bei Thynnidae und Mutillidae.

Polydnaviren Virenfamilie, die typisch für einige Brackwespen- und Schlupfwespenarten ist . Die Viren übernehmen die Kontrolle über das Immun- und/oder Nervensystem des Wirts, was für Wachstum und Entwicklung der Nachkommen der Parasitoide von Vorteil ist.

Propodeum Erstes Segment des Abdomens bei Wespen, das bei den Apocrita (Taillenwespen) mit dem Hinterende des Thorax verschmolzen ist.

Solitärwespen Alle Wespenarten, bei denen die Weibchen nicht kooperieren, um den Nachwuchs aufzuziehen.

sp. Abkürzung für Spezies (Einzahl), steht nach einem Gattungsnamen, wenn die Art (Spezies) unbekannt ist. **spp.** Abkürzung für Spezies (Mehrzahl; steht nach einem Gattungsnamen, wenn man sich auf mehrere oder alle Arten der entsprechenden Gattung bezieht.

Spezies (Art) Spezifischste taxonomische Klassifikationseinheit. Definitionen für „Art“ wandeln sich, doch historisch beruht der Begriff darauf, dass sich eine Art nicht erfolgreich mit einer anderen, fremden Art fortpflanzen kann, sei es wegen nicht zusammenpassender Genitalien, geografischer Isolation oder anderer Faktoren.

Staat/Volk Populationseinheit verwandter Individuen in einem Nest sozialer Insekten.

Stachel Ovipositor vieler Wespenarten, der im Lauf der Evolution die Fähigkeit zur Giftübertragung erlangt hat.

Symbiose Beziehung zwischen zwei Arten, die für beide von Vorteil ist. Im Gegensatz dazu ist die wechselseitige Beziehung beim Parasitismus für eine der beiden Arten, die Wirtsart, von Nachteil.

Symphyta Informeller Name für Pflanzenwespen, zu denen auch die Blattwespen und Holzwespen und ihre Verwandten gezählt werden. Keine anerkannte taxonomische Kategorie mehr.

Thorax (Brustteil) Mittleres Körpersegment eines Insekts zwischen Kopf und Abdomen (Hinterleib). Dort setzen Flügel und Beine an. Dieses Segment enthält einen Großteil der Muskulatur. Siehe Mesosoma.

Trophallaxis Nahrungsaustausch zwischen adulten Insekten oder zwischen Adulttieren (Imagines) und Larven. Wichtige Kommunikationsform bei staatenbildenden Insekten.

Wirt Organismus, der einen Parasiten oder Parasitoiden unterhält.

Zelle Individuelle Kammer für eine Wespe im Ei-, Larven- oder Puppenstadium.

Verwendete und weiterführende Quellen

BÜCHER

Bohart, R.M. and A.S. Menke. 1976. *Sphecid Wasps of the World: A Generic Revision*. Berkeley: University of California Press.

Compton, John. 1955. *The Hunting Wasp*. Boston: Houghton Mifflin Co.

Eiseman, Charley and Noah Charney. 2010. *Tracks & Sign of Insects and Other Invertebrates: A Guide to North American Species*. Mechanicsburg, Pennsylvania: Stackpole Books.

Evans, Howard E. and Mary Jane West Eberhard. 1970. *The Wasps*. Ann Arbor: The University of Michigan Press.

Evans, Howard E. 1963. *Wasp Farm*. Garden City, New York: Natural History Press.

Gess, Sarah K. 1996. *The Pollen Wasps*. Cambridge, Massachusetts: Harvard University Press.

Goulet, Henri and John T. Huber, eds. 1993. *Hymenoptera of the World: An identification guide to families*. Ottawa: Agriculture Canada.

Grissell, Eric. 2010. *Bees, Wasps, and Ants: The Indispensable Role of Hymenoptera in Gardens*. Portland: Timber Press.

Jenner, Ronald and Eivind Undheim. 2017. *Venom: The Secrets of Nature's Deadliest Weapon*. Washington, DC: Smithsonian Books.

Jones, Richard. 2019. *Wasp*. London: Reaktion Books, Ltd.

Krombein, Karl V. 1967. *Trap-Nesting Wasps and Bees: Life Histories, Nests, and Associates*. Washington, DC: Smithsonian Press.

O'Neill, Kevin M. 2001. *Solitary Wasps: Behavior and Natural History*. Ithaca: Cornell University Press.

Preston-Mafham, Rod and Ken. 1993. *The Encyclopedia of Land Invertebrate Behavior*. Cambridge, Massachusetts: The MIT Press.

Rau, Phil and Nellie. 1918. *Wasp Studies Afield*. New Jersey: Princeton University Press. 372 pp.

Reinhard, Edward G. 1929. *The Witchery of Wasps*. New York: The Century Co.

Schmidt, Justin O. 2016. *The Sting of the Wild*. Baltimore: Johns Hopkins University Press.

Tinbergen, Niko. 1958. *Curious Naturalists*. Garden City, New York: Doubleday & Company, Inc.

Zahradnik, J. 1991. *Bees, Wasps and Ants*. London: The Hamlyn Publishing Group, Ltd.

ONLINEQUELLEN

Chrysis.net: **WWW.CHRYSIS.NET.** Alles über Goldwespen.

Universal Chalcidoidea Database: **WWW.NHM.AC.UK/OUR-SCIENCE/DATA/CHALCIDOIDS.** Datenbank des Natural History Museum (UK) über Erzwespen.

WaspWeb: **WWW.WASPWEB.ORG/CLASSIFICATION/INDEX.HTM.** Klassifizierung afrotropischer Hymenoptera.

BugGuide: **HTTPS://BUGGUIDE.NET/NODE/VIEW/59.** Infoplattform über die Hymenopteren Nordamerikas und Kanadas.

iNaturalist: **WWW.INATURALIST.ORG.** Interaktive Datenbank zur Dokumentation der weltweiten Artenvielfalt.

Evanioidea Online: **HTTP://EVANIOIDEA.INFO/PUBLIC/SITE/EVANIOIDEA/HOME**. Informationen über die Überfamilie Evanioidea.

BWARS: **WWW.BWARS.COM.** Aktuelle und historische Informationen über die Verbreitung von Bienen, Wespen und Ameisen in Großbritannien und Irland.

Figweb: **WWW.FIGWEB.ORG/FIGS_AND_FIG_WASPS/INDEX.HTM**. Alles über Feigen und Feigenwespen.

Xerces Society: **HTTP://XERCES.ORG.** Webseite der Xerces Society for Invertebrate Conservation mit zahlreichen Informationen und Publikationen über bestäubende Insekten.

Brisbane Insects: **WWW.BRISBANEINSECTS.COM/BRISBANE_WASPS/INDEX.HTML**. Überblick über einige häufige Wespenarten Australiens.

Bug Eric blog: **HTTP://BUGERIC.BLOGSPOT.COM/SEARCH/LABEL/WASPS**. Blog des Autors mit zahlreichen Beiträgen über Wespen.

Goldene Schönheit
Ein Weibchen der Grabwespen-Art *Sphex ichneumoneus* trinkt Nektar von einer Kugeldistel (*Echinops* sp.) in einem Garten in Toronto, Kanada.

Register

Bildnachweis

Alle Illustrationen von Sandra Pond.

Bilder: 2: Huza Studio/Shutterstock. 3: Courtesy of Life on White/Alamy Stock Photo. 4 & 5: Courtesy of alslutsky/Shutterstock (beide links & beide rechts); courtesy of Cornel Constantin/Shutterstock (Mitte).
7: Courtesy of Tom Barnes. 8: Courtesy of Danny Radius/Shutterstock.
9: Courtesy of Alfred Daniel. 11: Courtesy of Daniel Prudek/Shutterstock.
14: Courtesy of Filipao Photography/Shutterstock. 15: Courtesy of Bjoern Wylezich/Shutterstock. 16: Courtesy of Kent and Donna Dannen/Science Photo Library. 17: Courtesy of Bjoern Wylezich/Shutterstock (oben); courtesy of John Cancalosi/Nature Picture Library (unten). 18: Courtesy of Mr. Background/Shutterstock. 21: Courtesy of Colin Marshall/ agefotostock/ Alamy Stock Photo. 25: Courtesy of Gerhard Koertner/Avalon/Photoshot License/Alamy Stock Photo. 27: Courtesy of irin-k/Shutterstock (oben); courtesy of Cristina Romero Palma/Shutterstock (unten). 28: Courtesy of Denis Vesely/Shutterstock. 29: Courtesy of Cosmin Manci/Shutterstock. 30: Courtesy of Malcolm Park sciences/Alamy Stock Photo. 31: Courtesy of Michael Caterino (oben); courtesy of alslutsky/Shutterstock (Mitte); courtesy of Pierre Bornand (unten & rechts). 33: Courtesy of Danny Radius/Shutterstock (beide). 34: Courtesy of Cherdchai Chaivimol/Shutterstock. 35: Courtesy of Gerhard Koertner/Avalon/Photoshot License/ Alamy Stock Photo. 36: Courtesy of alslutsky/Shutterstock. 37: Courtesy of Danny Radius/Shutterstock (oben); courtesy of Dennis Kunkel Microscopy/Science Photo Library (unten). 38: Courtesy of Stefan Rotter/ Shutterstock. 39: Courtesy of blickwinkel/Lenke/Alamy Stock Photo (unten); courtesy of photowind/Shutterstock (oben). 41: Courtesy of Biehler Michael/Shutterstock. 42: Courtesy of alslutsky/Shutterstock.
44: Courtesy of Tongaaa/Shutterstock. 45: Courtesy of Milan Radisics/ Nature Picture Library (oben); courtesy of Eric Stavale (Mitte). 46: Courtesy of Kristi Ellingsen. 47: Courtesy of Pierre Bornand. 49: Courtesy of Sean McVey/Shutterstock. 51: Courtesy of Wanchat M/Shutterstock (oben); courtesy of Tomasz Klejdysz/Shutterstock (unten). 52: Courtesy of J.J. Gouin/Shutterstock. 53: Courtesy of Jeremy A. Casado/Shutterstock (unten & Mitte). 54: Courtesy of Maciej Olszewski/Alamy Stock Photo. 55: Courtesy of Mario Saccomano/Shutterstock (oben); courtesy of Sarah2/Shutterstock. 56: Courtesy of blickwinkel/G. Kunz/Alamy Stock Photo. 57: Courtesy of Elmanther Lee/Shutterstock. 58: Courtesy of Sean McVey/Shutterstock. 59: Courtesy of Daniel Knop/Shutterstock (alle).
60: Courtesy of Jay Ondreicka/Shutterstock. 61: Courtesy of Sloan Tomlinson (oben); courtesy of Brett Hondow/Shutterstock (Mitte); courtesy of Stephen Bonk/Shutterstock (unten). 63: Courtesy of Jay Peter Yeeles/ Shutterstock (oben); courtesy of Pascal Guay/Shutterstock (unten).
64: Courtesy of Possent phsycography/Shutterstock. 65: Courtesy of Emanuele Biggi/FLPA/Nature in Stock (oben, zweites von oben & unten); courtesy of FLPA/Alamy Stock Photo (drittes von oben). 67: Courtesy of Nigel Eve/Shutterstock (oben); courtesy of Kazakov Maksim/Shutterstock (unten). 69: Courtesy of Cornel Constantin/Shutterstock. 71: Courtesy of Javier Torrent, VW Pics/Science Photo Library. 72: Courtesy of Cornel Constantin/Shutterstock. 73: Courtesy of alslutsky/Shutterstock (oben); courtesy of yod67/Shutterstock (unten). 75: Courtesy of alslutsky/ Shutterstock (oben); courtesy of Danny Radius/Shutterstock (unten).
77: Courtesy of UbjsP/Shutterstock. 78: Courtesy of alslutsky/Shutterstock (oben rechts); courtesy of Henrik Larsson/Shutterstock (unten links); courtesy of alslutsky/Shutterstock (unten rechts). 79: Courtesy of alslutsky/Shutterstock (alle). 80: Courtesy of Sari ONealShutterstock (unten). 82: Courtesy of Steve Heap/Shutterstock. 83: Courtesy of Anton Kozyrev/Shutterstock. 85: Courtesy of Eric Isselee/Shutterstock.
87: Courtesy of Igor Kovalenko/Shutterstock. 88: Courtesy of Lenti Hill/ Shutterstock. 90: Courtesy of Natasha Mhatre. 92: Courtesy of thatmacroguy/Shutterstock. 93: Courtesy of John Ceulemans/Shutterstock (oben); courtesy of J.M. Abarca/Shutterstock (unten). 94: Courtesy of Melvyn Yeo/Biosphoto/Alamy Stock Photo. 96: Courtesy of Protasov AN/ Shutterstock. 97: Courtesy of Tomasz Klejdysz/Shutterstock (unten).
98: Courtesy of Nigel Cattlin/Alamy Stock Photo. 100: Courtesy of Natasha Mhatre. 101: Courtesy of Natasha Mhatre (oben); courtesy of Ruth Swan/Shutterstock (unten). 102: Courtesy of phichak/Shutterstock.
103: Courtesy of Protasov AN/Shutterstock. 105: Courtesy of Daniel Prudek/Shutterstock. 109: Courtesy of Nikola Rahme/Shutterstock (unten).
111: Courtesy of Alex Wild (oben and Mitte); courtesy of Stoil Ivanov (unten). 112: Courtesy of Jena Johnson. 113: Courtesy of Nigel Eve/ Shutterstock (oben); courtesy of AlessandroZocc/Shutterstock (unten).
116: Courtesy of AJCespedes/Shutterstock. 117: Courtesy of Jena Johnson (oben). 119: Courtesy of Cindy Bingham Keiser (alle). 121: Courtesy of enterlinedesign/Shutterstock (Mitte); courtesy of R K Hill/Shutterstock (unten). 122: Courtesy of Ryan Silva/Shutterstock. 124 & 125: Courtesy of Jena Johnson. 127: Courtesy of John Abbott/Nature Picture Library/ Alamy Stock Photo. 128: Courtesy of Elya Vatel/Shutterstock. 129: Courtesy of Stefan Rotter/Shutterstock. 130 & 131: Courtesy of Premaphotos/ Alamy Stock Photo. 133: Courtesy of Revilo Lessen/Shutterstock.
135: Courtesy of Danny Radius/Shutterstock. 136: Courtesy of BrunoGarridoMacias/Shutterstock. 137: Courtesy of Nigel Cattlin/FLPA/Nature in Stock (oben); courtesy of Natasha Mhatre (unten). 139: Courtesy of Lubos Chlubny/Shutterstock (oben); courtesy of Cathy Withers-Clarke/ Shutterstock (unten). 141: Courtesy of kurt_G/Shutterstock (oben); courtesy of yod67/Shutterstock (unten). 142: Courtesy of Denis Crawford/ Alamy Stock Photo. 143: Courtesy of vblinov/Shutterstock (oben); courtesy of Agung Y.P/Shutterstock (unten). 145: Courtesy of Shivkumar Sharma/Shutterstock. 147: Courtesy of Tom Barnes. 148: Courtesy of Jeff Gruber. 149: Courtesy of Clarence Holmes Wildlife/Alamy Stock Photo (oben); courtesy of Conan P/Shutterstock (Mitte); courtesy of Eduardo Dzophoto/Shutterstock (unten). 150: Courtesy of David Hughes. 151: Courtesy of Ctatiana/Shutterstock. 152: Courtesy of Sriyana/Shutterstock.
153: Courtesy of Danny Radius/Shutterstock (oben); courtesy of Clifford Pugliese/Shutterstock (unten). 154: Courtesy of Mart Smit/Nature in Stock (oben). 154 & 155: Courtesy of David Hughes (unten). 155: Courtesy of Seanoneillphoto/Shutterstock (oben links). 157: Courtesy of Vinicius R. Souza/Shutterstock (oben links); courtesy of Jeff Gruber (rechts); courtesy of Simon Shim/Shutterstock (unten links). 159: Courtesy of stockfoto/Shutterstock. 161: Courtesy of Jeff Gruber. 162: Courtesy of Drosophila Photograph/Shutterstock. 163: Courtesy of Jeff Gruber (oben & Mitte); courtesy of stockfoto/Shutterstock (unten). 164: Courtesy of D. Kucharski K. Kucharska/Shutterstock. 165: Courtesy of Jeff Gruber (unten). 166: Courtesy of Vinicius R. Souza/Shutterstock (oben); courtesy of Premaphotos/Alamy Stock Photo (unten). 167: Courtesy of zairiazmal/ Shutterstock. 168: Courtesy of Matthew Bertone. 170: Courtesy of Frank Deschandol/© Frank Canon. 171: Courtesy of Premaphotos/Alamy Stock Photo. 172: Courtesy of Ken Griffiths/Shutterstock. 173: Courtesy of pixelworlds/Shutterstock. 174: Courtesy of Jeff Gruber. 175: Courtesy of Prostasov AN/Shutterstock (oben rechts & unten links). 176: Courtesy of Jeff Gruber. 177: Courtesy of Melvyn Yeo/Biosphoto/Alamy Stock Photo.
179: Courtesy of Zety Akhzar/Shutterstock. 181: Courtesy of Kuttelvaserova Stuchelova/Shutterstock. 182: Courtesy of Super Prin/Shutterstock.
183: Courtesy of Neil Bowman/FLPA/Nature in Stock (oben); courtesy of Omariam/Shutterstock (unten). 184: Courtesy of Christiane Godin/ Shutterstock. 185: Courtesy of Vinicius R. Souza/Shutterstock (oben links); courtesy of Jeff Gruber (oben rechts); courtesy of kezza/Shutterstock (unten). 186: Courtesy of Melinda Fawver/Shutterstock. 187: Courtesy of Ross Piper. 189: Courtesy of Andrew Polaszek/Natural History Museum/Wellcome Collection (CC by 4.0). 190: Courtesy of pragari/ Shutterstock (oben); courtesy of Blue bee/Shutterstock (unten).
191: Courtesy of I Wayan Sumatika/Shutterstock. 192: Courtesy of thatmacroguy/Shutterstock. 193: Courtesy of Vinicius R. Souza/Shutterstock.
197: Courtesy of Daniel Prudek/Shutterstock. 199: Courtesy of Jeroen Mikkers/Shutterstock. 201: Courtesy of Brais Seara/Shutterstock (oben links); courtesy of Elena Lebedeva-Hooft/Shutterstock (oben rechts).
202: Courtesy of Gorg Evd/Shutterstock. 203: Courtesy of Geza Farkas/ Shutterstock (oben); courtesy of 1981 Rustic Studio kan/Shutterstock (unten). 204: Courtesy of icosha/Shutterstock. 205: Courtesy of Warut Prathaksithorn/Shutterstock (oben); courtesy of Chronicle/Alamy Stock Photo (unten). 206: Courtesy of Science History Images/Alamy Stock Photo. 207: Courtesy of Natalia Price-Cabrera/Chris Gatcum (oben); courtesy of Devon Henderson (unten). 208: Courtesy of Mullwell/Shutterstock. 209: Courtesy of Bildagentur Zoonar GmbH/Shutterstock (oben links); courtesy of Angela Rohde/Shutterstock (oben rechts); courtesy of Daniel Prudek/Shutterstock (unten). 210: Courtesy of NASA; 211: Courtesy of Nigel Cattlin/FLPA/Nature in Stock (oben links); courtesy of Erik Agar/ Shutterstock (rechts). 212: Courtesy of David Hughes. 213: Courtesy of Okqy Purnama Setiawan/Shutterstock (unten links); courtesy of Melinda Fawver/Shutterstock (oben rechts). 215: Courtesy of Jena Johnson. 216, 217, 218 & 219 (to): Courtesy of Matthew Bertone. 219: Courtesy of alslutsky/Shutterstock (unten). 220: Courtesy of alslutsky/Shutterstock (oben); courtesy of Geraldine Buckley/Alamy Stock Photo (unten). 221: Courtesy of Tom Barnes (oben links); courtesy of Matthew Bertone (oben rechts); courtesy of Henri Koskinen/Shutterstock (unten). 222: Courtesy of Matthew Bertone (oben); courtesy of DeRebus/Shutterstock (unten).
223: Courtesy of Eric R. Eaton (oben); courtesy of Matteo Omied/Alamy Stock Photo (unten). 224: Courtesy of Kristi Ellingsen. 225: Courtesy of fendercapture/Shutterstock (oben); courtesy of MM-Fotos/Shutterstock (unten). 226: Courtesy of Brian Valentine (oben); courtesy of Sandra M. Austin/Shutterstock (unten). 227: Courtesy of Brian Valentine. 228: Courtesy of Pierre Bornand (oben); courtesy of Jena Johnson (unten).
229: Courtesy of Pierre Bornand (oben); courtesy of Tim Leppek (unten).
230: Courtesy of Natasha Mhatre (oben); courtesy of Ihor Hvozdetskyi/ Shutterstock (unten). 231: Courtesy of Matthew Bertone. 232: Courtesy of ChinKC/Shutterstock (oben); courtesy of Matthew Bertone (unten).
233: Courtesy of khlungcenter/Shutterstock (oben); courtesy of Jean Lecomte/Biosphoto/Alamy Stock Photo (unten). 234: Courtesy of Frode Jacobsen/Shutterstock (oben); courtesy of Alfred Daniel (unten).
235: Courtesy of Jena Johnson (oben); courtesy of Pierre Bornand (unten). 236: Courtesy of Pierre Bornand (oben); courtesy of Denis Crawford/Alamy Stock Photo (unten). 237: Courtesy of Roberto Michel/ Shutterstock (oben); courtesy of Matthew Bertone (unten). 238: Courtesy of Tom Barnes (oben); courtesy of Matthew Bertone (unten). 239: Courtesy of Pierre Bornand (oben); courtesyot Jude Black/Shutterstock (unten). 240: Courtesy of yod67/Shutterstock (oben); courtesy of Rifki_ stn/Shutterstock (unten). 241: Courtesy of Matthew Bertone (oben); courtesy of Pujiyono/Shutterstock (unten). 242: Courtesy of kurt_G/Shutterstock (unten). 243: Courtesy of Bryan Reynolds/Alamy Stock Photo (oben); courtesy of alslutsky/Shutterstock (unten). 244: Courtesy of Ranjit_Mahara_Photography/Shutterstock (oben); courtesy of Matthew Bertone (unten). 245: Courtesy of Eileen Kumpf/Shutterstock (oben); courtesy of Pierre Bornand (unten). 247: Courtesy of Alexander Chernyy/ Shutterstock. 251: Courtesy of Paul Reeves Photography/Shutterstock.
256: Courtesy of Matteo Omied/Alamy Stock Photo.

Dank

Ich hätte dieses Buchprojekt ohne die Unterstützung von Kate Shanahan von UniPress Books nicht in Angriff nehmen können. Kate hat mich in Kontakt mit dem professionellen Team gebracht, dank dem dieses Buch überhaupt erst entstehen konnte, namentlich mit Natalia Price-Cabrera, meiner Projektmanagerin, Nigel Browning für alle geschäftlichen Belange und Robert Kirk von Princeton University Press. Ohne die umwerfenden Illustrationen von Sandra Pond wäre dieser Band nicht annähernd so verständlich und schön geworden. Mein Dank gilt auch Sandra Zellmer für das elegante Buchdesign. Großer Dank gebührt auch Tom Barnes, Matthew Bertone, Cindy Bingham Keiser, Pierre Bornand, Alfred Daniel, Frank Deschandol, Kristi Ellingsen, Jeff Gruber, Devon Henderson, Laura und David Hughes, Stoil Ivanov, Jena Johnson, Tim Leppek, Natasha Mhatre, Ross Piper, Eric Stavale, Sloan Tomlinson, Brian Valentine, Alex Wild und den vielen anderen Fotograf:innen, die über Bildagenturen Bilder zur Verfügung gestellt haben. Ich übernehme die alleinige Verantwortung für Fehler in Bezug auf Fakten oder Auslassungen, Rechtschreibung und Grammatik.

Ich möchte an dieser Stelle auch ganz besonders den Einfluss früherer und heutiger Mentoren auf meine Faszination für Wespen würdigen. Der verstorbene George R. Ferguson von der Oregon State University hat mich mit seiner geduldigen Anleitung und Unterstützung maßgeblich geprägt. Howard E. Evans war ein freundlicher und großzügiger Ansprechpartner. Ich hatte das Privileg, viele schöne Tage im Feld mit Justin O. Schmidt zu verbringen, ohne dass jemand von uns gestochen wurde. Justins Wissensdurst und seine Fähigkeit, klare Hypothesen zu formulieren und zu überprüfen, inspirieren mich immer wieder. Edward Grissell bleibt ein Mentor sowohl in der Entomologie als auch beim Schreiben. Das Kapitel über die Wespenevolution wurde von den folgenden internationalen Experten kritisch geprüft: James M. Carpenter, American Museum of Natural History; Michael Sharkey, University of Kentucky; Susanne Schulmeister; George O. Poinar, Jr., Oregon State University; Doug Yanega, University of California, Riverside. Mein besonderer Dank gilt MaLisa Spring und Gwen Pearson, die mich daran erinnert haben, dass Sci-hub das Beste ist, was es im Internet gibt.

Vor allem aber danke ich meiner Frau Heidi, die all die Ängste und den Stress mittrug, die mit einem Projekt wie diesem einhergehen, und dafür sorgte, dass ich mit ausgezeichnetem Essen gestärkt und mit regelmäßigen Wanderungen und Ausflügen geistig gesund blieb.